高职高专机电类专业系列教材

电气设备运行与维护

主　编　李雪峰
副主编　单玉燕　季建华　陈芬　葛麒
主　审　张新松

西安电子科技大学出版社

内容简介

全书共九个项目，主要内容包括：电力工业概论，电弧与电气触头的基本知识，开关电器的运行与维护，母线、电缆及绝缘子，短路电流实用计算，载流导体的发热和电动力，互感器，电气主接线，电力变压器的运行与维护等。

本书可作为高职高专院校机电类、电力类专业的教材，也可作为电力职业资格考试和岗位技能培训的教材，还可作为从事发电厂、变电所电气部分设计、运行、安装、检修、技术服务及管理等工作的工程技术人员和电力企业人员的参考书。

图书在版编目(CIP)数据

电气设备运行与维护/李雪峰主编. —西安：
西安电子科技大学出版社，2021.4(2021.6 重印)
ISBN 978-7-5606-6033-2

Ⅰ.①电… Ⅱ.①李… Ⅲ.①电气设备—运行—高等职业教育—教材 ②电气设备—维修—高等职业教育—教材 Ⅳ.① TM

中国版本图书馆 CIP 数据核字(2021)第 065561 号

策划编辑 刘玉芳
责任编辑 万晶晶 刘玉芳
出版发行 西安电子科技大学出版社(西安市太白南路 2 号)
电　　话 (029)88201467　　邮　　编 710071
网　　址 www.xduph.com　　电子邮箱 xdupfxb001@163.com
经　　销 新华书店
印刷单位 陕西天意印务有限责任公司
版　　次 2021 年 4 月第 1 版　2021 年 6 月第 2 次印刷
开　　本 787 毫米×1092 毫米　1/16　印　张　15.5
字　　数 364 千字
印　　数 501～2500 册
定　　价 39.00 元
ISBN 978-7-5606-6033-2/TM
XDUP 6335001-2

前　言

构建以项目导向、任务驱动、培养学生动手能力为主导的全新课程体系，并将新技术、新成果、新工艺补充融合到课程中，是培养新型电力行业人才的迫切需求。本书以此为目标，根据高职高专人才培养计划和岗位职业能力要求而编写。本书以培养高素质技能型人才为核心，以现代学徒制合作项目作为切入点，对课程结构和教学内容进行重组和优化，将职业标准和用人单位对人才的职业需求融入课程内容，旨在突出实用性、技能性和实践性。

“电气设备运行与维护”是电力系统自动化技术专业的核心课程，是现代学徒制校企合作开发的基于工作过程的课程，旨在培养学生掌握电气设备运行与维护的专业知识，并按照作业流程进行电气设备运行与维护工作的专业能力，是培养生产、技术和管理专业技能人才的必修课。通过本课程的学习，学生可具备电气设备运行与维护的基本知识和岗位操作技能与基本职业素养。

本书主要由江苏城市职业学院和毕节职业技术学院的一线专业教师共同编写，由李雪峰担任主编，单玉燕、季建华、陈芬、葛麒担任副主编。全书共九个项目，其中项目一和项目二由季建华编写，项目三由毕节职业技术学院的葛麒编写，项目四至项目六由李雪峰编写，项目七和项目九由单玉燕编写，项目八由陈芬编写。全书由李雪峰统稿，南通大学电气工程学院张新松担任主审。本书在编写的过程中，华能南通电厂检修部金明芳高级工程师、江苏永达电力安装工程公司刘海功高级工程师及大丰风力发电厂张敏高级工程师提出了很多宝贵的意见和建议，在此表示衷心的感谢！

由于编者水平有限，书中不足之处在所难免，敬请读者提出批评和建议，编者将不胜感激！

编　者

2020 年 8 月

目　录

项目一　电力工业概论

【项目分析】

通过对电力系统，电气一次设备、电气二次设备、发电厂和变电所的类型、特点及电气设备额定参数的介绍，加强初学者对电力系统、电气设备的认识。

【培养目标】

了解我国电力工业的发展，熟悉火力发电厂的工作原理，熟悉电力系统、电气一次设备、电气二次设备等基本概念；掌握发电厂、变电所的类型及特点，掌握电气设备的额定参数。

任务一　了解电力工业的发展概况

【任务描述】

了解电力工业的发展及各类发电厂的产能。

【任务分析】

通过分析 2020 年 1～6 月全社会用电、发电生产、发电设备利用小时情况等，熟悉我国电力工业的用电现状及电力投资规模。

电能具有便于输送、分配、使用、控制等优点，广泛应用于现代工农业、交通运输、国防建设及人民生活中，电力工业的发展水平已成为衡量一个国家综合国力和现代化水平的重要标志之一。

据中国电力企业联合会电力统计与数据中心统计：2020 年 1～6 月(下文未说明年份的均指 2020 年)，全社会用电情况持续良好，第一产业和城乡居民生活用电正增长；发电量降幅继续收窄，新能源发电量占比持续升高；除核电和太阳能发电外，其他类型发电设备利用小时均同比降低；全国跨省送出电量实现正增长；除水电外，其他类型发电基建新增装机均同比减少；电源完成投资同比增长，其中水电、风电和太阳能发电完成投资增长较快。

一、全社会用电情况

1～6 月，全社会用电量约为 33 547 亿千瓦时，同比下降 1.3%，其中，6 月份全社会用电量 6350 亿千瓦时，同比增长 6.1%，如图 1 - 1 所示。

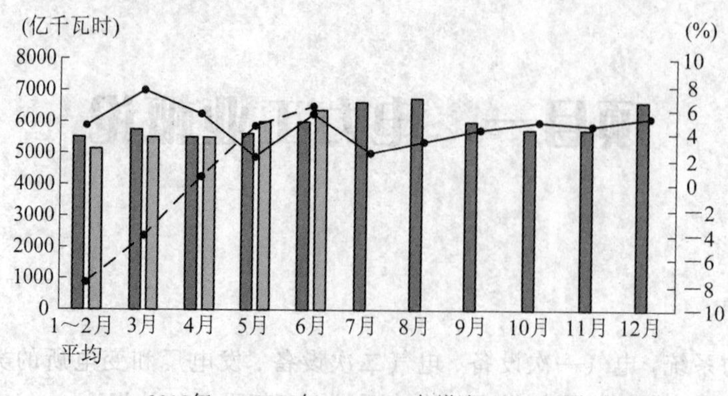

图 1-1　2019 年、2020 年各月全社会用电量及其增速

按照产业划分①，1～6 月，第一产业用电量 373 亿千瓦时，同比增长 8.2%，占全社会用电量的比重为 1.1%；第二产业用电量 22 510 亿千瓦时，同比下降 2.5%，增速比上年同期回落 5.5 个百分点，占全社会用电量的比重为 67.1%；第三产业用电量 5333 亿千瓦时，同比下降 4.0%，增速比上年同期回落 13.4 个百分点，占全社会用电量的比重为 15.9%；城乡居民生活用电量 5331 亿千瓦时，同比增长 6.6%，增速比上年同期回落 3.0 个百分点，占全社会用电量的比重为 15.9%。

二、发电生产情况

截至 6 月底，全国发电装机容量 20.5 亿千瓦，同比增长 5.5%。水电 3.6 亿千瓦，同比增长 1.9%，其中，常规水电 3.3 亿千瓦，同比增长 1.9%；火电 12.1 亿千瓦，同比增长 3.7%，其中燃煤发电 10.5 亿千瓦，同比增长 3.0%，燃气发电 9371 万千瓦，同比增长 5.9%；核电 4877 万千瓦，同比增长 6.2%；风电 2.2 亿千瓦，同比增长 12.3%；太阳能发电 2.2 亿千瓦，同比增长 16.4%。

三、发电设备利用小时情况

1～6 月，全国发电设备累计平均利用小时 1727 小时，比上年同期减少 107 小时，如图 1-2 所示。

按照类型划分，1～6 月，全国水电设备平均利用小时为 1528 小时，比上年同期减少 145 小时。全国火电设备平均利用小时为 1947 小时(其中燃煤发电和燃气发电设备平均利用小时分别为 1994 小时和 1196 小时)，比上年同期减少 119 小时。全国核电设备平均利用小时 3519 小时，比上年同期增加 90 小时；全国并网风电设备平均利用小时 1123 小时，比上年同期减少 10 小时。全国太阳能发电设备平均利用小时为 663 小时，比上年同期增加 13 小时，如图 1-3 所示。

---

① 从 2018 年 5 月份开始，三次产业划分按照《国家统计局关于修订〈三次产业划分规定(2012)〉的通知》(国统设管函〔2018〕74 号)调整，为保证数据可比，同期数据根据新标准重新进行了分类。

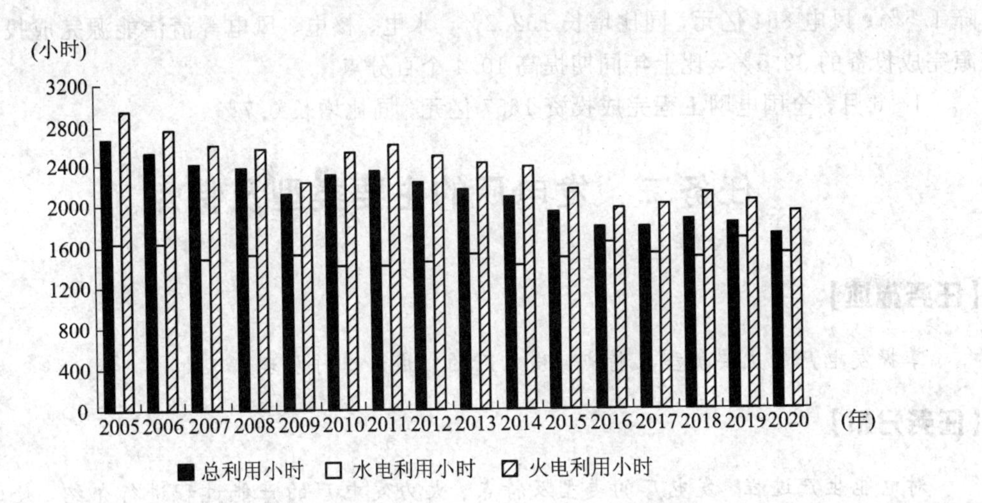

图 1－2　2005 年以来历年 1～6 月利用小时情况

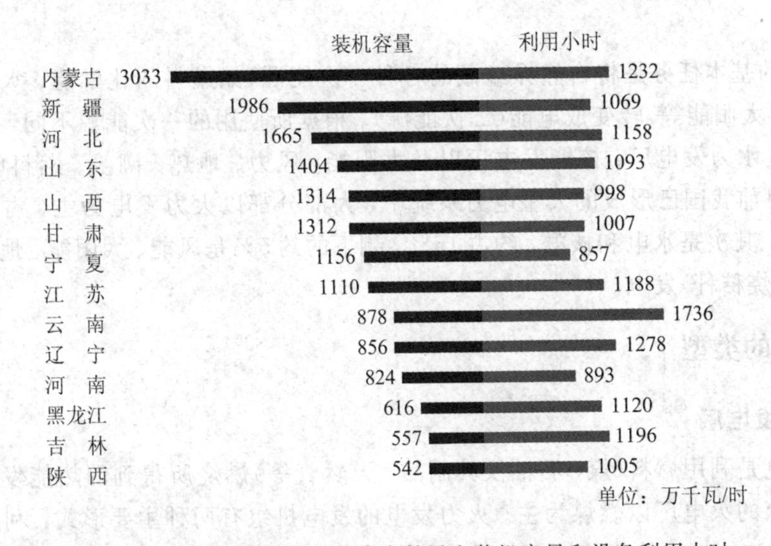

图 1－3　1～6 月风电装机较多省份风电装机容量和设备利用小时

四、新增装机情况

1～6 月，全国基建新增发电生产能力 3695 万千瓦，比上年同期少投产 378 万千瓦。其中，水电 412 万千瓦、火电[①] 1632 万千瓦(其中燃煤 1025 万千瓦、燃气 346 万千瓦)、风电 632 万千瓦、太阳能发电 1015 万千瓦。风电、太阳能发电、核电和火电比上年同期少投产 277、150、125 和 62 万千瓦，水电比上年同期多投产 230 万千瓦。

五、电力投资完成情况

1～6 月，全国主要发电企业电源工程完成投资 1738 亿元，同比增长 51.5%。其中，水电 399 亿元，同比增长 25.3%；火电 183 亿元，同比下降 31.9%；核电 156 亿元，同比下

① 本年新增火电装机统计口径包含应急调峰储备电源。(数据来源：中国电力企业联合会)

降1.5%；风电854亿元，同比增长152.2%。水电、核电、风电等清洁能源完成投资占电源完成投资的92.5%，比上年同期提高10.4个百分点。

1～6月，全国电网工程完成投资1657亿元，同比增长0.7%。

任务二　发电厂的主要类型及特点

【任务描述】

掌握发电厂的主要类型及特点，发电厂的组成和工作原理。

【任务分析】

对电能生产过程、发电厂的类型及特点、火力发电厂的产能过程进行介绍，使学生更好地熟悉电力系统的基本概念。

发电厂的基本任务是将自然界蕴藏的各种一次能源(如燃料的化学能、水流的位能和动能、核能、太阳能等)转变成电能(二次能源)。根据所使用的一次能源不同，发电厂分为火力发电厂、水力发电厂、核能发电厂以及太阳能、风力、地热、潮汐、燃料电池、垃圾、磁流体等。目前我国已形成的大型电力系统中，大部分都以火力发电为主，占系统总容量的80%左右，其次是水电和核电，约占15%，剩下的约5%是风能、太阳能、地热能和生物质能(包括燃烧秸秆)发电。

一、发电厂的类型

1. 火力发电厂

火力发电是利用燃料(煤、石油及其制品、天然气等)燃烧所得到的热能发电，目前世界上多数国家的火电厂以燃煤为主。火力发电的发电机组有两种主要形式：利用锅炉产生高温、高压蒸汽冲动汽轮机旋转带动发电机发电，称为汽轮发电机组；燃料进入燃气轮机将热能直接转换为机械能驱动发电机发电，称为燃气轮机发电机组，火力发电厂通常是指以汽轮发电机组为主的发电厂。

2. 水力发电厂

水力发电厂是利用水流的动能和势能来生产电能的工厂，简称水电厂。水流量的大小和水头的高低，决定了水流能量的大小，因此水电厂一般在河流的上游筑坝，提高水位以造成较高的水头；建造相应的水工设施，以有效获取集中的水流。水经引水沟引入水电厂的水轮机，驱动水轮机转动，水能便被转换为水轮机的旋转机械能。与水轮机直接相连的发电机将机械能转换成电能，并由发电厂电气系统升压送入电网。

水电厂按电厂结构及水能开发方式分为引水式、堤坝式、混合式水电厂；按电厂厂房的布置位置分为坝后式和坝内式水电厂；按主机布置方式分为地面式和地下式水电厂；按电厂性能及水流调节程度分为径流式和水库式水电厂。其中，径流式水电厂无水库，基本上依靠自然水量的多少发电，而水库式水电厂按水库调节性能又可分为日调节式、年调节式和多年调节式水电厂三类。

3. 核能发电厂

原子核的各个核子(中子与质子)之间具有强大的结合力，重核分裂和轻核聚合时，都会释放出巨大的能量，称为核能。利用核能来生产电能的工厂即为核能发电厂，简称核电厂，又称为核电站。核能是一种大有发展前途的新能源，一般建在自然资源匮乏的缺电地区。

4. 风力发电厂

利用风力使建造在塔顶上的大型桨叶旋转，继而带动发电机发电称为风力发电，由数座、十数座甚至数十座风力发电机组成的发电场地称为风力发电厂。

5. 其他能源发电厂

除了上述的火力发电厂、水力发电厂、核能发电厂和风力发电厂外，其他能源发电厂还有地热发电厂、潮汐发电厂、太阳能发电厂等。

二、典型发电厂

本节以火力发电厂为例，详细介绍发电厂的整个生产过程。虽然火电厂的种类很多，但从能量转换的观点分析，其生产过程却是基本相同的，概括地说就是把燃料(煤)中含有的化学能转变为电能的过程。图 1-4 是火力发电厂的示意图，整个生产系统可由三个部分构成。

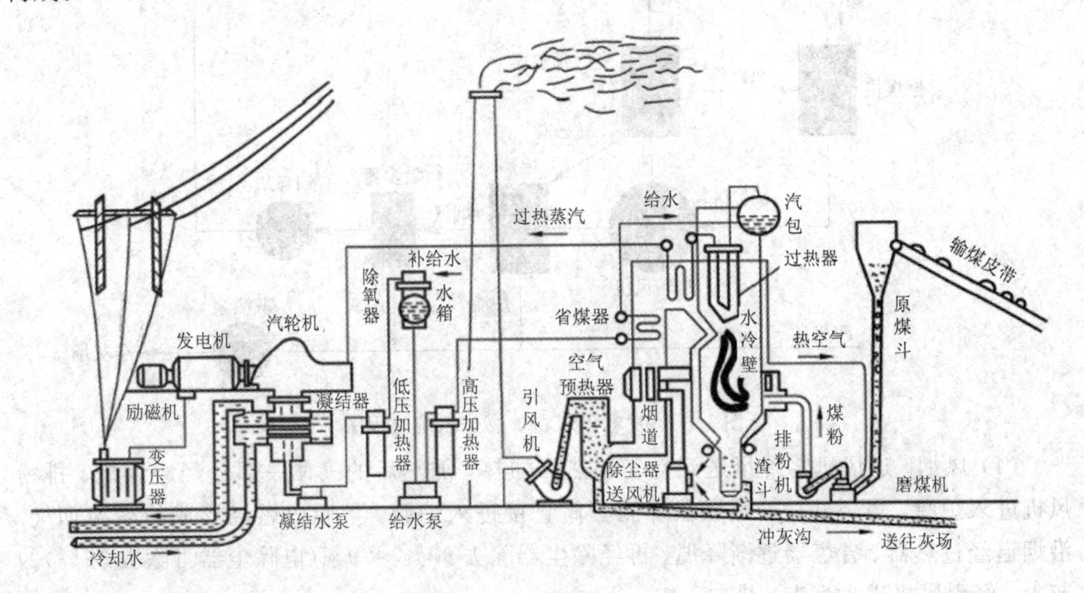

图 1-4　火力发电厂示意图

(1) 燃料的化学能在锅炉中转变为热能，使锅炉中的水变为蒸汽，称为燃烧系统。

(2) 锅炉产生的蒸汽进入汽轮机，推动汽轮机旋转，将热能转变为机械能，称为汽水系统。

(3) 由汽轮机旋转的机械能带动发电机发电，把机械能变为电能，称为电气系统。

1. 燃烧系统

燃烧系统由输煤、磨煤、燃烧等环节及风烟、灰渣等系统组成，如图 1-5 所示。

(1) 输煤。电厂的用煤量很大，一座装机容量 4×30 万千瓦的现代火力发电厂，煤耗率按 360 g/kW·h计，每天需用标准煤(每千克煤产生 7000 卡热量)10 368 t。因为电厂燃煤多用劣质煤，且中、小汽轮发电机组的煤耗率在 400～500 g/kW·h，所以用煤量会更大。据统计，我国用于发电的煤约占总产量的 1/4，主要靠铁路运输，约占铁路全部运输量的 40%。为保证电厂安全生产，一般要求电厂储备 10 天以上的用煤量。

(2) 磨煤。用火车或汽车、轮船等将煤运至电厂的储煤场后，经初步筛选处理，用输煤皮带送到锅炉间的原煤仓。煤从原煤仓落入煤斗，由给煤机送入磨煤机磨成煤粉，经空气预热器传送的一次风烘干并带至粗粉分离器。在粗粉分离器中将不合格的粗粉分离返回磨煤机再行磨制，合格的细煤粉被一次风带入旋风分离器，使煤粉与空气分离后进入煤粉仓。

(3) 燃烧。煤粉由可调节的给粉机按锅炉需要送入一次风管，同时旋风分离器传送的气体(含有 10%左右未能分离出的细煤粉)由排粉风机提高压力后作为一次风，将进入一次风管的煤粉经喷燃器喷入炉膛内燃烧。

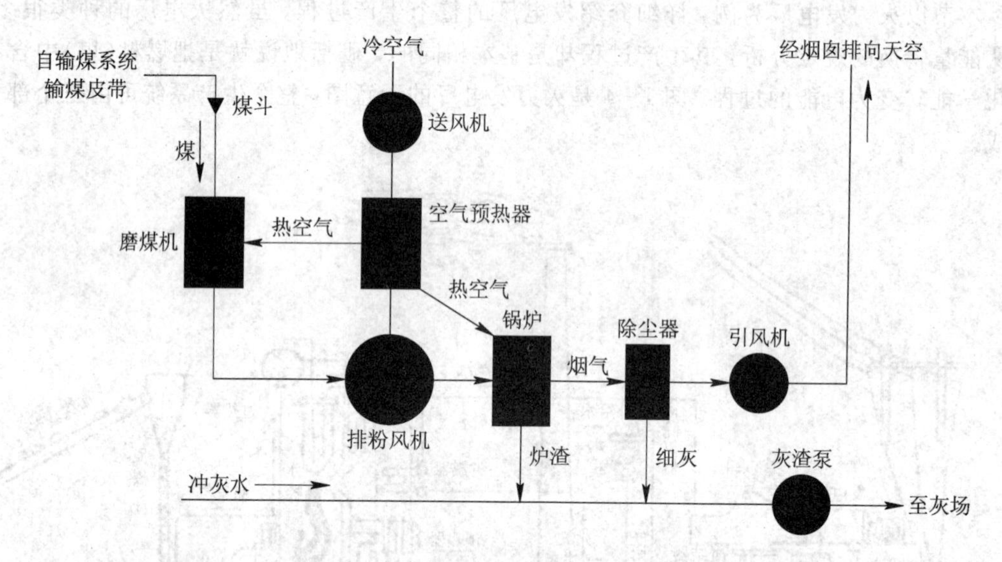

图 1-5　发电厂煤粉炉燃烧系统流程图

(4) 风烟。送风机将冷风送到空气预热器加热，加热后的气体一部分经磨煤机、排粉风机进入炉膛，另一部分经喷燃器外侧套筒直接进入炉膛。炉膛内燃烧形成的高温烟气，沿烟道经过热器、省煤器逐渐降温，再经除尘器除去 90%～99%(电除尘器可除去 99%)的灰尘，经引风机送入烟囱，排向天空。

(5) 灰渣。炉膛内煤粉燃烧后生成的小灰粒，被除尘器收集成细灰排入冲灰沟，燃烧中因结焦形成的大块炉渣，下落到锅炉底部的渣斗内，经过碎渣机破碎后也排入冲灰沟，再经灰渣泵将细灰和碎炉渣经冲灰管道排往灰场(或用汽车将炉渣运走)。

2. 汽水系统

火电厂的汽水系统由锅炉、汽轮机、凝汽器、除氧器、高压加热器等设备及管道构成，包括给水系统、再热系统、回热系统、冷却水(循环水)系统和补水系统，如图 1－6 所示。

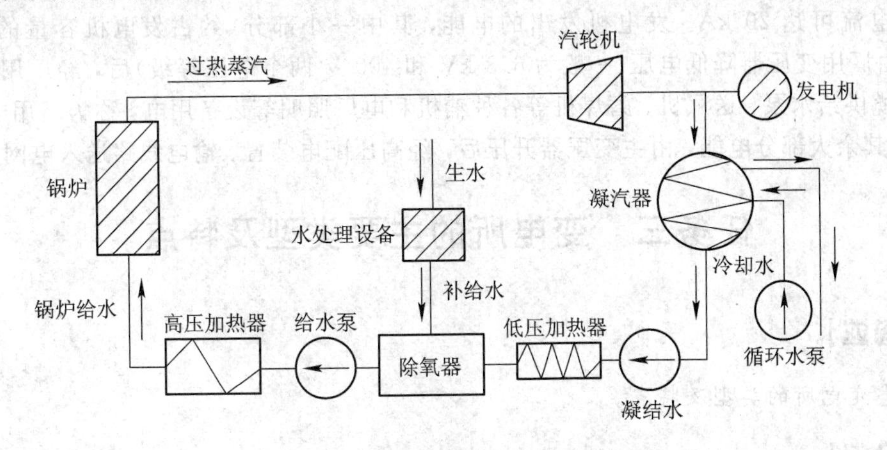

图 1－6　火电厂的汽水系统流程示意图

(1) 给水系统。由锅炉产生的过热蒸汽沿主蒸汽管道进入汽轮机，高速流动的蒸汽带动汽轮机叶片转动，带动发电机旋转产生电能。在汽轮机内做功后的蒸汽，其温度和压力大大降低，最后排入凝汽器并被冷却水冷却凝结成水(称为凝结水)，汇集到凝汽器的热水井中。凝结水由凝结水泵压至低压加热器中加热，再经除氧器除氧并继续加热。由除氧器出来的水(叫锅炉给水)，经给水泵升压和高压加热器加热后最后送入锅炉汽包。在现代大型机组中，一般都从汽轮机的某些中间级抽出做过功的部分蒸汽(称为抽汽)，用于加热给水(也叫作给水回热循环)，或把做过一段功的蒸汽从汽轮机某一中间级全部抽出，送到锅炉的再热器中加热后再引入汽轮机的后续几级中继续做功(叫作再热循环)。

(2) 补水系统。在汽水循环过程中难免有汽、水泄漏等损失，为维持汽水循环的正常进行，必须不断地向系统补充经过化学处理的软化水，这些补给水一般补入除氧器或凝汽器中，即是补水系统。

(3) 冷却水(循环水)系统。为了将汽轮机中做功后排入凝汽器中的乏汽冷凝成水，需由循环水泵从凉水塔抽取大量的冷却水送入凝汽器，冷却水吸收乏汽的热量后再回到凉水塔冷却，冷却水是循环使用的，称为冷却水或循环水系统。

3. 电气系统

发电厂的电气系统包括发电机、励磁装置、厂用电系统和升压变电所等，如图 1－7 所

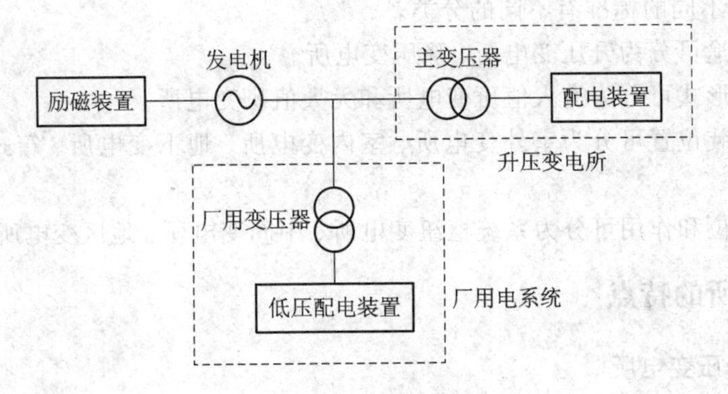

图 1－7　发电厂电气系统示意图

示。发电机的机端电压和电流随着容量的不同而各不相同，一般额定电压为10～20 kV，而额定电流可达20 kA。发电机发出的电能，其中一小部分(约占发电机容量的4%～8%)，由厂用变压器降低电压(一般为6.3 kV和400 V两个电压等级)后，经厂用配电装置由电缆供给水泵、送风机、磨煤机等各种辅机和电厂照明等设备用电，称为厂用电(或自用电)。其余大部分电能，由主变压器升压后，经高压配电装置、输电线路送入电网。

任务三　变电所的主要类型及特点

【任务描述】

熟悉变电所的类型及特点。

【任务分析】

变电所按照不同的分类标准可分为升压变电所、降压变电所，有人值班变电所、无人值班变电所，室外变电所、室内变电所，系统枢纽变电所、中间变电所、地区变电所和终端变电所等。它们各具特点，在电力系统中发挥着不同的作用。通过本任务的学习，学生可掌握变电所的类型和特点。

现代化大型火力、水力发电厂大多建在能源产地(如煤炭、石油生产基地)和自然条件便利的地方，以便减少发电厂所需燃料的巨额运输费用，而电力用户则集中在大城市、工业中心、矿山和农业发达地区。因此，发电厂与用户之间往往相距几百公里甚至上千公里，而向用户供电，需要专门的电力线路传输电能。电力线路又称为输电线路，在输电过程中，为了满足不同用户对经济供电与安全供电的要求，需要采用多种电压等级方式输送电能。电力系统中，电压的升高与降低是通过电力变压器完成的。安装电力变压器和控制设备以及保护设备等装置的整体称为变电所。用于升高输送电能电压的变电所称为升压变电所；反之，称为降压变电所。变电所是联系发电厂和用户的中间环节，起着变换和分配电能的作用。

一、变电所的类型

变电所按照不同的标准有不同的分类。

(1) 按照用途可分为升压变电所、降压变电所。

(2) 按管理形式可分为有人值班变电所和无人值班变电所。

(3) 按照安装位置可分为室外变电所、室内变电所、地下变电所、箱式变电所和移动变电所等。

(4) 按照地位和作用可分为系统枢纽变电所、中间变电所、地区变电所和终端变电所。

二、各类变电所的特点

1. 升压、降压变电所

升压变电所一般建在发电厂附近，主要任务是把低电压变换为高电压。例如，在发电厂需要将发电机出口电压升高至系统电压并接入电网，就是升压变电所。

降压变电所一般建在靠近负荷中心的地点，主要任务是把高电压变换为低电压，在电力系统中，大多数的变电所是降压变电所。

2. 有人、无人值班变电所

大容量、重要的变电所大都采用有人值班变电所。

无人值班变电所指变电所的测量、监视与控制操作都由调度中心或集控中心进行，所内无人值班。

3. 室内外变电所

室内变电所的主要设备均放在室内，减少了总占地面积，但建筑费用较高，适宜市区居民密集地区，或位于海岸、盐湖等污秽严重的工业区以及周围空气污染的地区。

室外变电所除控制、直流电源等设备放在室内，变压器、断路器、隔离开关等设备均布置在室外。变电所建筑面积小，建设费用低，电压较高的变电所一般采用室外布置。

4. 地下变电所

地下变电所包括全地下变电所和半地下变电所。全地下变电所的主建筑物建于地下，主变压器和其他主要电气设备均装设于地面建筑内，地上只建有变电所通风口和设备、人员出入口等少量建筑，以及有可能布置在地上的大型主变压器的冷却设备和主控制室等。半地下变电所以地下建筑为主，主变压器和其他主要电气设备部分装设于地面建筑内。

5. 箱式变电所

箱式变电所又称为预装式变电所，是将变压器、高压开关、低压电气设备及其相互的连接和辅助设备紧凑组合，按主接线和元器件不同，以一定方式集中布置在一个或几个密闭的箱壳内。箱式变电所是由工厂设计和制造的，结构紧凑、占地少、可靠性高、安装方便，广泛应用于居民小区和公园等场所。箱式变电所容量不大，电压等级一般为 10～35 kV。

6. 移动变电所

移动变电所是一种把高压开关设备、配电变压器、低压开关设备、电能计量设备和无功补偿装置等按一定的接线方案组合在一个或几个箱体内的紧凑型成套配电装置。它适用于额定电压为 10/0.4 kV 三相交流系统中，作为线路和分配电能之用。移动变电所的设备安装在车辆上，为临时向重要用户或施工单位供电时使用。

7. 系统枢纽变电所

枢纽变电所位于电力系统的枢纽点，汇集多个电源，连接电力系统高压和中压的几个部分，目前电压等级有 220 kV、330 kV(仅西北电网)和 500 kV。枢纽变电所连成环网，这种变电所一旦停电，将造成大范围停电，引起系统解列，甚至整个系统瘫痪。因此，系统枢纽变电所对电力系统稳定和可靠运行起着重要作用。

8. 中间变电所

中间变电所位于地区网络的枢纽点，是与输电主网相连的地区的受电端变电所，其任务是直接从主网受电，并向本供电区域供电。全所停电后，可引起地区电网瓦解，影响整个区域供电。电压等级一般采用 220 kV 或 330 kV。中间变电所主变压器容量较大，出线回路数较多，对供电的可靠性要求也比较高。

9. 地区变电所

地区变电所由中间变电所受电，直接向本地区负荷供电，供电范围小，电压等级一般为110～220 kV，主变压器容量与台数根据电力负荷而定。全所停电后，只有本地区供电中断。

10. 终端变电所

终端变电所在输电线路终端，接近负荷点，电压等级一般为35～110 kV，经降压后直接向用户供电。降压后的电压一般为10 kV和0.4 kV，分别向不同的用户供电。全所停电后，只是终端用户停电。

任务四 电气设备综述

【任务描述】

熟悉电气一次设备、电气二次设备等基本概念，掌握电气设备的额定参数。

【任务分析】

通常把直接生产、输送、分配和使用电能的设备称为电气一次设备，对电气一次设备和系统的运行状况进行测量、控制、保护和监察的设备称为电气二次设备。电气设备的额定参数主要有额定电压、额定电流、额定容量和额定频率等。通过本任务的学习，学生可掌握电气设备的相关概念和基本参数。

上面介绍了发电厂和变电所，实际的运作过程是发电厂将一次能源转变成电能，生产的电能需要通过一定方式输送给电力用户。在发电厂向用户供电的过程中，通过升压变电所、降压变电所、输电线路将多个发电厂连接起来并联工作，向用户供电。这种由发电厂、升压变电所、降压变电所、输电线路以及用电设备有机连接起来的整体，称为电力系统。

在电力系统中，电气设备是对发电机、变压器、电力线路、断路器等设备的统称，分为电气一次设备和电气二次设备。

一、电气一次设备

在发电厂和变电所中，为了满足用户对电力的需求，保证电力系统运行的安全稳定和经济，安装有各种电气设备。通常把直接生产、输送、分配和使用电能的设备称为电气一次设备，具体包括：

(1) 生产和转换电能的设备，如发电机和变压器等。发电机将机械能转换为电能，电动机将电能转换为机械能，变压器将电压升高或降低，以满足输配电的需要。

(2) 接通或断开电路的开关设备，如断路器、隔离开关、熔断器、接触器等，常用于电力系统正常或事故状态时闭合或断开电路。

(3) 载流导体，如母线、电缆等，可以按照要求将相关电气设备连接起来。

(4) 互感器：分为电压互感器和电流互感器，可将一次侧的电压、电流转换给二次侧。

(5) 限制故障电流和防御过电压的保护电器，如电抗器和避雷器等。

(6) 接地装置：埋入地中直接与大地接触的金属导体及与电气设备相连的金属线。无论是电力系统中性点的工作接地或保护人身安全的保护接地，均同埋入地中的接地装置相连。

二、电气二次设备

在电力系统中，为了能对电气一次设备和系统的运行状况进行测量、控制、保护和监察，需要一些专门的设备，通常把这些设备称为电气二次设备，具体包括：

(1) 测量表/计，如电压表、电流表、功率表、电能表、频率表等，用于测量一次电路中的电气参数。

(2) 继电保护及自动装置，如各种继电器和自动装置等，用于监视一次系统的运行状况，迅速反映不正常情况并进行调节或作用于断路器使其跳闸，切除故障。

(3) 直流设备，如直流发电机、蓄电池组、硅整流装置等，为保护、控制电路和事故照明等提供直流电源。

电气二次设备不直接参与电能的生产和分配过程，但对保证主体设备的正常、有序工作和发挥其经济效益起着十分重要的作用。

三、电气设备的主要参数

电气设备的种类很多，其作用、结构、原理和使用条件也各不相同，但都有额定电压、额定电流、额定容量和额定功率等主要参数。

1. 额定电压

额定电压是国家根据经济发展的需要、技术经济的合理性以及电气设备的制造水平等因素所规定的电气设备的标准电压等级。我国的额定电压按电压高低和使用范围分为三类。

1) 第一类额定电压

第一类额定电压是100 V及以下的电压等级，主要用于安全照明、蓄电池及开关设备的直流操作电压。直流为6 V、12 V、24 V、48 V，交流单相为12 V和36 V，三相线电压为36 V。

2) 第二类额定电压

第二类额定电压是100～1000 V的电压等级。这类额定电压应用最广、数量最多，如动力、照明、家用电器和控制设备等。

3) 第三类额定电压

第三类额定电压是1000V及以上的高电压等级(如表1-1所示)，主要用于电力系统中的发电机、变压器、输配电设备和用电设备。

从表1-1中可以看到，同一个电压级别下，各种电气设备的额定电压并不完全相等。为了使各种互相连接的电气设备都能运行在较有利的电压下，各电气设备的额定电压之间有一个相互配合的问题。

表 1-1　第三类额定电压

电网和用电设备额定电压/kV	发电机额定电压/kV	电力变压器额定电压/kV	
		一次绕组	二次绕组
3	3.15	3 及 3.15	3.15 及 3.3
6	6.3	6 及 6.3	6.3 及 6.6
10	10.5	10 及 10.5	10.5 及 11
35	—	35	38.5
60	—	60	66
110		110	121
220	—	220	242
330	—	330	363
500	—	500	550
750	—	750	825

电力线路的额定电压和用电设备的额定电压相等时，称为网络的额定电压，如 220 kV 网络等。

当发电机的额定电压与电网的额定电压为同一等级时，发电机的额定电压规定比网络的额定电压高 5%。

变压器额定电压的规定略为复杂。根据变压器在电力系统中传输功率的方向，我们规定变压器接受功率一侧的绕组为一次绕组，输出功率一侧的绕组为二次绕组。一次绕组的作用相当于用电设备，其额定电压与网络的额定电压相等，但直接与发电机连接时，其额定电压则与发电机的额定电压相等。二次绕组的作用相当于电源设备，规定其额定电压比电网的额定电压高 10%，如果变压器的短路电压小于 7%或直接(包括通过短距离线路)与用户连接时，则比电网的额定电压高 5%。

2. 额定电流

电气设备的额定电流(铭牌中的规定值)是指在规定的周围环境温度和绝缘材料允许的温度下，电气设备所允许通过的最大电流值。

3. 额定容量

额定容量是电气设备在额定电压下工作所能达到额定电流时的容量。对于发电机、变压器和互感器等可作为电源的设备而言，额定容量是指其能够带负载的能力；对于电动机等用电设备，额定容量是指其消耗的电功率。发电机的额定容量一般用有功功率(单位为 W、kW)表示，变压器的容量一般用视在功率(单位为 VA、kVA)表示，电动机等的额定容量一般也用有功功率表示。

4. 额定频率

若没有特殊要求和说明，我国电力系统的额定频率为 50 Hz。

项目小结

本章主要对电力系统中的各个环节进行了介绍。电力系统主要由发电厂、变电所、输电线路及用电设备等共同组成。发电厂主要分为火力发电、水力发电、核能发电和风力发电，除此之外还有太阳能发电、地热发电和潮汐能发电等新兴能源形式，国内目前主要采用火力发电。变电所根据在电力系统中的地位和作用可分为枢纽变电所、中间变电所、地区变电所和终端变电所，各自起着不同的作用。

电气设备分为电气一次设备和电气二次设备。通常把直接生产、输送、分配和使用电能的设备称为电气一次设备，包括生产和转换电能的设备、接通或断开电路的开关设备、载流导体(如母线、电缆等)、互感器、电抗器和避雷器、接地装置。电气二次设备通常是对电气一次设备和系统的运行状况进行测量、控制、保护和监察，包括测量表计电器、继电保护及自动装置、直流设备等。

思考与练习

1. 发电厂和变电所的类型有哪些?
2. 分别说明发电厂的生产过程和变电所的作用。
3. 电气一次设备及电气二次设备的作用及范围是什么?
4. 供电设备、用电设备和电力网的额定电压之间有什么关系?

项目二　电弧与电气触头的基本知识

【项目分析】

开关电器是用来接通或断开电路的电气设备。当电力系统中的发电机、变压器、输配电线路改变运行方式时，需要开关电器来完成投入运行或退出运行的任务。开关电器的动、静触头在切断负荷电路时，会在开关触头之间产生电弧，电弧延长了开关断开的时间，而电弧的高温又会烧毁触头，或使触头周围的绝缘材料遭到破坏甚至可能引发严重的事故，危及电力系统的安全。因此，当开关触头间出现电弧时，必须尽快熄灭。本项目着重解决开关电器开断交流电路过程中的灭弧问题。

【培养目标】

掌握电弧形成及熄灭的条件，熟悉电弧形成的物理过程、特性；掌握交流电弧的特性及熄灭条件；掌握开关电器中常用的灭弧方法；了解电气触头的类型、工作条件。

任务一　电弧的基本知识

【任务描述】

本任务主要介绍电弧的基本特征、电弧的危害、电弧的形成过程及电弧的熄灭。

【任务分析】

当开关电器的动、静触头在切断负荷电路时，就会在开关触头之间产生电弧，本任务分析电弧的特征和形成过程，以便解决电弧的熄灭问题。

开关电器的基本功能就是能够在所要求的短时间内分合电路，机械式开关设备是用触头来开断电路电流的，在大气中开断电路时，如果电路电压不低于10～20 V，电流不小于80～100 mA，在触头间隙(也称弧隙)中就会产生一团温度极高、发出强光且能够导电的近似圆柱形的气体，这就是电弧。由于电弧具有高温及强光，广泛应用于焊接、熔炼、化学合成、强光源及空间技术等方面。对于有触点的电气设备而言，电弧的高温将烧损触头及绝缘材料，严重情况下甚至引起相间短路、电器爆炸，从而酿成火灾，危及人员及设备的安全，所以从电气设备的角度来研究电弧，目的在于了解它的基本规律，找出相应的办法，让电弧在电气设备中尽快熄灭。

一、电弧的特征与危害

1. 电弧的特点

电弧是一束高温电离气体，在外力作用下，如气流、外界磁场甚至电弧本身产生的磁场作用下会迅速移动(每秒可达几百米)，并拉长、卷曲形成十分复杂的形状。电弧在电极上的孳生点也会快速移动或跳动。电弧的特点是：

(1) 起弧电压、电流数值低。

(2) 电弧能量集中，温度高，弧柱中心区温度可达 10 000℃左右，电弧表面温度也会达到 3000～4000℃。

(3) 电弧是一束质量很轻的游离态气体，在外力作用下很容易弯曲、变形。

(4) 电弧有良好的导电性能，具有很高的电导。

(5) 电弧由阴极区(包括阴极斑点)、弧柱区(包括弧柱、弧焰)、阳极区(包括阳极斑点)三部分组成，其组成如图 2－1 所示。

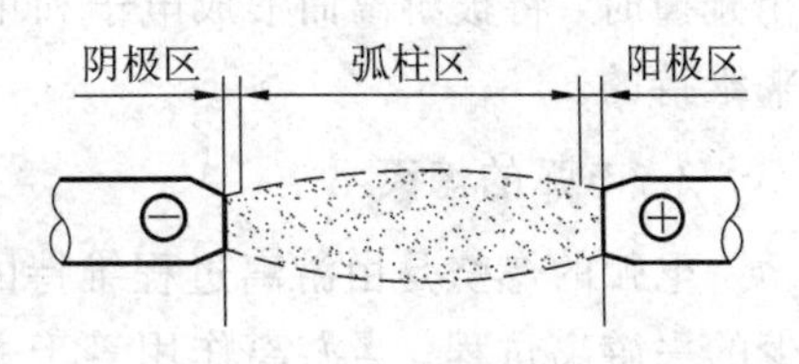

图 2－1　电弧的组成

2. 电弧的危害

电弧的温度较高，很容易烧毁触头，使触头周围的绝缘材料遭受破坏。如果电弧燃烧时间过长，设备内部压力过高，则很可能引发电气设备爆炸等事故。因此，当开关触头间出现电弧时，必须尽快予以熄灭。电弧对电气设备造成的危害主要有：

(1) 电弧的存在延长了开关电器开断故障电路的时间，加重了电力系统短路故障的危害。

(2) 电弧产生的高温将使触头表面熔化和蒸化，烧坏绝缘材料。对充油电气设备还可能引起着火、爆炸等危险。

(3) 由于电弧在电动力、热力作用下能移动，很容易造成飞弧短路和伤人，或引起事故的扩大。

二、电弧的形成与熄灭

1. 电弧的形成

开关触头刚分离时，由于触头间的间隙很小，触头间会出现很高的电场强度，阴极触头表面的电子在强电场的作用下被拉出来发生强电场发射。从阴极表面发射出来的自由电子在电场力的作用下向阳极作加速运动，它们在奔向阳极的途中碰撞介质的中性质点，只要电子的运动速度足够高，其动能大于中性质点的游离能时，便发生碰撞游离，原中性质点游离为正离子和自由电子。新产生的电子将和原有的电子一起以极高的速度向阳极运动，当它们与其他中性质点碰撞时再一次发生碰撞游离，形成电弧。

弧柱中自由电子的主要来源包括四个方面。

(1) 热电子发射。当断路器的动、静触头分离时，触头间的接触压力及接触面积逐渐缩小，接触电阻增大，使接触部位剧烈发热，导致阴极表面温度急剧升高而发射电子，形成热电子发射。

(2) 强电场发射。开关电器分闸的瞬间，由于动、静触头的距离很小，触头间的电场强度就非常大，使触头内部的电子在强电场作用下被拉出来，形成强电场发射。

(3) 碰撞游离。从阴极表面发射出的电子在电场力的作用下高速向阳极运动，在运动过程中不断地与中性质点(原子或分子)发生碰撞。当高速运动的电子积聚足够大的动能时，就会从中性质点中打出一个或多个电子，使中性质点游离，这一过程称为碰撞游离，其运动示意图如图 2-2 所示。

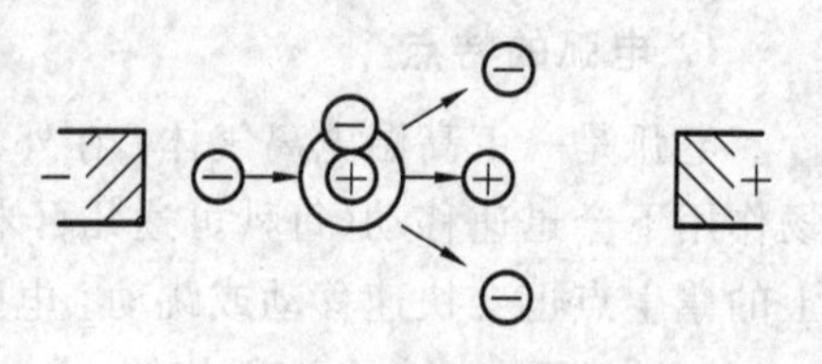

图 2-2 碰撞游离示意图

(4) 热游离。弧柱中气体分子在高温作用下产生剧烈热运动，动能很大的中性质点互相碰撞时，将被游离而形成电子和正离子，这种现象称为热游离。弧柱导电就是靠热游离来维持的。

2. 电弧的熄灭

电弧的燃烧是由游离过程维持的，但在电弧中同时还进行着相反的使带电质点数量减少的去游离过程。当游离作用等于去游离作用时，新增加的带电质点数量与被中和的质点数量相等，电弧稳定燃烧；当游离作用大于去游离作用时，电弧燃烧加剧；当游离作用小于去游离作用时，电弧中的带电质点数量减少，最终导致电弧熄灭。所以，电弧的熄灭主要讨论的是其去游离过程。

1) 电弧的去游离过程的形式

(1) 复合。复合是正、负带电质点相互结合变成不带电质点的现象。由于弧柱中电子的运动速度很快，约为正离子的 1000 倍，所以电子直接与正离子复合的几率很小。一般情况下，当电子碰撞中性质点时，会被中性质点捕获变成负离子，然后再与质量和运动速度相当的正离子互相吸引，交换电荷后成为中性质点。还有一种情况就是电子先被固体介质表面吸附后，再被正离子捕获成为中性质点。

(2) 扩散。扩散是弧柱中的带电质点逸出弧柱以外，进入周围介质的现象。扩散有以下三种形式：

① 温度扩散：由于电弧和周围介质间存在很大温差，使得电弧中的高温带电质点向周围低温介质中扩散，减少了电弧中的带电质点。

② 浓度扩散：电弧和周围介质存在浓度差，带电质点就从浓度高的地方向浓度低的地方扩散，使电弧中的带电质点减少。

③ 吹弧扩散：在断路器中采用高速气体吹弧，带走电弧中的大量带电质点，以加强扩散作用。

2) 影响电弧去游离过程的因素

(1) 电弧温度。电弧是由热游离维持的，降低电弧温度就可以减弱热游离，减少新的带电质点的产生。同时，也减小了带电质点的运动速度，加强了复合作用。通过快速拉长电弧，用气体或油吹动电弧，或使电弧与固体介质表面接触等，都可以降低电弧的温度。

(2) 介质的特性。电弧燃烧时所在介质的特性在很大程度上决定了电弧中去游离的强度，这些特性包括：导热系数、热容量、热游离温度、介电强度等。这些参数值越大，则去游离过程就越强，电弧就越容易熄灭。

(3) 气体介质的压力。气体介质的压力对电弧去游离的影响很大。因为气体的压力越大，电弧中质点的浓度就越大，质点间的距离就越小，复合作用越强，电弧就越容易熄灭。在高度真空中，由于发生碰撞的几率减小，抑制了碰撞游离，而扩散作用却很强，因此，真空是很好的灭弧介质。

(4) 触头材料。触头材料也会影响去游离的过程。当触头采用熔点高、导热能力强和热容量大的耐高温金属时，可减少热电子发射和电弧中的金属蒸汽，有利于电弧熄灭。

除了上述因素以外，去游离过程还受电场电压等因素的影响。

任务二 电弧的特性与熄灭方法

【任务描述】

熟悉交流电弧的特性(伏安特性)、交流电弧过零后介质强度恢复过程和电压恢复过程，掌握交流电弧的灭弧方法。

【任务分析】

交流电流、电压随时间作周期性变化，电弧电流和电弧电压每半周过零一次，过零时电弧自然熄灭。本任务的关键不是研究交流电弧怎样熄弧的问题，而是电流过零后不再重燃的问题。

因为交流回路和直流回路中产生的电弧在特性上有差异，所以熄灭这两种电弧的方法也不完全相同，在直流电路中产生的电弧叫直流电弧，在开断交流回路中产生的电弧叫交流电弧。本书主要讨论交流电弧。交流电弧存在自然暂时熄弧点，电流过零时，电弧自然暂时熄灭，与电弧中去游离过程无关；电流过零后，电弧的发展方向取决于游离与去游离的强弱程度。

一、交流电弧的特性

交流电弧具有动特性、热惯性、自然过零等特性。

(1) 交流电弧具有动特性。在交流电路中，电流瞬时值随时间变化，每个周期有两次通过零点，因而电弧的温度、直径以及电弧电压也随时间变化，电弧的这种特性称为动特性。

由图 2-3 可见，电流由负值过零瞬间，电弧暂时熄灭，但触头两端仍有电源电压。在电流上升阶段，当电压升至 A 点时，电弧重燃，对应于 A 点的电压称为燃弧电压。由于电弧热游离很强，尽管电流继续上升，而电弧压降却在逐渐降低(AB 段)；从 B 点(对应于电流峰值)以后电流逐渐减少，电弧压降相应回升(BC 段)，到达 C 点时电弧再次熄灭，对应的电压称为熄弧电压。由此可见，熄弧电压总是低于燃弧电压。电弧电压呈马鞍形变化，电流小时电弧电压高，电流大时电弧电压减小且接近于常数。

(2) 交流电弧具有热惯性。交流电流变化很快，而弧柱的受热升温或散热降温都有一定的过程，跟不上快速变化的电流，所以电弧温度的变化总滞后于电流的变化，这种现象称为电弧的热惯性。

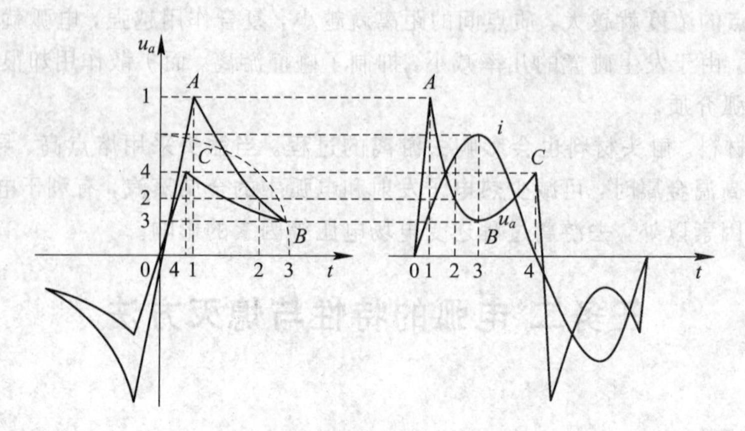

图 2-3　交流电弧的伏安特性及电压电流波形图

(3) 交流电弧电流存在自然过零。交流电流每半个周期过零一次，称为自然过零。电流过零时，电弧自然熄灭。如果电弧是稳定燃烧的，则电弧电流过零熄灭后，在另半个周期又会重燃。如果电流过零后，电弧不发生重燃，电弧就会熄灭。因此，交流电流过零的时刻是熄灭电弧的良好时机，如果在电流过零时采取有效措施使电弧不再重燃，则电弧最终熄灭。

二、交流电弧的熄灭方法

弧隙介质能够承受外加电压作用而不致使弧隙击穿的电压称为弧隙的介质强度。当电弧电流过零时电弧熄灭，而弧隙的介质强度要恢复到正常状态值还需一定的时间，此恢复过程称为弧隙介质强度的恢复过程，以耐受的电压 $u_d(t)$ 表示。图 2-4 是各种介质介电强度的恢复过程曲线。

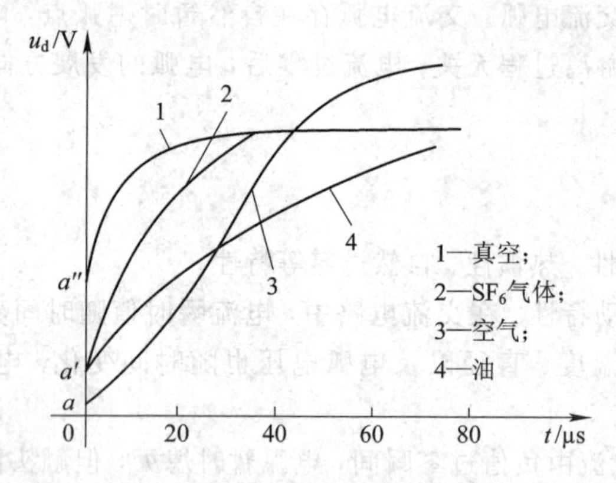

图 2-4　介质强度的恢复过程曲线

电流过零前，弧隙电压呈马鞍形变化，电压值很低，电源电压的绝大部分降落在线路和负载阻抗上。电流过零时，弧隙电压等于熄弧电压，正处于马鞍形的后峰值处(图 2-3 的 C 点)。电流过零后，弧隙电压从后峰值逐渐增长，一直恢复到电源电压，这一过程中的弧隙电压称为恢复电压，其电压恢复过程以 $u_r(t)$ 表示。

如果弧隙介质介电强度在任何情况下都高于弧隙恢复电压，则电弧熄灭(见图 2-5(a))；反之，如果弧隙恢复电压高于弧隙介质介电强度，电弧被击穿、重燃(见图 2-5(b))。因此，交流电弧的熄灭条件为

$$u_d(t) > u_r(t) \tag{2-1}$$

式中：$u_d(t)$为弧隙介质强度；$u_r(t)$为弧隙恢复电压。

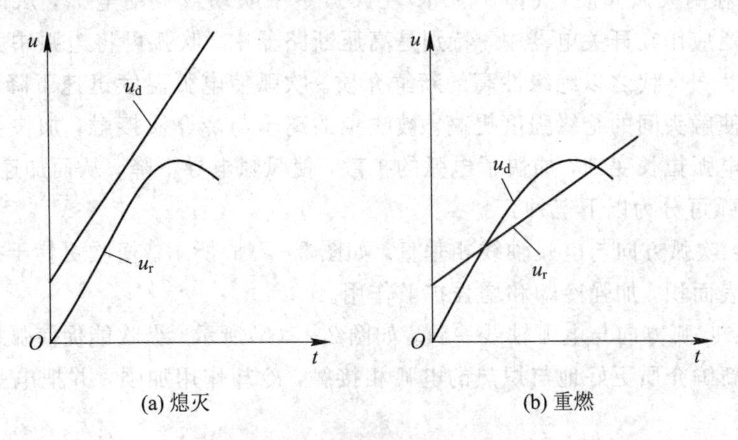

图 2-5　交流电弧在过零后重燃和熄灭

在交流电弧的灭弧中，应充分利用交流电弧的自然过零点，采取有效的措施，加大弧隙间去游离的强度，使电弧不再重燃，最终熄灭。

目前，广泛采用的交流电弧的灭弧方法主要有以下几种。

1. 提高断路器触头的分离速度

提高断路器触头的分离速度，可以迅速拉长电弧，使弧隙的电场强度骤降，弧隙电阻和电弧的表面积突然增大，电弧冷却加快，有利于带电质点的扩散和复合去游离。这是开关电器最基本的一种灭弧方法。

2. 采用多断口灭弧

系统每一相有两个或多个断口相串联。在熄弧时，多断口把电弧分割成多个串联的小电弧段。多断口使电弧的总长度加长，导致弧隙的电阻增加；在触头行程、分闸速度相同的情况下，电弧被拉长的速度成倍增加，使弧隙电阻加速增大，提高了介质强度的恢复速度，缩短了灭弧时间。

采用多断口时，加在每一断口上的电压明显减少，降低了弧隙的恢复电压，亦有利于熄灭电弧。在要求将电弧拉到同样的长度时，采用多断口结构成倍减小了触头行程，从而减小了开关电器的尺寸。不同断口数的触头示意图如图 2-6 所示。

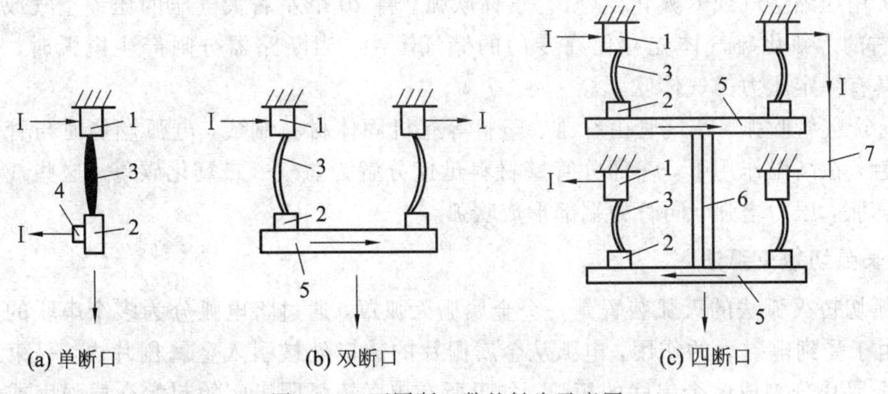

图 2-6　不同断口数的触头示意图

3. 吹弧

吹弧是指利用灭弧介质(气体、油等)在灭弧室中吹动或吸动电弧，从而达到灭弧目的。该方法广泛应用在开关电器中，特别是高压断路器中。吹弧可将电弧中大量正负离子吹到触头间隙以外，代之以绝缘性高的新鲜介质。吹弧使电弧温度迅速下降，阻止热游离的继续进行，使触头间的绝缘强度提高。被吹走的离子与冷介质接触，加快了复合过程的进行。吹弧使电弧拉长变细，加快了电弧的扩散，使弧隙电导下降，从而加速灭弧。

按方向吹弧可分为以下三种：

(1) 横吹：吹弧方向与电弧轴线相垂直，如图 2-7(a)所示。横吹更易于把电弧吹弯拉长，增大电弧表面积，加强冷却和增强扩散作用。

(2) 纵吹：吹弧方向与电弧轴线一致，如图 2-7(b)所示。纵吹能促使弧柱内带电质点向外扩散，使新鲜介质更好地与炽热的电弧相接触，冷却作用加强，并把电弧吹成若干细条，易于熄灭。

(3) 纵横吹。横吹灭弧室在开断小电流时，因灭弧室内压力太小，开断性能差。为了改善开断小电流时的灭弧性能，可将纵吹和横吹结合起来。在开断大电流时主要靠横吹，开断小电流时主要靠纵吹。

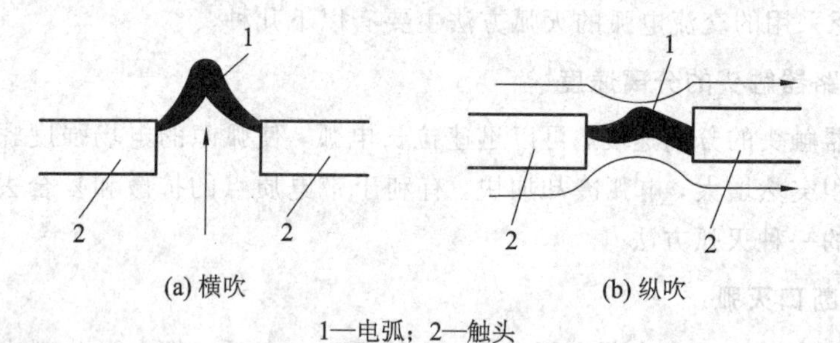

1—电弧；2—触头

图 2-7　吹弧方式

按吹弧气流产生的方法，吹弧可分为以下三种：

(1) 用油气吹弧。用油气作吹弧介质的断路器称为油断路器。在这种断路器中，有用专用材料制成的灭弧室，其中充满了绝缘油。当断路器触头分离产生电弧后，电弧的高温使一部分绝缘油迅速分解为氢气、乙炔、甲烷、乙烷、二氧化碳等气体，其中氢的灭弧能力是空气的 7.5 倍。这些油气体在灭弧室中积蓄能量，一旦打开吹口，即形成高压气流吹弧。

(2) 用压缩空气或六氟化硫(SF_6)气体吹弧。将 20 个左右大气压的压缩空气或 5 个大气压左右的六氟化硫气体先存储在专门的储气罐中，当断路器分闸产生电弧时，打开喷口，用具有一定压力的气体吹弧。

(3) 产气管吹弧。产气管由纤维、塑料等有机固体材料制成，电弧燃烧时与管的内壁紧密接触，在高温作用下，一部分管壁材料迅速分解为氢气、二氧化碳等，这些气体在管内受热膨胀，压力增强，向管的端部形成吹弧。

4. 长弧切短灭弧法

长弧切短灭弧法的灭弧装置是一个金属栅灭弧罩，通过将电弧分为多个串联的短弧来灭弧。由于受到电磁力的作用，电弧从金属栅片的缺口处被引入金属栅片内，一束长弧就被多个金属片分割成多个串联的短弧。如果所有串联短弧阴极区的起始介质强度或电压降的总和永远大于触头间的外施电压，电弧就不再重燃而熄灭。缺口常采用铁质栅片，可减少电弧进入栅片的阻力，缩短燃弧时间。

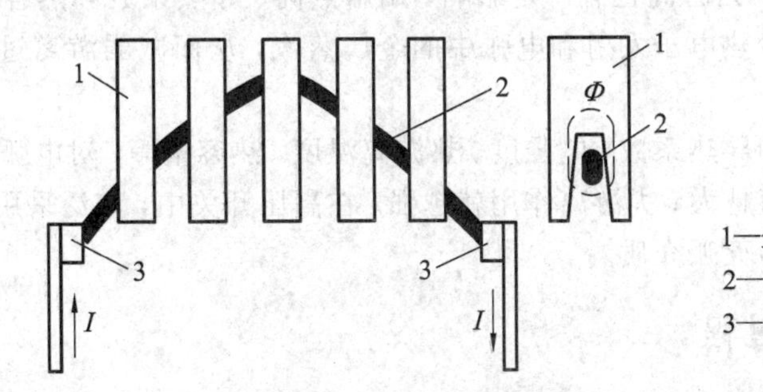

图 2-8　金属灭弧栅熄弧

5. 利用固体介质的狭缝、狭沟灭弧法

狭缝灭弧法的灭弧装置的灭弧片是由石棉水泥或陶土制成的。触头间产生电弧后，在磁吹装置产生的磁场作用下，将电弧吹入由灭弧片构成的狭缝中，把电弧迅速拉长的同时，使电弧与灭弧片内壁紧密接触，对电弧的表面进行冷却和吸附，产生强烈的去游离。图 2-9 为狭缝灭弧装置的示意图。

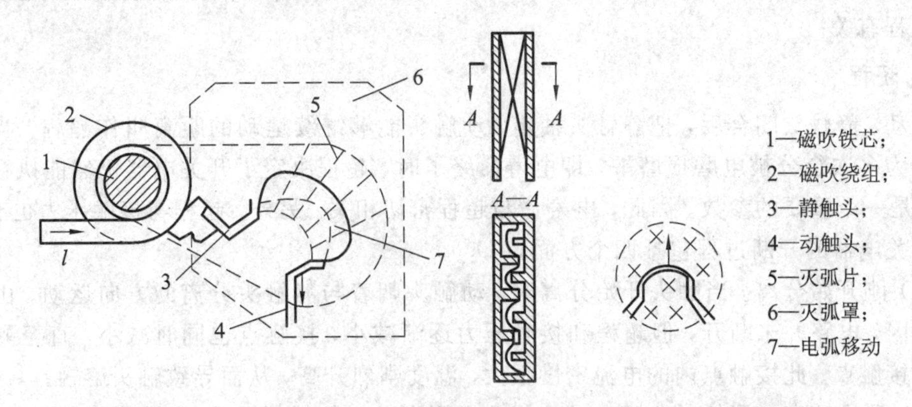

图 2-9　狭缝灭弧装置的示意图

当石英砂熔断器中的熔丝熔断时，会在石英砂的狭沟中产生电弧。由于受到石英砂的冷却和表面吸附作用，电弧迅速熄灭。同时，熔丝气化时产生的金属蒸汽渗入石英砂中遇冷而迅速凝结，大大减少了弧隙中的金属蒸汽，使得电弧容易熄灭。其原理图如图 2-10 所示。

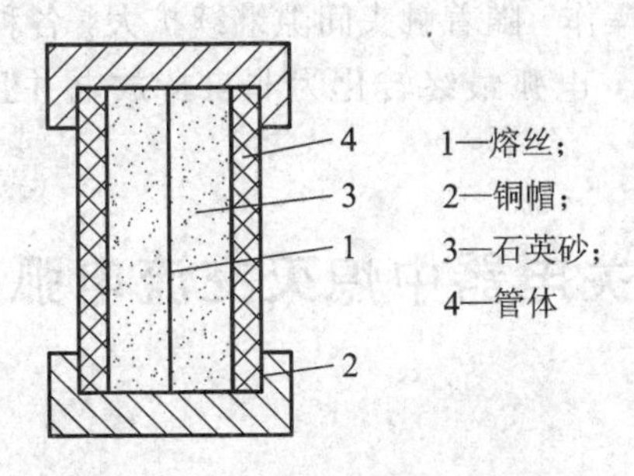

图 2-10　石英砂灭弧原理

6. 用耐高温金属材料作优质灭弧介质

触头材料对电弧中的去游离也有一定影响，用熔点高、导热系数和热容量大的耐高温金属制作触头，可以减少热电子发射和电弧中的金属蒸汽，从而减弱游离过程，有利于熄灭电弧。

灭弧介质的特性，如导热系数、电强度、热游离温度、热容量等，对电弧的游离程度具有很大影响，这些参数值越大，去游离作用就越强。在高压开关中，广泛采用压缩空气、六氟化硫气体、真空等作为灭弧介质。

三、交流电路的开断过程

在介绍开关电器的开断过程前，先对一些名词进行解释。

1. 动触头和静触头

开关电器闭合和分断时始终处于静态的触头叫静触头，始终进行合分操作的触头称为动触头。

2. 开距

开距是指触头处于打开状态时，动静触头之间的距离。开距与触头组合的介电能力和熄弧过程有关。

3. 超程

当动、静触头闭合后，把静触头抽走，动触头能够继续运动的距离叫作超程。当触头合金因为多次合分被电磨损磨平，即电寿命终了时，超程决定了开关电器仍然能执行闭合操作，是一个重要的参数。因此，电寿命与超程密切相关。另外，超程与接触压力也有关。

开关电器的开断过程包括四个方面。

(1) 刚开始分离。当触头开始分离时，动触头朝着与静触头分离的方向运动。由于超程的原因，电路并未断开，但超程和接触压力逐渐减小，接触点也同时减小，直至剩下最后一个接触点。此接触点内的电流密度很大，温度剧烈升高，从而导致触头熔融。

(2) 形成液态金属桥并拉断。动静触头虽已脱离，但熔融的金属会形成液态金属桥。由于金属桥的电阻大于固体金属，而热量又高度集中在桥内，使得金属桥的温度达到沸点，随后金属桥发生爆炸性断裂，触头间隙就此形成。

(3) 触头断裂形成电弧。触头刚断裂瞬间，间隙中充满着金属蒸汽和空气。由于电流被瞬间切断，因此产生过电压，可将空气介质和金属蒸汽击穿，并形成电弧。

(4) 电弧熄灭完成开断操作。随着触头间隙继续扩大，各种熄灭电弧的因素同步作用，随着电弧电流和温度的降低，电弧最终转化为非自持放电并且熄灭，触头间隙恢复为绝缘体。

任务三　开关电器中熄灭交流电弧的基本方法

【任务描述】

熟悉开关电器中熄灭交流电弧的几种方法。

【任务分析】

高压开关设备的结构不同、灭弧介质的不同都会影响电弧的熄灭，本任务介绍灭弧的方法，以进一步改进高压开关设备灭弧室的结构，采用新型的灭弧介质，提高灭弧能力。

一、空气中电弧的熄灭

在开断电路中，将预先储备好的压缩空气用管道引向燃弧区，利用压缩空气猛烈吹弧提高燃弧区的压力，从而使电弧熄灭的装置叫作压缩空气灭弧装置。

二、油中电弧的熄灭

断路器等开关电器中常装有绝缘性能很好的变压器油，它既是绝缘介质，又是灭弧介质。当开关触头切断负荷电流或短路电流时，电弧在油中燃烧，使之分解出大量气体，其中含有相当多的氢气(氢气的导热性很高，对电弧有良好的冷却效果)，大量气体致使灭弧室压力增加，游离质点的浓度增加，增强了复合、去游离作用，可以使电弧很快熄灭。

常见的变压器油灭弧装置可分成以下几种：

(1) 自能式：利用电弧自身的能量将油蒸发分解成油气，提高灭弧室中的压力，以驱动油或油气进行吹弧。

(2) 外能式：利用外界能量(通常是储存在弹簧中的能量)推动活塞，提高灭弧室中的压力，以驱动油或油气进行灭弧。

(3) 混合式：兼用上述两种能量，提高灭弧室中的压力以驱动油或油气进行吹弧。

三、SF_6气体中电弧的熄灭

SF_6 是一种无色、无味、无毒、不可燃的惰性绝缘气体，具有优异的冷却电弧特性，而且 SF_6 的绝缘性能远远超过传统的油、空气绝缘介质，其用于电气设备中，可以缩小设备的尺寸，提高设备绝缘的可靠性。SF_6 在电弧作用下可分解成低氟化合物，但电弧过零时，低氟化合物急速再结合成 SF_6，故弧隙介质强度恢复过程极快，使恢复电压始终低于介质强度，起到熄灭电弧的作用。当分闸时，压气室内的 SF_6 气体被压缩并提高压力，主触头首先分离，然后弧触头分离产生电弧，同时也产生气流向喷嘴吹弧，达到熄灭电弧的目的。其缺点是在电弧放电时，分解形成硫的低氟化合物不但有毒，且对某些绝缘材料和金属具有腐蚀作用。

四、真空中电弧的熄灭

利用真空作为绝缘和灭弧介质是非常理想的灭弧方法。由于真空间隙内的气体稀薄，分子的自由行程大，发生碰撞的概率很小，具有相当高的绝缘强度，因此，碰撞游离不是真空间隙击穿产生电弧的主要因素。真空中的电弧是由触头电极蒸发出的金属蒸汽形成的，具有很强的扩散能力，因而电弧电流过零后，触头间隙的介质强度能很快恢复，使电弧迅速熄灭。当真空容器内的触头分断时，可在交流电流过零时熄灭电弧且不致复燃。

将触头在高度真空中开断可构成有很高开断能力的灭弧装置。按照触头结构的不同，真空灭弧装置分带圆柱状触头、带螺旋槽的磁吹触头和带纵磁场线圈的触头三种。图2－11是带圆柱状触头真空灭弧装置的原理结构图。

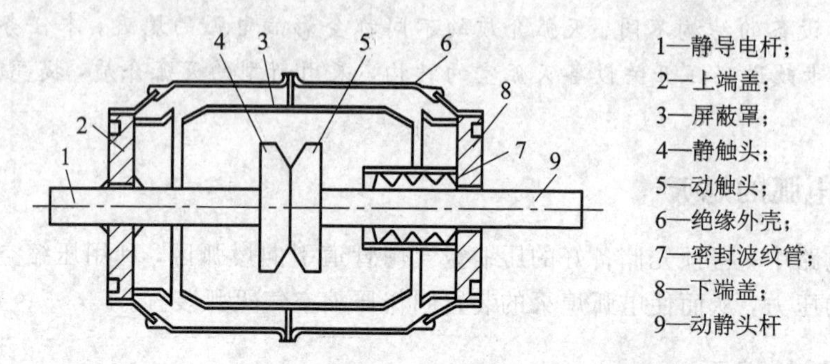

图2－11　带圆柱状触头真空灭弧装置的原理结构图

在现代开关电器中，通常需要根据具体使用情况综合利用上述几种灭弧方法来实现快速灭弧。

任务四　电气触头的基本知识

【任务描述】

掌握电气触头及其结构类型、电气触头的接触电阻以及降低接触电阻的措施；掌握开关电器与载流导体间固定触头的连接工艺及铜铝触头的连接要求。

【任务分析】

电力系统中电气触头制造或工作状况的好坏，直接影响到电气设备和电气装置工作的可靠性，甚至有可能会导致电气设备发生严重事故。开关电器的触头是执行元件，其性能好坏直接决定开关电器的质量，本任务阐述电气触头的基本知识及其接触电阻，以便在设计、制造、安装、运行、维护、检修中控制开关电器触头的质量，以保证电力系统安全可靠运行。

电气触头是指两个导体或几个导体之间相互接触的部分，如母线或导线的接触连接处以及开关电器中的动、静触头。

一、电气触头的要求

电气触头的性能好坏十分关键，所以设计制造时对电气触头有一些基本要求。

(1) 结构可靠。

(2) 接触电阻小且稳定，有良好的导电性能和接触性能。

(3) 通过规定电流时，发热稳定而且不超过允许值。

(4) 通过短路电流时，具有足够的动稳定性和热稳定性。

(5) 开断规定的短路电流时，触头不被灼伤，不发生熔焊。

电流流过触头所产生的电阻称为接触电阻。因为触头的接触面往往不是全面接触，而是局部接触，所以接触面积可能小于导体的几何面积，因而接触电阻可能比导体其他部分的电阻大。正常情况下，触头间的接触紧密而牢靠，接触电阻是很小的。当接触部位接触不良时，接触电阻就会增大，使触头过热，如果不及时发现和处理，就会造成触头烧毁，损伤触头周围物质，拉出电弧和飞弧短路，从而导致故障的进一步扩大。

触头在正常工作和通过短路电流时的发热都与接触电阻值有关，所以触头的质量在很大程度上取决于触头的接触电阻值。正常情况下，触头间的接触压力、表面加工状况、表面氧化程度及接触情况等都会影响接触电阻值。

1. 触头间的压力

即使精细加工的触头表面，从微观上看也是凹凸不平的，触头接触面积的大小受施加压力大小的影响，触头间的压力越大，总的接触面积就会增大，触头间的接触电阻就越小。

2. 触头材料及防氧化措施

触头一般由铜、黄铜和青铜等材料制成。为防止触头表面被氧化，一般需要采取镀锡、镀银、涂防腐漆和凡士林油等措施加以防护。镀锡后，触头的接触电阻比没有氧化的铜触头高出30%～50%，且在运行中不再增加。户外装置或潮湿场所使用的大电流触头，最好在触头表面镀银。银在空气中不易氧化，镀银触头的接触电阻比较稳定，因此镀银触头的特性也比较稳定。铝制触头在空气中最易氧化，并产生具有很大电阻的氧化膜，对接触电阻的影响最大。因此，铝制触头必须在表面涂凡士林油加以覆盖，以防止氧化。

对于一些电气设备，如变压器、电机等采用铜制引出端头，在屋外和潮湿的场所中，不能将铝导体用螺栓和铜端头连接，因为铜铝直接接触会形成电位差。当含有溶解盐的水分渗入接触面的缝隙时，会产生电解反应，铝发生强烈的电腐蚀，导致触头损坏，并可能酿成重大事故。在屋内配电装置中，允许将铝导体用螺栓直接与电器的铜端头连接。

触头在长期负荷电流下工作时，由于接触电阻的存在，触头会发热，使其温度升高，同时也向周围介质散热，当发热量等于散热量时，触头就在工作温度下稳定运行。这个温度值小于触头材料长期允许的温度，因此，触头是安全的。由于负荷电流相对于短路电流要小得多，所产生的电动力不会影响触头的正常工作。

当触头短时间内通过大电流时，如短路电流、电动机的启动电流等，所产生的热效应和电动力具有冲击特性，对触头的正常工作造成很大威胁，可能使触头熔焊和短时过热、触头接触压力下降等。因此，开关电器必须采取有效措施，保证在通过短路电流时有足够的动稳定和热稳定。

二、电气触头的结构

按照不同的标准，电气触头有不同的分类方法，下面按照接触面的形式和结构形式进行分类。

1. 按接触面的形式分类

1）点接触

点接触是指两个触头间的接触面为点接触的触头，如球面和平面接触、两个球面接触等都是点接触。这种接触点较固定、接触电阻稳定、触头结构简单；但接触面积小，不宜通过较大电流，热稳定性差。因此，这种触头通常用于工作电流和短路电流较小的情况，如继电器和开关电器的辅助触点等。图 2-12(a)为点接触示意图。

2）线接触

线接触是指两个触头的接触面为线接触的触头，如柱面与平面接触，或两个圆柱面间的接触等都属于线接触。这种接触电阻较小，接触面比较稳定，广泛应用于高、低压开关电器中。图 2-12(b)为线接触示意图。

3）面接触

面接触是指两个平面或两个曲面的接触。在受到较大压力时，接触点数和实际接触面积仍比较小，所以，为保证触头的动稳定，减小接触电阻，就必须对触头施加更大的压力。图 2-12(c)为面接触示意图。

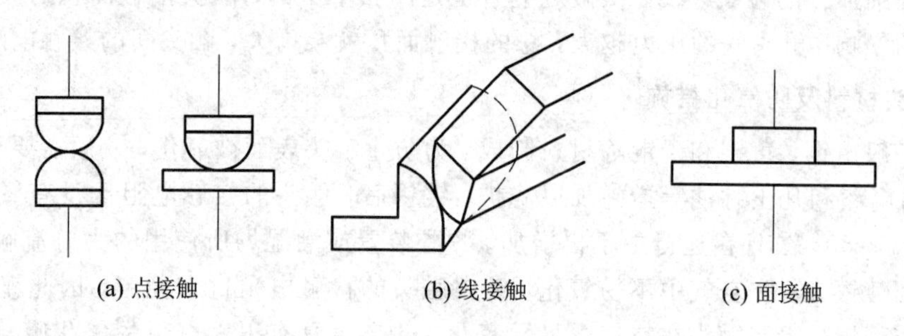

图 2-12　触头触点的三种接触形式

2. 按结构形式分类

1）固定触头

固定触头是指连接导体之间不能相对移动的触头。固定触头按其连接方式可分为可拆卸和不可拆卸两类。

(1) 可拆卸的连接：采用螺栓连接方式，以便安装和维修。

(2) 不可拆卸的连接：采用铆接或压接方式，触头连接后便不可拆卸。压接时，使用专用的压接模具，由压接工具施压成形。

固定触头的接触表面应采用适当的防腐措施，以防止外界的侵蚀，保证接触可靠、耐用。

2）可断触头

可断触头是指触头间可以闭合、也可以分断的触头。

可断触头按其结构可分为对接式和插入式两大类。对接式触头的优点是结构简单、分断速度快；缺点是接触面不够稳定、关合时易发生触头弹跳；由于触头间无相对运动，故基本上没有自净作用，触头容易被电弧烧伤、动热稳定性差，适用于 1000A 以下的断路器。插入式触头的特点是所需接触压力较小，有自净作用，无弹跳现象，触头磨损小，动热稳定性好；缺点是除刀形触头外，其余结构复杂、分断时间长。

3）可动触头

可动触头也叫中间触头，又称滑动触头，是指在工作中被连接的导体总是保持接触，能由一个接触面沿着另一个接触面滑动的触头。这种触头的作用是给移动的受电器供电，如电机的滑环碳刷、行车的滑线装置、断路器的滑动触头等。滑动触头又可分为豆形触头、Z 形滑动触头和滚动式滑动触头。

项目小结

本章主要对开关电器在开断过程中产生的电弧进行了介绍。电弧是一种气体放电现象，由热电子或强电场发射产生的自由电子碰撞游离形成，具有高温、强光、导电等性质，热游离可维持电弧的稳定燃烧。由于电弧具有危害，所以需要通过去游离将电弧熄灭。

交流电弧具有动态特性，电弧电流随时间变化，电弧的温度、直径和电压也随时间变化；电弧具有热惯性，电弧温度的变化总滞后于电流的变化；电流过零时，电弧自然熄灭，电流过零后可能又会重燃。交流电弧熄灭的条件是电弧电流过零后，弧隙介电强度的恢复速度始终高于恢复电压的恢复速度，即 $u_d(t)>u_r(t)$。

交流电弧的灭弧方法有提高断路器触头的分离速度、多断口灭弧、吹弧、长弧切短灭弧等。

开关电器的灭弧方法有真空灭弧、压缩空气灭弧、油灭弧和 SF_6 气体灭弧。

电气触头是导体间互相接触的部分。接触电阻是影响触头质量的主要因素，正常情况下，触头间的接触压力、表面加工状况、表面氧化程度及接触情况等都会影响接触电阻值。触头按接触形式可分为点触头、线触头和面触头；按结构形式可分为固定触头、可断触头和滑动触头。

思考与练习

1. 电弧有什么特征？对电力系统和电气设备有哪些危害？
2. 电弧的游离和去游离方式各有哪些？影响去游离的因素是什么？
3. 交流电弧有什么特征？熄灭交流电弧的条件是什么？
4. 什么是弧隙介质强度和弧隙恢复电压？
5. 断路器开断短路电流时，弧隙电压的恢复过程有哪几种形式？各有什么特点？
6. 开关电器中常采用的基本灭弧方法有哪些？各自的原理是什么？
7. 什么是电气触头？电气触头有哪些形式？
8. 什么是触头的接触电阻？影响接触电阻的因素有哪些？

项目三　开关电器的运行与维护

【项目分析】

本项目主要介绍高压断路器的结构特点、分类及其型号；各类高压断路器；断路器的操动机构；自动重合器与自动分段器；高压熔断器；高压隔离开关；高压负荷开关。

【培养目标】

掌握高压电气设备的基本知识和主要电气设备选择的方法、步骤及技巧，会分析高压开关电器的运行故障并检修。

第一部分　高压断路器

任务一　认识高压断路器

【任务描述】

高压断路器是高压电器中最重要的部分，是电力系统中控制和保护电路的关键设备，是电力系统技术人员必须了解并掌握的设备。

【任务分析】

高压断路器是用来断开或关合正常工作电流，以及断开过负荷电流或短路电流的开关电器。它是开关电器中最复杂、最重要、性能最完善的一类设备。通过本任务的学习学生可掌握高压断路器的作用、分类、技术参数及工作要求。

一、高压断路器的概念

额定电压在 3 kV 及以上，能够关合、承载和开断运行状态的正常工作电流，并能够在规定的时间内关合、承载和开断规定的异常电流的开关电器，称为高压断路器。

二、高压断路器的作用和类型

1. 高压断路器的作用

高压断路器内有灭弧介质和灭弧装置，可以熄灭接通或开断电路时产生的电弧，其作用是：

(1) 在正常运行时接通或断开有负荷电流的电路。

(2) 在电气设备出现故障时，能够在继电保护装置的控制下自动切断短路电流。

2. 高压断路器的类型

根据灭弧介质的不同，高压断路器可以分为以下四种类型。

1) 油断路器

油断路器是以具有绝缘能力的矿物油作为灭弧介质的断路器。它又可以分为多油断路器和少油断路器。

(1) 多油断路器：断路器中的油除作为灭弧介质外，还作为触头断开后的间隙绝缘介质和带电部分与接地外壳间的绝缘介质。故其油箱是直接接地的，用油量较大。

(2) 少油断路器：油只作为灭弧介质和触头断开后的间隙绝缘介质，而带电部分与接地之间采用固体绝缘(例如瓷绝缘)，因此用油量较少。

油断路器因其维护简单、价格低廉、技术成熟等而被广泛用于电力系统中，但随着其他类型断路器(特别是六氟化硫断路器和真空断路器)技术的成熟和价格的降低，尤其在建设无人值守变电所时开关无油化是其基本要求之一，因此油断路器的应用受到了很大限制，使用量越来越小。

2) 六氟化硫断路器

六氟化硫断路器采用六氟化硫(SF_6)气体作为灭弧介质和触头断开后的间隙绝缘介质的断路器。SF_6是一种无色、无味、无毒、不燃的惰性气体，具有优良的灭弧性能和绝缘性能。该断路器是一种发展很快的断路器，目前在110 kV及以上系统中应用较多，在10～35 kV系统中也有所应用。

3) 真空断路器

真空断路器是以真空的高介质强度实现灭弧和绝缘的断路器。目前真空断路器发展很快，已广泛用于35 kV及以下的电力系统中。

4) 压缩空气断路器

压缩空气断路器是一种采用压缩空气作为灭弧介质和触头断开后的间隙绝缘介质的断路器。

三、高压断路器的技术参数

高压断路器的技术性能常用以下技术参数来表征。

1. 额定电压 U_N

额定电压是指高压断路器长期正常工作的线电压的有效值，该参数表征了断路器长期正常工作的绝缘能力，在相当程度上决定了断路器的总体尺寸。

2. 额定电流 I_N

额定电流是指在规定条件下，高压断路器可以长期通过的最大电流，该参数表征了断路器承受长期工作电流产生的发热量的能力。

3. 额定开断电流 I_{Nbr}

额定开断电流在额定电压下，高压断路器能可靠开断的最大短路电流的有效值，该参数表征了断路器的灭弧能力。开断电流与电压有关，当电压不等于额定电压时，断路器能可靠切断的最大短路电流有效值，称为该电压下的开断电流。当电压低于额定电压时，开断电流比额定开断电流有所增大。

4. 额定关合电流 I_{Ncl}

额定关合电流是指在规定条件下，断路器能关合且不致产生触头熔焊及其他妨碍继续正常工作的最大电流峰值。

5. 热稳定电流 I_t

热稳定电流是指断路器在合闸位置 t 时间(单位为 s)所能承受的最大电流的有效值，该参数表征了断路器耐受短路电流热效应的能力。t 称为热稳定时间。

6. 动稳定电流 I_{es}

动稳定电流是指断路器在合闸位置所能承受的最大电流峰值，该参数表征了断路器承受短路电流电动力效应的能力。

7. 分闸时间

分闸时间(也称全开断时间)是指断路器从接到分闸命令起，到各相触头电弧完全熄灭为止的一段时间，它等于断路器的固有分闸时间与燃弧时间之和。固有分闸时间是指从接到分闸命令起到触头刚刚分离的一段时间。燃弧时间是指从触头分离到各相电弧均熄灭的一段时间。断路器开断电路的各个时间如图3-1所示。一般将分闸时间为 0.06～0.12 s 的断路器称为快速断路器。全开断时间 t_{kd} 是表征断路器开断过程快慢的主要参数。t_{kd} 越小，越有利于减小短路电流对电气设备的危害，缩小故障范围，保持电力系统的稳定。

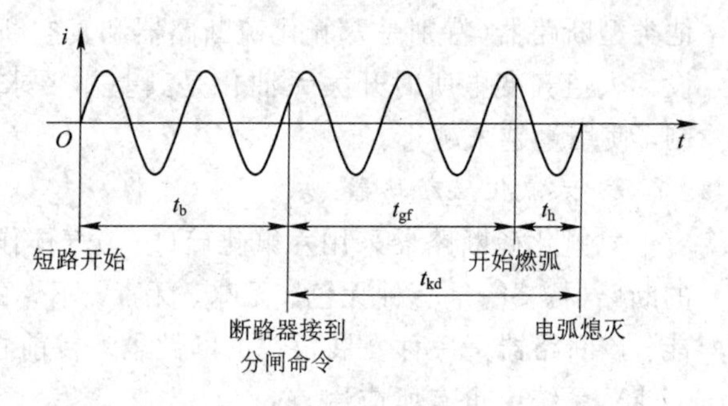

图 3-1　断路器开断时间示意图

8. 合闸时间

合闸时间是指断路器从接到合闸命令起到各相触头完全接触为止的一段时间。

9. 额定操作顺序

操作顺序也是表征断路器操作性能的指标。断路器的额定操作顺序分为以下两大类。

(1) 无自动重合闸断路器的额定操作顺序。无自动重合闸断路器的额定操作顺序有两种。一种是发生永久性故障断路器跳闸后两次强送电的情况，即分—180 s—分合—180 s—合分；另一种是断路器合闸在永久故障线路上跳闸后强送电一次的情况，即分合—15 s—合分。

(2) 能进行自动重合闸断路器的额定操作顺序。能进行自动重合闸断路器的额定操作顺序为：分—0.3s—分合—180s—合分。

四、高压断路器的基本要求

断路器在电力系统中承担着非常重要的任务，不仅应能接通或断开负荷电流，而且还应能断开短路电流。因此，断路器必须满足以下要求：

（1）工作可靠。断路器应能在规定的运行条件下长期可靠地工作，并能正确地执行分闸、合闸的命令，顺利完成接通或断开电路的任务。

（2）具有足够的开断能力。断路器断开短路电流时，触头间会产生能量很大的电弧。因此，断路器必须具有足够强的灭弧能力才能安全、可靠地断开电路，并且还要有足够的热稳定性。

（3）具有尽可能短的切断时间。在电路发生短路故障时，短路电流对电气设备和电力系统会造成很大的危害，所以断路器应具有尽可能短的切断时间，以减少危害，并有利于电力系统的稳定。

（4）具有自动重合闸性能。由于输电线路的短路故障大多数是临时性的，所以采用自动重合闸可以提高电力系统的稳定性和供电可靠性，即在发生短路故障时，继电保护动作使断路器分闸，切除故障电流，经无电流间隔时间后自动重合闸，恢复供电。如果故障仍然存在，断路器则应立即跳闸，再次切除故障电流。这就要求断路器具有在短时间内接连切除故障电流的能力。

（5）具有足够的机械强度和良好的稳定性能。正常运行时，断路器应能承受自身重量、风载和各种操作力的作用。系统发生短路故障时，应能承受电动力的作用，以保证具有足够的动稳定性。断路器还应能适应各种工作环境条件的影响，以保证在各种恶劣的气象条件下都能正常工作。

（6）结构简单、价格低廉。在满足安全、可靠要求的同时，还应考虑经济上的合理性。这就要求断路器结构简单、体积小、重量轻、价格合理。

五、高压断路器的型号表达式

高压断路器的型号、规格一般由文字符号和数字组合的方式表示，如表 3-1 所示。

表 3-1 高压断路器的型号

型号序列	序列含义	代号
[1][2][3]-[4][5]/[6]-[7]	1：设备名称	S：少油断路器； D：多油断路器； K：空气断路器； L：六氟化硫断路器； Z：真空断路器； Q：自产气断路器； C：磁吹断路器
[1][2][3]-[4][5]/[6]-[7]	2：使用环境	W：户外；N：户内
	3：设计序号	
	4：电压等级(单位：kV)	
	5：其他特征	G：改进型；F：分相操作
	6：额定电流	
	7：额定断流容量(单位：MVA)	

例如，型号为 ZN10－10/3000－750 的断路器，表示含义为：真空断路器，户内式，设计序号 10，额定电压为 10 kV，额定电流为 3000 A，额定断流容量为 750MVA。

任务二　油断路器的基本知识

【任务描述】

熟悉油断路器的结构、特点、灭弧原理和灭弧过程。

【任务分析】

油断路器指采用变压器油作为灭弧介质的断路器，它又可分为少油断路器和多油断路器。本任务主要分析油断路器的结构、特点，以便使学生更好地掌握油断路器的灭弧原理和灭弧过程。

油断路器是一种触头密封在充满变压器油的灭弧室内的断路器，采用变压器油作为灭弧介质和绝缘介质。油断路器的优点是结构简单、价格便宜；缺点是检修周期短、维护工作量大、有潜在火灾风险。

油断路器有少油断路器和多油断路器两种。

一、SN10－10 少油断路器

SN10－10 型户内高压少油断路器适用于交流 50 Hz、额定电压 10 kV 的电力系统，可用于各种高压开关柜配套的控制和保护。

1. 基本结构与动作原理

（1）基本结构。SN10－10 户内高压少油断路器由框架、传动系统及油箱三部分组成。图 3－2 是 SN10－10 系列户内高压少油断路器的结构示意图。图 3－3 是 SN10－10 型高压少油断路器内部剖面结构。框架用角钢和钢板焊接而成，其上装有分闸弹簧、分闸缓冲、合闸缓冲及绝缘子。传动系统包括主轴、轴承及绝缘连杆。主轴、轴承装在框架上，绝缘连

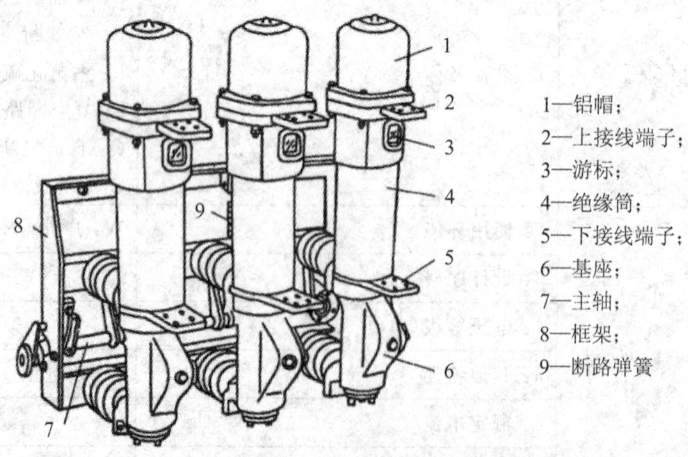

1—铝帽；
2—上接线端子；
3—游标；
4—绝缘筒；
5—下接线端子；
6—基座；
7—主轴；
8—框架；
9—断路弹簧

图 3－2　SN10－10 系列户内高压少油断路器

杆将主轴与油箱上的转轴连接起来。油箱固定在绝缘子上，油箱的下部是用球墨铸铁制成的基座，基座内装有转轴、连杆和导电杆，导电杆顶端装有铜钨合成的动触头，基座下部装有油缓冲和放油螺钉；油箱中部是绝缘筒，筒内装有灭弧室。基座与绝缘筒之间装有下出线，下出线内装有滚动触头，通过滚动触头将导电杆与下出线连接起来。油箱上部是上出线和上帽，上出线装有静触座和油标。上帽内装有油气分离器，静触座上装有普通的指型触头及镶嵌铜钨合金的弧触指。

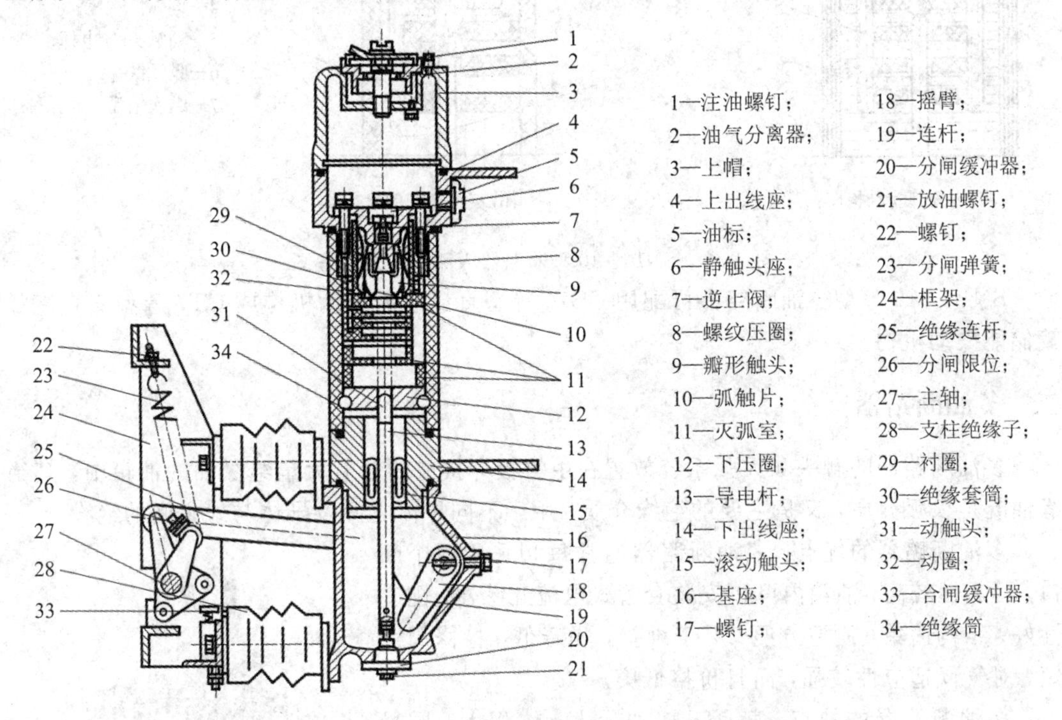

图 3-3　SN10-10 型高压少油断路器内部剖面结构

(2) 导电回路。导电回路从上到下由上出线座、静触头、导电杆、滚动触头和下出线座组成。

分合闸过程。当操动机构动作时，通过框架上的主轴带动绝缘连杆，绝缘连杆推动基座内的摇臂，使导电杆上下运动，从而实现断路器的合闸和分闸。

2. 灭弧原理及灭弧过程

断路器分闸时，导电杆(动触头)向下运动。当导电杆离开静触头时，产生电弧，使油分解，形成气泡，静触头周围的油压骤增，迫使逆止阀(钢珠)向上堵住中心孔。这时电弧在近乎封闭的空间内燃烧，从而使灭弧室内的油压迅速增大。当导电杆继续向下运动，相继打开第一、二、三横吹口和纵吹口及下面的油囊时，油气流强烈地横吹和纵吹电弧，同时由于导电杆向下运动，在灭弧室形成附加油流射向电弧。由于油气流的横吹和纵吹以及机械运动引起的油吹等综合作用，使电弧迅速熄灭。而且这种断路器分闸时，导电杆是向下运动的，导电杆端部的弧根部分总与下面新鲜的冷油接触，进一步改善了灭弧条件，因此具有较大的断流容量。图 3-4 是 SN10-10 型断路器灭弧室结构原理图。

这种少油断路器在油箱上部设有油气分离室，使灭弧过程中产生的油气混合物旋转分离，气体从油箱顶部的排气孔排出，而油则附着在油箱内壁上流回灭弧室。

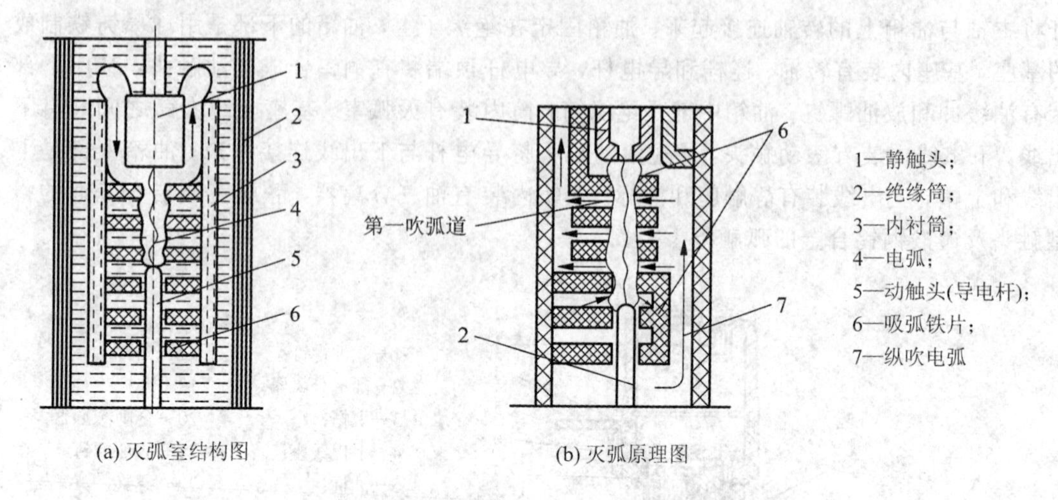

图 3-4　SN10-10 型断路器灭弧室结构原理图

SN10-10 等型少油断路器可配用 CD10 等型直流电磁操动机构或 CT7 等型交直流弹簧储能操动机构。

二、多油断路器

多油断路器的触头和灭弧系统放置在由钢板焊接成的装有大量绝缘油的油箱中，其绝缘油既是灭弧介质，又是主要的绝缘介质，用于不同导体之间及导体与地之间的绝缘。

多油断路器的优点：多油断路器通常每相采用两个断口，可靠性较高；油箱内可以安装套管式电流互感器，配套性好；结构简单，制造方便；易于维护，噪音低，检修周期短；对气候适应性较强，而且价格低廉。

多油断路器的缺点：耗钢、耗油量大，体积大，质量大，维修工作量大。相对而言，其分、合闸速度低，动作时间长，额定电流不宜太大，在个别小水电站中有所应用。

图 3-5　DW8-35 型多油断路器

图 3-5 的 DW8-35 型多油断路器就是一种户外 35 kV 多油断路器，这种断路器落地安装，具有三相分箱结构，每相有两个断口，装有纵横吹灭孤室，额定工作电流及断流容量较大，油重及总重量在同电压级多油断路器中是较轻的，配有电磁操动机构，可以远程操作，还可以在其电容套管上套装电流互感器用于测量和保护。

任务三　真空断路器的基本知识

【任务描述】

真空断路器是指以真空作为灭弧介质和绝缘介质，在真空容器中进行电流开断和关合的断路器。通过学习，应掌握真空断路器的结构、特点、灭弧原理和灭弧过程，以及操作过电压和对应的抑制方法。

【任务分析】

真空断路器主要由支架、真空灭弧室、操动机构三部分组成，各组成部分都有具体要求，真空断路器可分为落地式、悬挂式、综合式、接地箱式，每种类型具有不同的结构和特点。真空断路器具有许多优点，但有时容易引起操作过电压。通过本任务的学习，学生可掌握真空断路器的工作原理及使用方法。

一、真空断路器的概念

真空断路器是指以真空作为灭弧介质和绝缘介质，在真空容器中进行电流开断和关合的断路器。为满足绝缘强度的要求，真空度一般要求为 $1.33\times10^{-3}\sim1.33\times10^{-7}$ Pa。真空度是气体的绝对压力与大气压的差值，表示气体稀薄的程度。当灭弧室被抽成 10^{-4} 的高真空时，其绝缘强度要比绝缘油、一个大气压下的 SF_6 的绝缘强度高很多，真空间隙的气体稀薄，分子的自由行程较大，发生碰撞游离的概率减小，有利于迅速灭弧。

二、基本原理

真空灭弧室中电弧的点燃是由于真空断路器刚分离的瞬间，触头表面蒸发金属蒸汽，并被游离而形成电弧造成的。真空灭弧室中电弧弧柱压差很大，质量密度差也很大，因而弧柱的金属蒸汽（带电质点）将迅速向触头外扩散，加剧了去游离作用，且电弧弧柱被拉长、拉细，从而可得到更好的冷却效果，使电弧迅速熄灭。同时，介质绝缘强度很快得到恢复，从而阻止电弧在交流电流自然过零后重燃。

三、真空断路器的优缺点

1. 优点

真空断路器的优点有：体积小，质量轻；开断性能好，可连续操作；灭弧迅速，开断时间短；运行维护简单，噪音低，运行费用低，无火灾和爆炸危险；用真空作绝缘和灭弧介质，动、静触头间的开距小，熄弧时间很短，介质绝缘强度恢复快，触头磨损小，基本免维护，适合于频繁操作的场所。

2. 缺点

真空断路器的缺点有：开断感性负载或电容负载时，容易因截流而引起过电压、三相同时开断过电压及高频重燃过电压；真空断路器关、合闸时发生弹跳，不仅会产生较高的过电压影响整个电网的稳定性，更严重的会使触头烧损甚至熔焊，这在投入电容器组产生涌流时及短路关、合的情况下更加严重；开断容量小，主要用于小于等于 35 kV 的电压等级；灭弧室机械强度比较差，不能承受较大冲击，但不需检修。

四、真空断路器的结构

真空断路器主要由支架、真空灭弧室和操动机构三部分组成，推车式真空断路器实物图如图 3－6 所示。支架是安装各种功能组件的架体。真空灭弧室是断路器的核心元件，主要由绝缘外壳、动/静触头、屏蔽罩和密封波纹管等组成，其结构如图 3－7 所示，实物图如图 3－8 所示。

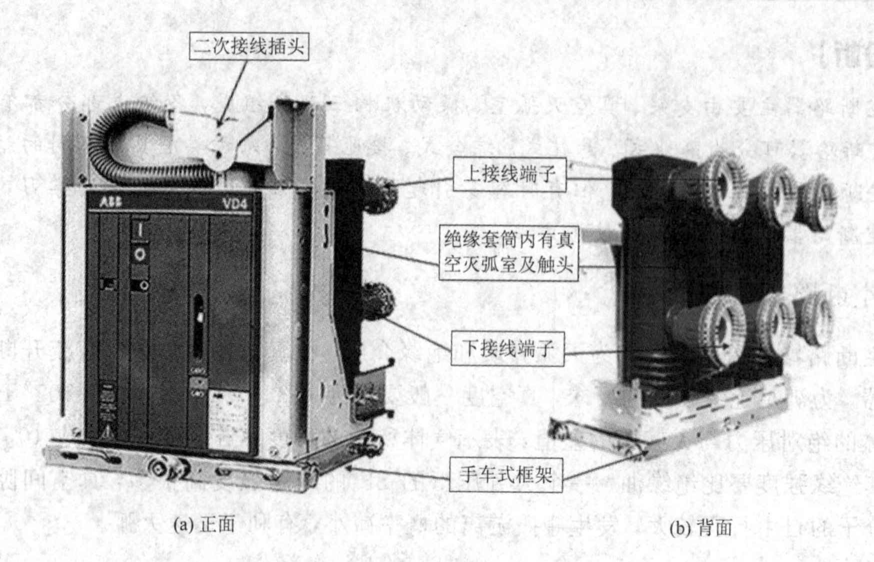

图 3-6　推车式真空断路器实物图

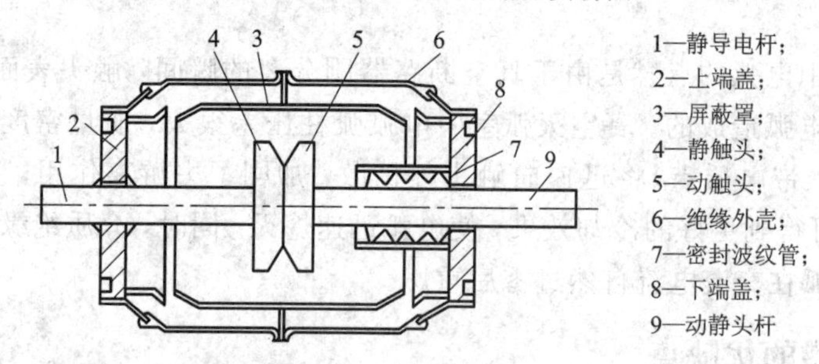

图 3-7　真空灭弧室结构示意图

图 3-8　真空灭弧室实物图

真空断路器绝缘外壳要求气密性好，有一定的机械强度和良好的绝缘性能。它既是真空容器，又是动、静触头间的绝缘体，用于支撑动静触头和屏蔽罩等金属部件，并与这些部件气密地焊接在一起，以确保灭弧室内的高真空度。

密封波纹管既要保证灭弧室完全密封，又要在灭弧室外部操动时使触头作分合运动。波纹管是真空灭弧室中最容易损坏的部件，其金属疲劳决定了真空灭弧室的机械寿命。

屏蔽罩主要用来吸附触头上蒸发的金属蒸汽，防止绝缘外壳因蒸汽的污染而引起绝缘强度降低和绝缘破坏，也可利用其较好的导热性灭弧。其常用制作材料为铜、无氧铜、不锈钢玻璃。

触头既是关合时的通流元件，又是开断时的灭弧元件。常用的触头材料主要有铜铋合金和铜铬合金。就接触方式而言，目前真空灭弧室的触头系统都是对接式的。根据触头开断时灭弧基本原理的不同，触头可分为非磁吹触头和磁吹触头两大类。

非磁吹型触头最简单，机械强度好，易加工，但开断电流较小，一般只适用于真空接触器和真空负荷开关中。

磁吹触头又分为横向磁吹触头和纵向磁吹触头两类。其中，横向磁吹触头包括螺旋槽触头和杯状触头两种。前者在触头圆盘的中部有一突起的圆环，圆盘上开有三条螺旋槽，从圆环的外周一直延伸到触头的外缘，如图3-9(a)所示。后者的形状似圆形厚壁杯子，杯壁上开有一系列斜槽，而且动静触头的斜槽方向相反，如图3-9(b)所示。动、静触头分别焊接在动、静导电杆上，用波纹管密封。动触头在机械驱动力的作用下，能在灭弧室内沿着轴向移动完成分、合闸。

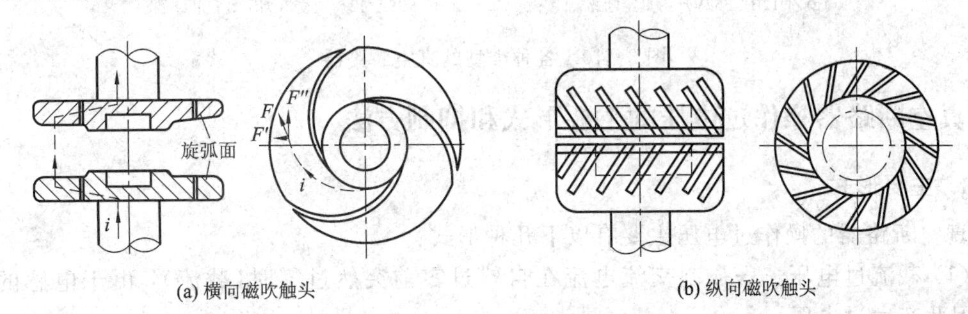

(a) 横向磁吹触头　(b) 纵向磁吹触头

图3-9　磁吹触头结构形式

五、真空断路器的基本类型

按布置方式，真空断路器可分为落地式、悬挂式以及两种方式相结合的综合式和接地箱式。

落地式真空断路器是将真空灭弧室安装在上方，用绝缘子支持，操动机构设置在底座的下方，上下两部分由传动机构通过绝缘杆连接起来。

悬挂式真空断路器是将真空灭弧室用绝缘子悬挂在底座框架前方，而操动机构设置在后方(即框架内部)，前后两部分用(绝缘传动)杆连接起来。图3-10是各种类型的真空断路器外形图。

(a) ZW1系列　(b) ZW6系列　(c) ZW8系列

(d) ZW10系列　(e) ZW7系列　(f) ZW32系列

(g) ZN12B型35kV户内真空断路器

(h) ZN28A-12户内交流高压真空断路器

图3-10 各种类型的真空断路器

六、真空断路器操作过电压的主要形式和抑制方法

1. 主要形式

真空断路器的操作过电压主要有以下几种形式：

(1) 截流过电压——强制交流电流在自然过零前突然过零时(截流)，由于电感的存在，因此产生过电压。

(2) 切断电容性负载时的过电压——主要由于熄弧后间隙发生重击穿而引起的过电压。

(3) 高频多次重燃过电压——主要因为断路器开断感性电流时，间隙被击穿后电弧重燃，由于电路参数的影响，击穿后电流中含有高频分量，当高频分量幅值很大时，受其影响，间隙被反复击穿，使负载侧电压不断升高，产生过电压。

2. 抑制方法

操作过电压对其他电气设备尤其是电机绕组绝缘危害很大，因此必须采取抑制方法，常用方法有：

(1) 采用低电涌真空灭弧室。这种灭弧室既可降低截流过电压，又可提高开断能力。

(2) 在负载端并联电容。这种方法既可降低过电压也可减缓恢复电压的上升陡度。

(3) 在负载端并联电阻和电容。这种方法不仅能降低截流过电压及其上升速度，而且在高频重燃时可使振荡过程强烈衰减，对抑制多次重燃过电压有较好的效果，电阻一般选用100～200 Ω，电容选用0.1～0.2 μF。

(4) 串联电感。这种方法可降低过电压的上升陡度和幅值。

(5) 安装避雷器。这种方法可用于限制过电压的幅值。

任务四　六氟化硫断路器的基本知识

【任务描述】

掌握六氟化硫断路器的作用、分类、基本结构和功能。

【任务分析】

六氟化硫断路器是指以六氟化硫气体作为灭弧介质和绝缘介质进行电流开断和关合的

断路器。本任务主要介绍六氟化硫气体的基本特性、灭弧性能和灭弧原理，六氟化硫断路器的优点、分类等。

一、六氟化硫气体的基本特性

六氟化硫气体(SF_6)是目前高压电器中使用的最优良的灭弧和绝缘介质。它无色、无味、无毒，不会燃烧，化学性能稳定，常温下与其他材料不会发生化学反应。静止SF_6气体的灭弧能力为空气的100倍以上。在均匀电场下，其绝缘性是空气的3倍，在4个大气压下，其绝缘性相当于变压器油。

SF_6气体具有优良的灭弧和绝缘性能。其中，灭弧性能特别强的原因主要有以下三点：① SF_6气体的分解温度(2000K)比空气(主要是氮气，分解温度约7000K)低，而需要的分解能(22.4 eV)比空气(9.7 eV)高，因此在分解时吸收的能量多，对弧柱的冷却作用强；② SF_6气体在高温时分解出S原子、F原子和正负离子，与其他灭弧介质相比，在同样的弧温下有较大的游离度，在维持相同游离度时，弧柱温度就较低。因此，SF_6气体中电弧电压也较低，燃弧时的电弧能量较小，对灭弧有利。③ SF_6气体分子的负电性强。所谓负电性，是指SF_6气体吸附自由电子而形成负离子的特性，SF_6气体负电性强，加强了去游离，降低了导电率。在电弧电流过零后，弧柱温度将急剧下降，分解物急剧复合，因此SF_6气体弧隙的介质强度恢复速度很快，能耐受很高的恢复电压，电弧在电流过零后不易重燃。

SF_6断路器里的SF_6气体不可能是完全纯净的，会含有一些杂质，如水等。此外，断路器在燃弧时也会产生一些触头材料的金属蒸汽，这些物质在电弧的作用下会同SF_6气体发生化学反应，生成一些金属氟化物、硫的低氟化物、氢氟酸及很少量的剧毒物质，如SOF_2(氟化亚硫酰)、SO_2F_4(四氟二氧化硫)等。生成的金属氟化物大都是一些白色的粉状物质，它们会覆盖在导体的表面，影响导电性能；而生成的HF、SF_4、SO_2会对断路器内含有硅元素的绝缘体(如玻璃、陶瓷支持件和环氧浇注件等)有较强的腐蚀性，降低这些绝缘件表面的绝缘电阻。所以，在实际工作中，我们要严格控制SF_6气体中的水分含量，同时，还要在断路器中尽可能多地采用耐腐蚀的高分子有机材料，如聚四氟乙烯、聚酯树脂和环氧树脂加Al_2O_3填料的制品。此外，由于少量的剧毒物质能长时间保留在SF_6气体中，必须在SF_6断路器中放置吸附剂来提高SF_6气体的纯度，同时确保人身安全。

二、单压式SF_6断路器灭弧室的结构及灭弧过程

单压式SF_6断路器是依靠压气作用实现气吹来灭弧的。它只有一个气压系统，即常态时只有单一的SF_6气体。灭弧室的可动部分带有压气装置，分闸过程中，压气缸与触头同时运动，将压气室内的气体压缩。触头分离后，电弧即受到高速气流吹动而熄灭。图3-11是SF_6断路器灭弧室结构图。

图3-12(a)中所示触头在合闸位置。分闸时，操动机构通过拉杆使动触头、动弧触头、绝缘喷嘴和压气缸运动，在压力活塞与压气缸之间产生压力；图3-12(b)所示为产生压力的情况。当动静触头分离后，触头间产生电弧，同时压气缸内SF_6气体在压力作用下吹向电弧，使电弧熄灭，如图3-12(c)所示。当电弧熄灭后，触头在分闸位置，如图3-12(d)所示。

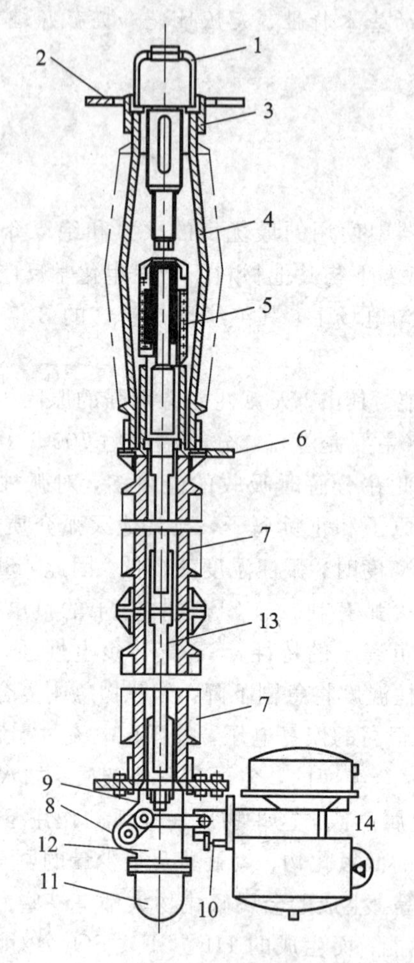

图 3-11 单压式 SF_6 断路器灭弧室结构

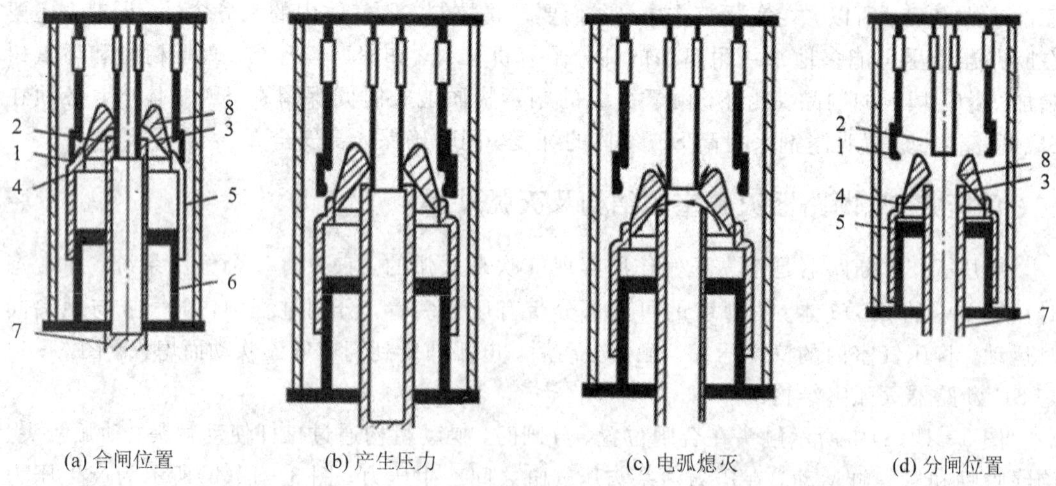

1—静触头；2—静弧触头；3—动弧触头；4—动触头；5—压气缸；6—活塞；7—操作杆；8—喷嘴

图 3-12 单压式 SF_6 断路器开断过程示意图

三、六氟化硫断路器的类型

六氟化硫断路器根据外形结构可分为绝缘子支柱式和落地罐式两大类。

(1) 绝缘子支柱式高压 SF_6 断路器。绝缘子支柱式高压 SF_6 断路器的总体结构属积木式结构。这一类型断路器的结构特点是安置触头和灭弧室的容器是金属筒或是绝缘筒，且处于高电位，靠支持绝缘子对地绝缘。支持绝缘子的下端与操动机构相连，通过支柱绝缘子内的绝缘拉杆带动触点完成断路器的分、合闸操作。

它的主要优点是可以用串联若干个开断元件和加高对地绝缘的方法组成更高电压等级的断路器。这种总体布置方式可以给断路器向高电压等级的发展带来很多的方便。从外部耐压能力看，将多个绝缘子支柱式灭弧室串联便能满足更高额定值。现代 SF_6 高压断路器灭弧室容器多为电工陶瓷。灭弧室可布置成单柱型、T 型或 Y 型。图 3-13 所示为 550 kV 双断口绝缘子支柱式 SF_6 断路器 T 型布置的示意图。

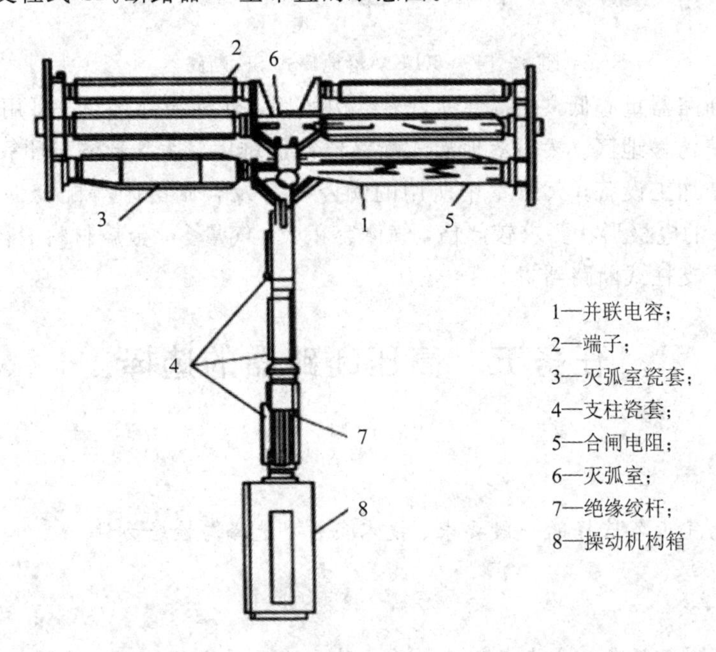

图 3-13　550 kV 双断口绝缘子支柱式 SF_6 断路器

绝缘子支柱式断路器体积较落地罐式断路器的小，用气量也小。总的来说，绝缘子支柱式断路器耐压水平高，结构简单，运动部件少，系列性好。然而，由于它的重心高，抗震能力较差，所以，使用场所受到限制。由于结构上的特点，电流互感器没有办法安装在断路器本体上，只能单独装在自己的绝缘支柱上，通过空气绝缘的连接线连于断路器上。

(2) 落地罐式 SF_6 断路器。落地罐式 SF_6 断路器的结构特点是触头和灭弧室装于接地的金属罐内，导电回路靠绝缘套管引入，高压带电部分与外壳之间的绝缘主要由 SF_6 气体和环氧树脂浇注绝缘子承担。它的主要优点是可以在进出线套管上装设电流互感器，以提供电流信号，可利用出线套管的电容制成电容式分压器，以提供电压信号，还能与隔离开关、接地开关、避雷器等融为一体，组成复合式开关设备。图 3-14 所示为 550kV 落地罐式 SF_6 断路器的结构示意图。

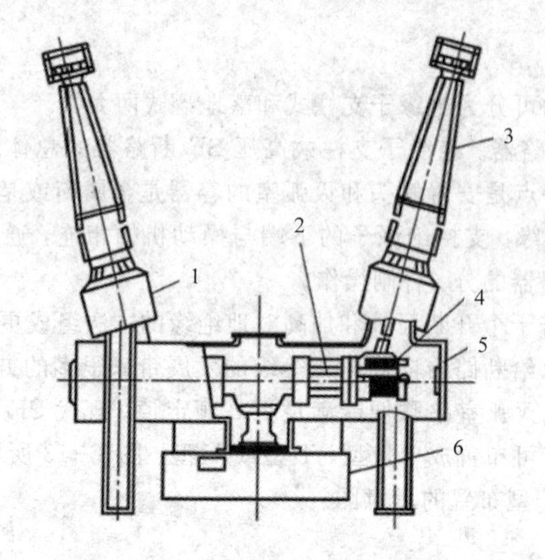

图 3-14　550KV 落地罐式 SF_6 断路器

落地罐式断路器重心低，抗震性能好，结构稳固，外绝缘部件少，可用于多地震地区以及高原和环境污秽地区。然而落地罐式断路器制造难度较大，壳体与环氧树脂浇注件都需要有大型成套加工设备，灭弧室中所用的陶瓷电容及合闸电阻等配套件的性能要求很高，高电压部件的电极形状要求较严格，气体容积大，气量多，金属材料消耗多等，因而价格一般比绝缘子支柱式断路器贵。

任务五　高压断路器的选择

【任务描述】

掌握高压电气设备选择的一般要求、技术条件、选择与检验方法。

【任务分析】

选择的高压电气设备，应能在长期工作条件和发生过电压、过电流的情况下保持正常运行。在长期工作条件下，需按额定电压、最高工作电压、额定电流选择，并按照环境工作条件进行修正。在发生过电压、过电流的情况下需按短路的热稳定和短路的动稳定条件进行选择。通过本任务的学习，使学生重点掌握高压断路器选择的技术条件。

电气设备选择是发电厂和变电所设计的主要内容之一，在选择时应根据实际工作特点，按照有关设计规范的规定，在保证供配电安全可靠的前提下，力争做到技术先进、经济合理。为了保障高压电气设备的可靠运行，高压电气设备选择与校验的一般条件有：

(1) 按正常工作条件包括电压、电流、频率、开断电流等选择。

(2) 按短路条件包括动稳定、热稳定校验等选择。

(3) 按环境工作条件如温度、湿度、海拔等选择。

由于各种高压电气设备具有不同的性能特点，选择与校验条件不尽相同，具体的选择与校验项目见表 3－2。

表 3－2　高压电气设备的选择与校验项目

电气设备名称	额定电压	额定电流	开断能力	短路电流校验		环境条件	其他
				动稳定	热稳定		
断路器	√	√	√	○	○	○	操作性能
负荷开关	√	√	√	○	○	○	操作性能
隔离开关	√	√		○	○	○	操作性能
熔断器	√	√	√			○	上下配合
电流互感器	√	√		○	○	○	准确等级
电压互感器	√					○	准确等级
支柱绝缘子	√			○		○	
穿墙套管	√	√		○	○	○	
母线		√		○	○	○	
电缆	√	√			○	○	

注：表中“√”为选择项目，“○”为校验项目。

一、按正常工作条件选择高压电气设备

1. 额定电压和最高工作电压

高压电气设备所在电网的运行电压因调压或负荷的变化，常高于电网的额定电压，故所选电气设备允许最高工作电压 U_{alm} 不得低于所接电网的最高运行电压。一般电气设备允许的最高工作电压可达 1.1～1.15U_N，而实际电网的最高运行电压 U_{sm} 一般不超过1.1U_{Ns}，因此在选择电气设备时，一般可按照电气设备的额定电压 U_N 不低于装置地点电网额定电压 U_{Ns} 的条件选择，即

$$U_N \geqslant U_{Ns} \tag{3-1}$$

2. 额定电流

电气设备的额定电流 I_N 是指在额定环境温度下，电气设备长期允许通过的电流。I_N 应不小于该回路在各种合理运行方式下的最大持续工作电流 I_{max}，即

$$I_N \geqslant I_{max} \tag{3-2}$$

具体计算时，还需注意以下问题：

(1) 由于发电机、调相机和变压器在电压降低 5%时，设备输出保持不变，故其相应回路的 I_{max} 为发电机、调相机或变压器额定电流的 1.05 倍。

(2) 若变压器有过负荷运行可能时，I_{max} 应按过负荷确定(1.3～2 倍变压器额定电流)。

(3) 母联断路器回路一般可取母线上最大一台发电机或变压器的 I_{max}。

(4) 出线回路的 I_{max} 除考虑正常负荷电流(包括线路损耗)外，还应考虑事故时由其他回路转移过来的负荷。

3. 按环境工作条件校验

在选择电气设备时，还应考虑电气设备安装地点的环境条件，当温度、海拔和覆冰厚度等环境条件超过一般电气设备使用条件时，应采取相应的措施。当环境温度 θ_0 和电气设备额定环境温度不等时，其长期允许工作电流应乘以修正系数 K，即

$$I_{al\theta} = KI_N = \sqrt{\frac{\theta_{max} - \theta_0}{\theta_{max} - \theta_N}} I_N \tag{3-3}$$

我国电气设备使用的额定环境温度 $\theta_N=40$℃。如环境温度 40℃$<\theta_0<$60℃时，其允许电流一般可按每增高 1℃，额定电流减少 1.8%进行修正；当环境温度 $\theta_0<$40℃时，环境温度每降低 1℃，额定电流可增加 0.5%，但其 I_{max} 不得超过 I_N 的 20%。

对于式(3-3)，当求导体在实际环境温度下的长期允许工作电流时，式中的 θ_N 一般为 25℃。

二、短路条件校验

1. 短路热稳定校验

短路电流通过电气设备时，电气设备各部件温度(或发热效应)不应超过允许值。满足热稳定的条件为

$$I_t^2 t \geqslant I_\infty^2 t_{kz} \tag{3-4}$$

式中：I_t 为厂家确定的电气设备在时间 t 秒内的热稳定电流；I_∞ 为短路稳态电流值；t 为与 I_t 相对应的时间；t_{kz} 为短路电流热效应等值计算时间。

2. 电动力稳定校验

电动力稳定是电气设备承受短路电流机械效应的能力，也称动稳定。满足动稳定的条件为

$$i_{es} \geqslant i_{ch} \tag{3-5}$$

或

$$I_{es} \geqslant I_{ch} \tag{3-6}$$

式中：i_{ch}、I_{ch} 为短路冲击电流幅值及其有效值；i_{es}、I_{es} 为电气设备允许通过的动稳定电流的幅值及其有效值。

下列几种情况可不校验热稳定或动稳定：

(1) 用熔断器保护的电器，热稳定由熔断时间保证。

(2) 采用限流熔断器保护的设备，可不校验动稳定。

(3) 装设在电压互感器回路中的裸导体和电气设备可不校验动、热稳定。

3. 短路电流计算条件

为使所选电气设备具有足够的可靠性、经济性和合理性，并在一定时期内适应电力系统发展的需要，作校验用的短路电流应按下列条件确定：

(1) 容量和接线按工程设计最终容量计算，并考虑电力系统远景发展规划；其接线应采用可能发生最大短路电流的正常接线方式，但不考虑在切换过程中可能短时并列的接线方式(如切换厂用变压器时的并列)。

(2) 短路种类一般按三相短路验算，若其他种类短路较三相短路严重，则应按最严重

的情况验算。

(3) 选择计算短路点时，通过电气设备的短路电流最大的点为短路计算点。

4. 短路计算时间

校验热稳定的等值计算时间 t_{ke} 为周期分量等值时间 $t_{k\sim}$ 及非周期分量等值时间 t_{k-} 之和。对无穷大容量系统，$I''=I_\infty$，显然 $t_{k\sim}$ 和短路电流持续时间相等，t_{ke} 可按继电保护动作时间 t_{pop} 和相应断路器的全开断时间 t_{op} 之和计算，即

$$t_{ke}=t_{pop}+t_{op} \tag{3-7}$$

又可以写成

$$t_{ke}=t_{pop}+t_{gf}+t_h \tag{3-8}$$

式中：t_{op} 为断路器全开断时间(见图 3-1)；t_{pop} 为保护动作时间；t_{gf} 为断路器固有分闸时间；t_h 为断路器开断时电弧持续时间，少油断路器取 0.04～0.06 s，SF_6 和压缩空气断路器约为 0.02～0.04 s。

开断电器应能在最严重的情况下开断短路电流，考虑到主保护拒动等原因，按最不利情况取后备保护的动作时间进行计算。

三、高压断路器的选择

1. 断路器种类和形式的选择

高压断路器应根据断路器安装地点、环境和使用条件等选择其种类和形式。

高压断路器的操动机构大多数是由制造厂配套供应的，仅部分少油断路器有电磁式、弹簧式或液压式等几种形式的操动机构可供选择。一般电磁式操动机构需配专用的直流合闸电源，其结构简单可靠；弹簧式结构比较复杂，调整要求较高；液压操动机构加工精度要求较高。操动机构的形式可根据安装调试方便和运行可靠性进行选择。

2. 断路器的额定开断电流

在额定电压下，断路器能保证正常开断的最大短路电流称为额定开断电流 I_{Nbr}。在高压断路器中其值不应小于实际开断瞬间短路电流周期分量 $I_{k\sim}$，即

$$I_{Nbr}\geqslant I_{k\sim} \tag{3-9}$$

当断路器的 I_{Nbr} 比系统短路电流大很多时，为了简化计算，也可以用次暂态电流 I'' 进行选择，即

$$I_{Nbr}\geqslant I'' \tag{3-10}$$

我国生产的高压断路器在进行型式试验时，仅计入了 20％的非周期分量。对于一般的中、慢速断路器，由于开断时间较长(大于 0.1 s)，短路电流非周期分量衰减较多，能满足国家标准规定的非周期分量不超过周期分量幅值 20％的要求。使用快速保护和高速断路器时，其开断时间小于 0.1 s，当在电源附近短路时，短路电流的非周期分量可能超过周期分量的 20％，因此需要进行验算。

3. 短路关合电流的选择

在断路器合闸之前，若线路上已存在短路故障，则在断路器合闸过程中，动、静触头在未接触时即有巨大的短路电流通过(预击穿)，更容易发生触头熔焊和遭受电动力的

损坏。

断路器在关合短路电流时，在接通后不可避免地会自动跳闸，此时还应切断短路电流，因此，额定关合电流是断路器的重要参数之一。为了保证断路器在关合短路时的安全，断路器的额定关合电流 i_{Ncl} 不应小于短路电流最大冲击值 i_{ch}，即

$$i_{\mathrm{Ncl}} \geqslant i_{\mathrm{ch}} \tag{3-11}$$

【例 3-1】 如图 3-15 所示，已知 10.5 kV 侧母线的三相短路电流为 $I''=28$ kA，$I_{0.6}=20$ kA，$I_{1.2}=16$ kA，短路持续时间为 1.2 s。请选择发电机出口断路器。

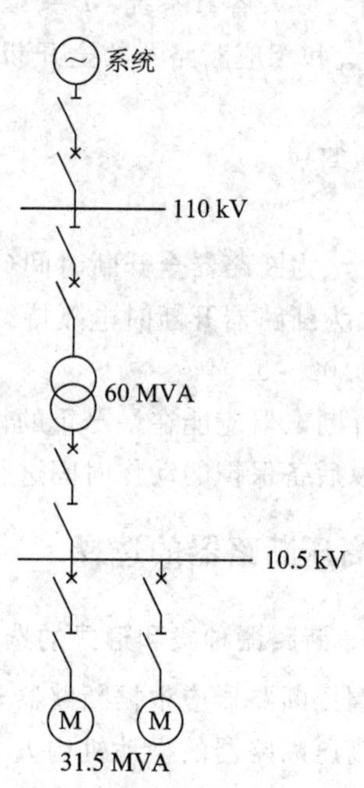

图 3-15　发电机隔离开关系统

解　发电机最大持续工作电流为

$$I_{\max}=1.05I_{\mathrm{N}}=1.05\times\frac{S_{\mathrm{N}}}{\sqrt{3}U_{\mathrm{N}}}$$

$$=1.05\times\frac{31.5\times10^{6}}{\sqrt{3}\times10.5\times10^{3}}=1817\ (\mathrm{A})$$

根据辛卜生公式计算短路周期分量热效应值 Q_{p}，由已知条件知 $t_{\mathrm{k}}=1.2$ s，代入计算得

$$Q_{\mathrm{p}}=\frac{t_{\mathrm{k}}}{12}(I''^{2}+10I_{t_{\mathrm{k}}/2}^{2}+I_{t_{\mathrm{k}}}^{2})$$

$$=\frac{1.2}{12}(28^{2}+10\times20^{2}+16^{2})=504\ (\mathrm{kA^{2}\cdot s})$$

因为短路时间 $t_{\mathrm{k}}=1.2\ \mathrm{s}>1\ \mathrm{s}$，导体发热主要由周期分量决定，故短路热效应值 $Q_{\mathrm{k}}\approx Q_{\mathrm{p}}$。将计算数据列于表 3-3 中。

通过查阅附录 3 的附表 3-1，户内 SN10-10Ⅲ/2000 高压断路器的额定电压 10 kV，额定电流 2000 A，额定开断电流 43.3 kA，极限通过电流 130 kA，固有分闸时间 0.06 s，合闸时间 0.25 s；为便于与计算数据比对，同样将其数据列于表 3-3，同时也列出与高压断路器配套的操动机构 CN2-10/2000 的参数。

表 3-3　数据统计

计算数据	SN10-10Ⅲ/2000	CN2-10/2000
$U_{\mathrm{N}}=10.5$ kV	$U_{\mathrm{N}}=10$ kV	$U_{\mathrm{N}}=10$ kV
$I_{\max}=1817$ A	$I_{\mathrm{N}}=2000$ A	$I_{\mathrm{N}}=2000$ A
$I''=28$ kA	$I_{\mathrm{Nbr}}=43.3$ kA	
$i_{\mathrm{ch}}=2.55\times28=71.4$ kA	$I_{\mathrm{es}}=130$ kA	
$Q_{\mathrm{k}}=504\ (\mathrm{kA^{2}\cdot s})$	$I_{\mathrm{t}}^{2}t=43.3^{2}\times2=3749\ (\mathrm{kA^{2}\cdot s})$	$I_{\mathrm{t}}^{2}t=36^{2}\times5=6480\ (\mathrm{kA^{2}\cdot s})$

根据断路器选择条件，结合表 3-3 的比较结果，选择 SN10-10Ⅲ/2000 断路器即可以满足要求，同时选择对应的操动机构 CN2-10/2000。

任务六　高压断路器运行中的巡视和检查

【任务描述】

掌握高压断路器的正常运行条件与巡视检查项目，以及常见的故障及其处理方法。

【任务分析】

在电网运行中，高压断路器操作和动作较为频繁。为使断路器能安全可靠地运行，保证其性能，必须符合运行的技术要求。断路器运行时，电气值班人员必须依照现场规程和制度对断路器进行巡视检查，及时发现缺陷并尽快设法解除，以保证断路器的正常运行。

一、断路器运行技术要求

(1) 各种类型的断路器必须在其额定电流、额定电压下长期工作。

(2) 断路器应具有足够的分断能力。

(3) 油断路器切除短路电流跳闸达一定次数时，应进行额外检修。

(4) 断路器无论是什么类型的操作机构，应经常保证足够的操作电源。

二、断路器正常运行时的巡视检查

由于断路器在电网安全运行中具有重要地位，为了使断路器更好地工作，断路器在正常运行时一般每 8h 进行一次定时检查。主要检查断路器及套管是否清洁，有无裂纹、破损或放电痕迹；油位及油色是否正常，各部分有无漏油现象，尤其漏油严重时会使断路器的油位降低，油量不足，影响开断容量；外壳接地线是否紧固，接触是否良好。

1. 断路器正常运行

检查内容主要包括分、合闸机械位置指示器指示正确；各元件接触紧固，螺丝无松动，小车插头应正常；本身各部分机械零件正常，无损坏现象，机械闭锁销子应打开；操作机构清洁，辅助触点及小车顶部触点正常良好，各部分接线无松动，有外盖的应盖好。除此之外，还应查看有无电晕或放电现象，有无异音和振动现象。运行中不论什么原因造成断路器跳闸，应立即进行一次全面检查。

2. 断路器运行操作注意事项

在操作断路器的远程控制开关时，不要用力过猛，以防损坏控制开关。在进行合闸操作时，当控制开关调至合闸位置时，要停顿一下不能太快返回，以防断路器机构未合上。

(1) 在就地操作断路器时，要迅速果断，禁止运行中手动慢分、慢合断路器。

(2) 在断路器操作后，应检查有关信号灯及测量仪表的指示，以判断断路器动作的正确性。但不得以此为依据来证明断路器的实际分、合位置，还应到现场检查断路器的机械位置指示器，才能确定实际分、合位置，以防止操作隔离开关时发生带负荷误操作事故。

3. 断路器异常运行

(1) 正常运行中发现断路器有下列现象时，应立即报告车间，联系用户停用该断路器。

① 断路器内部有严重异声。

② 套管有裂纹。

③ 接触点发热温度在70℃以上。

④ 无法观察到油位。

(2) 断路器瓷瓶断裂。

① 在切断断路器时发现一相断裂，如没有造成接地现象，可拉开小车或断开隔离开关；当造成接地时，应转移负荷。

② 两相瓷瓶断裂应立即将断路器合上，取下保护电源保险，以避免单相运行烧毁电动机，并报告上级后处理。通常采用瞬时停止母线供电，切断故障断路器。

(3) 断路器运行中立即切断的情况。在下列情况下，应立即切断断路器：

① 套管炸裂。

② 断路器爆炸或着火。

③ 触点式断路器本身烧红熔化。

④ 断路器大量喷油。

三、断路器的检修维护

1. 维护

维护断路器时，一般是不解体进行检修、清扫及局部的修理维护。

(1) 要对断路器的外部进行维护，清扫检查瓷件，应无裂纹、无放电、无松动、胶合部分良好。

(2) 断路器的接地应良好。

(3) 对断路器的引线进行维护，保证引线的接头良好、不松动、无过热现象。

(4) 对断路器的操作箱进行维护时，要检查传动和操作机构、缓冲器等，部分间隙设备上的螺丝应紧固，操作箱里面的金属构件没有变形、磨损，可添加润滑油使传动和操作机构动作灵活。

(5) 对断路器的控制回路进行维护时，应保证回路工作良好、跳合闸线圈、合闸接触器及熔断器工作正常，绝缘合格。

2. 检修

根据断路器类型的不同，断路器检修周期有所不同，总体上检修周期以年为单位。检修的磨损内容主要是解体检修和调试。对于油断路器，重点要修理触头，调整开关行程；清洗油箱，换油或滤油；外壳重新刷漆；检查修理瓷体。对于SF_6断路器，应更换磨损、烧损的部件及老化的绝缘件。

第二部分　断路器的操动机构

任务一　认识操动机构

【任务描述】

操动机构是带动高压断路器的传动机构进行合闸和分闸的机构。通过本任务的学习，学生可了解操动机构的作用、分类、各类操作机构的特点和工作原理。

【任务分析】

操动机构指独立于断路器本体以外对断路器进行操作的机械操动装置。其主要任务是将其他形式的能量转换为机械能，使断路器准确地进行分、合闸操作。根据动力来源的不同，操动机构主要分为电磁操动机构、弹簧操动机构、液压操动机构等。

一、操动机构的作用

开关电器的触头分合必须靠机械操动机构才能完成。操动机构指独立于断路器本体以外的对断路器进行操作的机械装置，其主要任务是将其他形式的能量转换为机械能，使断路器准确地进行分、合闸操作。

操动机构具有以下功能：

(1) 合闸操作。不仅在正常情况下能可靠关合断路器，而且在关合有短路故障的线路操作时，操动机构也能克服短路电动力的阻碍使断路器可靠合闸。

(2) 保持合闸。在合闸命令和操作力(功)消失后断路器仍能保持在合闸位置，不会由于电动力及机械振动等原因引起触头分离。

(3) 分闸操作。不仅能接受自动或遥控指令使断路器快速电动分闸，而且在紧急情况下可在操动机构上进行手动分闸，且分闸速度不因手动而变慢。

(4) 防跳跃和自由脱扣。在关合过程中，如电路发生故障，操动机构应使断路器自行分闸，即使合闸命令未解除，断路器也不能再度合闸，以避免无谓地多次分、合故障电流。

跳跃现象是指断路器在关合有预伏短路故障的线路时，继电保护装置会快速动作，指令操动机构立即自动分闸，这时若合闸命令尚未解除，断路器会再次合闸于故障线路，如此反复会造成断路器多次合、分短路电流，使触头严重烧伤，甚至引起断路器爆炸事故。

自由脱扣是指操动机构在合闸过程中接到分闸命令时，机构将不再执行合闸命令而立即分闸，这样就避免了跳跃。

(5) 复位。断路器分闸后，操动机构的各个部件应能自动恢复到准备合闸的位置。

(6) 闭锁。为保证断路器操作安全可靠，操动机构还需具备的闭锁功能包括：分、合闸位置闭锁；高、低气压(液压)闭锁；弹簧操动机构中合闸弹簧的位置闭锁。

二、操动机构的分类

按照断路器合闸时所用能量形式不同，操动机构可分以下几种：

(1) 手动机构(CS 型)：用人力合闸的操动机构。

(2) 电磁机构(CD 型)：用电磁铁合闸的操动机构。

(3) 弹簧机构(CT 型)：事先用人力或电动机使弹簧储能实现合闸的弹簧合闸操动机构。

(4) 电动机构(CJ 型)：用电动机合闸与分闸的操动机构。

(5) 液压机构(CY 型)：用高压油推动活塞实现合闸与分闸的操动机构。

(6) 气动机构(CQ 型)：用压缩空气推动活塞实现合闸与分闸的操动机构。

其中，应用较广的是弹簧机构和液压机构。根据传动方式和机械荷载的不同，不同形式的断路器可配用不同的操动机构。

各种形式的操动机构的跳闸电流都相差不大。当直流操动电压为 110～220 V 时，一般跳闸电流为 0.5～5 A。而合闸电流相差较大，如弹簧、液压、气动等操动机构，其合闸电流较小，当直流操作电压为 110～220 V 时，一般不大于 5 A；如果电磁机构直接合闸，则合闸电流很大，可达几十安到数百安，在设计回路时必须注意。

三、电磁操动机构

电磁操动机构是靠电磁力进行合闸的机构，这种机构结构简单、加工方便、运行可靠，是过去我国断路器应用较为普遍的一种操动机构。由于电磁操动机构利用电磁力直接合闸，合闸电流很大，可达几十安到数百安，所以合闸回路不能直接利用控制开关触点导通，必须采用中间接触器(即合闸接触器)，利用接触器灭弧装置的触头去接通合闸线圈。

电磁操动机构是一种悬挂式机构，主要由机构、电磁系统、底座三部分组成。图 3-16 是 CD10 型操动机构结构图。机构安装在操动机构上部的铸铁支架上，支架下面的板构成合闸电磁铁磁路的一部分，其右面装有脱扣电磁铁，动铁芯外露可用手力脱扣，支架的左面和右上侧装有辅助开关，在支架的前面装有接线板，整个机构的辅助开关及接线板用一个可拆卸的外壳罩住，外壳正面有一窗孔可观察表示操动机构位置的指示牌。

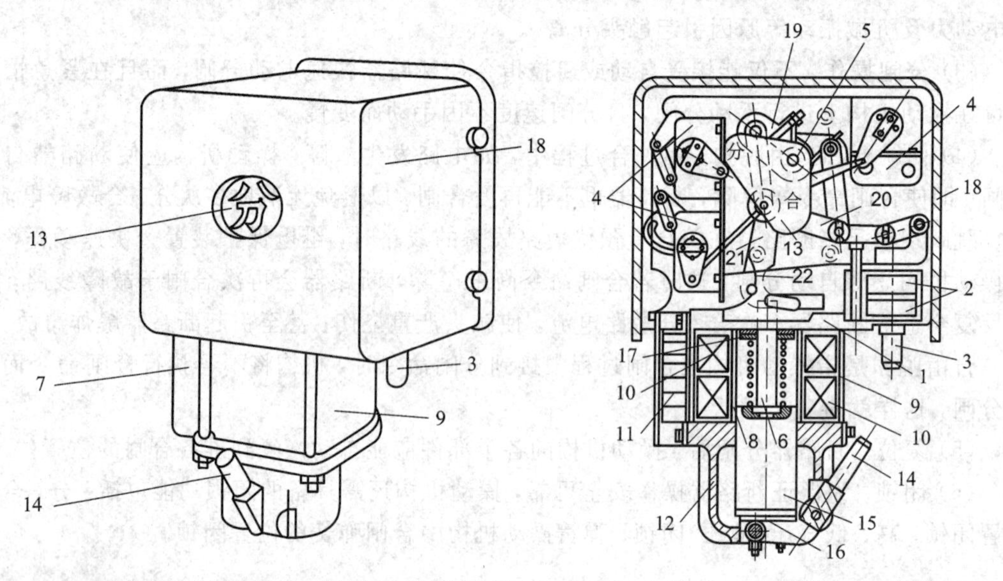

1—铸铁支架；2—分闸线圈；3—分闸铁芯；4—辅助开关；5—操动轴；6—顶杆；7—复位弹簧；8—内圆筒；9—外铁筒；10—合闸线圈；11—接线板；12—缓冲法兰；13—位置指示牌；14—手动合闸手柄；15—合闸铁芯；16—橡皮衬垫；17—黄铜垫；18—外壳；19—操动拐臂；20—自由脱扣机构；21—维持托架；22—托架复位弹簧

图 3-16 CD10 型操动机构结构图

电磁系统位于操动机构的中部，铸铁支架下面的板和底座的上部分别构成磁路的上下部分，方形磁轭作为磁路的外围部分。为使线圈内表面不被动铁芯擦伤，在与动铁芯间还衬有一个圆筒。

电磁系统的活动部分是装有顶杆的圆柱形铁芯，顶杆穿过支架下部的孔推动机构的滚子。为避免电动合闸时，铁芯上升至顶部后因剩磁作用与支架下面的板黏着而不能落下，故在板的下面垫有一块黄铜垫，并于顶杆上套一个压缩弹簧。底座位于操动机构的下部，由铸铁制成，在其内部的下方装有橡胶垫，用以缓和合闸后铁芯落下时的冲击，其下部装有手动合闸手柄，合闸手柄可按实际使用情况装设于需要的方位。

为便于手力合闸，由用户自备一根长500～800 mm、内径为25 mm的水煤气管套在合闸的曲柄上，即可进行合闸操作。

四、弹簧操动机构

弹簧操动机构是靠预先储存在弹簧内的位能来进行合闸的机构。这种机构不需要配备附加设备，弹簧储能时耗用功率小(用1.5 kW的电动机储能)，因合闸电流小，合闸回路可直接控制开关触点的接通。目前广泛使用于少油断路器、真空断路器和SF_6断路器。

图3-17是CT10型操动机构结构简图，弹簧操动机构在合闸以前必须将弹簧上紧，可以借用电机或手力。弹簧操动机构采用三夹板式结构，储能电机安装在右侧板下方，电机的输出轴与齿轮轴连接，通过齿轮传动驱动储能轴。手力储能的一对圆锥齿均安装在中侧板和左侧板之间，中侧板的左侧上方安装分闸电磁铁，下方安装合闸电磁铁。机构输出轴、凸轮连杆机构安装在右侧板和中侧板之间，两根合闸簧对称分布在左右侧板外侧，从而使各部件受力合理，稳定性好。左侧板的外侧装有磁吹式行程开关。右侧板内上侧装有“分”“合”指示，中间装有储能状态指示。

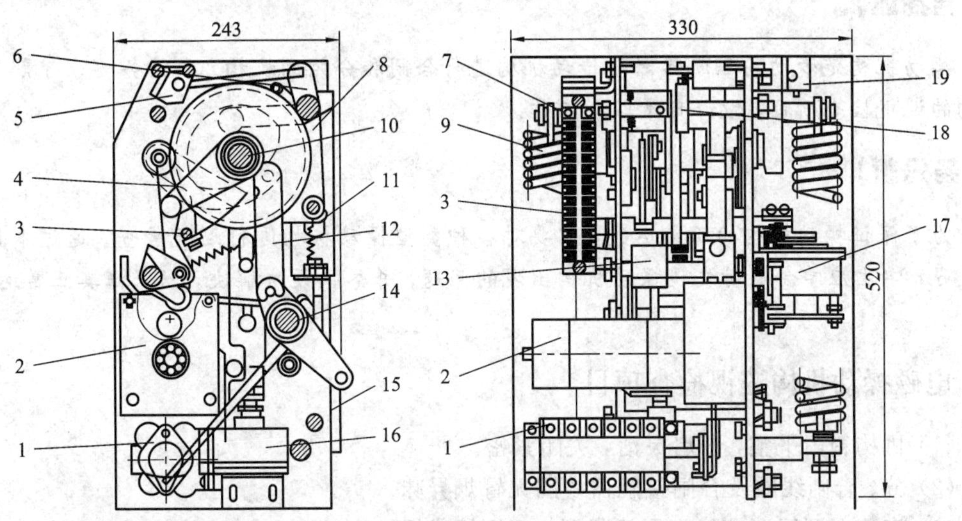

1—辅助开关；2—储能电机；3—平轴；4—驱动棘爪；5—按钮；6—定位件；7—接线端子；8—保持棘爪；9—合闸弹簧；10—储能轴；11—合闸连锁板；12—合闸四连杆；13—分合指示牌；14—输出轴；15—角钢；16—合闸电磁铁；17—过电流脱扣电磁铁及分闸电磁铁；18—储能指示；19—行程开关

图3-17　CT10型操动机构结构简图

弹簧操动机构的动作时间不受大气和电压变化的影响，工作比较稳定，合闸速度较快，从而保证了合闸性能的可靠性。由于其采用小功率的交/直流电动机作为弹簧储能，因此对电源要求不高。另外，其动作时间和工作行程较短，运行维护较简单。

弹簧操动机构存在的问题主要有：

(1) 输出力的特性与高压断路器的负载特性配合较差。

(2) 零件数量多，加工要求高。

(3) 随着操作功增大，重量显著增加，弹簧的机械寿命大大降低。

解决以上问题的办法如下：

(1) 所有旋转部位都使用轴承，机构可靠性极高。机构设计低损耗，可实现大功率、高速化。

(2) 弹簧操动机构采用高性能扭簧。与普通弹簧相比，扭簧具有体积小、弹簧本身运动几乎不需要能量、输出功率大、无应力集中、无金属疲劳等特点。

五、液压操动机构

液压操动机构是靠压缩气体(氮气)作为能源，以液压油作为传递媒介来进行合闸的机构。这种机构所用的高压油预先存储在储油箱内，用功率较小(1.5 kW)的电动机带动油泵运转，将油压入储压筒内，使预压缩的氮气进一步压缩，不仅减小了合闸电流，合闸回路可直接控制开关触点的接通，而且压力高、转动快、动作准确、出力均匀。目前我国110 kV及以上的少油断路器及SF_6断路器广泛采用这种操动机构。

任务二　操动机构的运行与维护

【任务描述】

操动机构是带动高压断路器的传动机构进行合闸和分闸的机构。本任务要求了解操动机构的巡视检查项目，做好日常维护工作。

【任务分析】

为了保证操动机构的正常运行，需要对各种类型操动机构进行巡视检查。通过本任务的学习，学生应学会及时发现操动机构出现的问题，并尽快设法解决，以保证其正常运行。

一、电磁操动机构巡视检查项目

(1) 机构箱门平整，开启灵活，关闭紧密。

(2) 分、合闸线圈及合闸接触器线圈无冒烟异味。

(3) 直流电源回路接线端子无松脱、无铜绿或锈蚀。

(4) 传动系统轴销无松脱。

(5) 加热器正常完好。

二、液压操动机构巡视检查项目

(1) 机构箱门平整，开启灵活，关闭紧密。

(2) 油箱油位正常，无渗漏油。

(3) 高压油的油压在允许范围内。

(4) 每天记录油泵电机启动次数。

(5) 机构箱内无异味。

(6) 加热器正常完好。

三、弹簧操动机构巡视检查项目

（1）机构箱门平整，开启灵活，关闭紧密。

（2）断路器在运行状态时，储能电机的电源开关或熔丝应在闭合位置。

（3）检查储能电机、行程开关触点无卡住和变形，分、合闸线圈无冒烟异味。

（4）断路器在分闸备用状态时，分闸连杆应复归，分闸锁扣应到位，合闸弹簧应处在储能状态。

（5）加热器正常完好。

第三部分　自动重合器与自动分段器

任务一　自动重合器与自动分段器概述

【任务描述】

熟悉自动重合器与自动分段器的概念、作用及应用场合。

【任务分析】

通过原理讲解和结构分析，学生可了解自动重合器与自动分段器的结构、类型，掌握重合器与分段器的作用以及在电网中的应用。

自动重合器与自动分段器均属于配电高自动化高压开关设备，在配电网中起着节省投资、缩小故障范围、提高供电可靠性的作用。

一、自动重合器

1. 自动重合器的概念

自动重合器是一种主要针对瞬时性故障，具有保护和自具控制功能的配电开关设备。它能按照预定的开断和重合顺序在交流电路中进行开断和重合操作，并在其后自动复位和闭锁。

所谓自具，是指设备本身具备故障电流检测和操作顺序控制与执行功能，无需附加继电保护装置和提供操作电源。利用自动重合器便可以有效地避免瞬时性故障的影响。

2. 自动重合器的分类

（1）按绝缘和灭弧介质可分为：油重合器、真空重合器、SF_6重合器。

（2）按控制装置可分为：液压控制重合器、电子控制重合器、电子液压混合控制重合器。

（3）按相数可分为：单相重合器和三相重合器。

（4）按安装方式可分为：柱上重合器、地面重合器和地下重合器。

3. 自动重合器的特点

（1）具有自动判断电流性质，完成故障检测，执行开合动作，自动恢复初始状态，记忆动作次数，完成合闸闭锁等功能。

(2) 具有操作顺序调整，调整开断和重合特性功能。

(3) 操作电源可直接取自高压线路或外加低压交流电源。

(4) 具有多次重合闸功能，一般为4次分断3次重合，且可以根据需要调整重合次数及重合闸间隔时间。

(5) 相间故障开断时采用反时限特性，有利于保护与熔断器的配合。

(6) 开断能力大，可多次重复操作而不检修。

4. 自动重合闸的成功率

一次重合成功率：60%～90%。

二次重合成功率：15%左右。

三次重合成功率：3%左右。

5. 自动重合器的适用场所

(1) 变电所内，作为配电线路的出线保护，主变压器出口保护。

(2) 配电线路中部，将长线路分段，防止线路末端故障引起全线停电。

(3) 配电线路的重要分支线入口，防止因分支线故障造成主线路故障。

6. 自动重合器的工作原理

当线路故障时，自动重合器根据自动检测到的通过重合器回路的电流，按照事先制定的操作顺序及时间间隔进行相应的开断和重合操作，使线路尽快恢复供电。

若故障为瞬时性的，自动重合器完成第一次“分闸→合闸”操作后，若合闸成功，则自动终止后续的“分闸→合闸”操作，并经过一段延时后恢复到原始状态。

若故障为永久性的，自动重合器完成预设的“分闸→合闸”循环操作后，则自动闭锁(不能重合)，隔离故障区段。此时，需人工排除故障后，再对自动重合器解锁，恢复其正常状态。

表3-3列出了断路器与重合器在功能上的差异。

表3-3 断路器与重合器的比较

比较项目	断路器	重合器
作用	强调开断和关合	强调开断、重合、操作顺序、复位和闭锁
结构	由灭弧室和操动机构组成	由灭弧室、操动机构、控制系统和高压合闸线圈组成
控制方式	分开设计，需提供操作电源	自具控制方式，检测、控制、操动一体，需提供操作电源
操作顺序	分—0.5 s—合分—180 s—合分	视电网需要而定，如“一快一慢”“一快三慢”“二快二慢”等组合
开断特性	由继电保护装置确定，可有定时限与反时限，但无双时性。即一种短路电流对应一种开断时间	具有反时限特性和双时性，即重合器的安秒特性有快慢之分，同一故障电流下可对应两种不同的开断时间
使用地点	变电所	变电所、线路柱上

备注：“快”即指快速分闸，快速分闸一般设定在第一、二次，尽快消除瞬时性故障；

“慢”即指按安秒特性曲线跳闸，即为延时性动作，以便与其他设备进行配合，隔离故障点。

二、自动分段器

线路自动分段器，简称分段器，是一种串联于重合器或断路器的负荷侧，用来隔离线路区段的自动开关设备。

1. 分段器的作用原理

当线路发生永久性故障，且记忆线路故障出现次数达到整定值后，线路会在无电流情况下自动分闸并闭锁，从而隔离故障区段，使后备保护开关(重合器或断路器)成功地重合其他非故障线路。当线路发生瞬时性故障或故障已被其他设备排除，但分段器还未达到预期的记忆次数时，分段器将保持合闸状态，保证线路的正常供电。

2. 分段器的分类

分段器的类型较多。按其识别故障的原理不同，可分为过流脉冲计数器型分段器和电压-时间型分段器；按其介质不同，可分为 SF_6 分段器、真空分段器、油分段器、空气分段器等；按其控制功能不同，可分为电子控制和液压控制分段器；按其相数不同，可分为单相式和三相式分段器；按其动作原理不同，可分为跌落式和重合式分段器。

3. 分段器的特点

(1) 只能开断负荷电流，不能开断短路电流，故不能作为主保护开关。

(2) 当故障是永久性的时，分段器记录后备保护开断故障电流次数达到记忆值后自动分闸，隔离故障区段；当故障是瞬时性的时，则分段器的计数器在故障排除后一定时间内清零复位。

(3) 分段器分闸闭锁后，需手动操作复位。

(4) 无安秒特性，可与变电所的断路器或线路上的重合器配合使用。

(5) 分段器在配电网中必须与其他开关设备配合使用，如重合器—分段器配合，断路器—分段器配合。

(6) 分段器可用于辐射网及环网中。

三、自动配电开关

自动配电开关又称为自动重合分段器，具有自动重合和故障计数功能，主要在线路上作为联络、环网、分段之用，比较适用于城市电网，主要与变电所内具有重合功能的断路器配合。图 3-18 是 FZW28-12(VSP5)柱上真空自动配电开关，主要由开关本体、电源变压器、控制器和故障指示器四部分组成。其中控制器是核心，根据电源变压器提供的电压信号执行合闸、闭锁、故障判断的任务；开关本体实际上是一个负荷开关；电源变压器提供开关的合闸电源和线路带电状态信号。

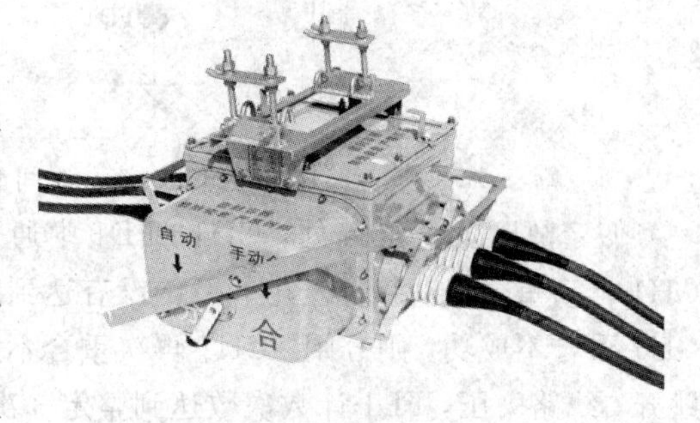

图 3-18　FZW28-12(VSP5)柱上真空自动配电开关

任务二　自动重合器与自动分段器的应用

【任务描述】

熟悉自动重合器与自动分段器在电力系统辐射网、环网中的应用。

【任务分析】

掌握重合器与分段器的作用及其在电网中的应用。

重合器是一种高智能化设备，它自动化程度高，可靠性好，是一种断路器与保护装置相结合的新产品，其控制系统引入计算机技术，能按预先确定的重合闸顺序，自行完成程序操作，并能自动实现复位、闭锁、判断故障性质及范围，实现隔离或恢复送电等功能。分段器是一种线路用柱上设备，其主要功能是对主回路通过的故障电流进行计数，在完成计数后自动分断。当供电线路较长，分支较多时，如辐射型、树枝型、环网型供电网络，宜采用重合器与分段器相互配合的方案。本任务通过原理讲解、结构分析，可使学生了解自动重合器与自动分段器的结构、类型及特点。

一、重合器与分段器在辐射网中的应用

根据辐射型树状配电网的结构特点，宜采用“电流—时间型”分段器配合重合器进行故障的定位、隔离和恢复非故障线路的供电。

电流—时间型分段器的工作原理如图 3-19 所示，图中 FD 为分段器，CH 为重合器。

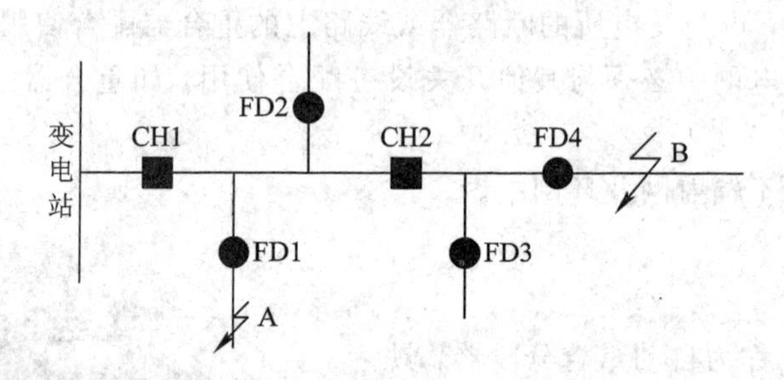

图 3-19　电流—时间型分段器工作原理示意图

假定故障发生在 A 处，CH1、FD1 中通过故障电流，CH1 自动分闸。若为瞬时故障，CH1 自动重合成功恢复送电，FD1 没有达到整定次数仍处于合闸状态。若为永久性故障，CH1 重合不成功，则分闸，CH1 再次重合不成功，再次分闸，CH1 第三次重合不成功时，跳开，线路失压，FD1 计数次数达到整定 3 次后自动分闸，隔离故障区域，CH1 重合后恢复对外送电。

假定故障发生在 B 点，CH1、CH2、FD4 中通过故障电流。由于设定 FD4 的启动电流值小于 CH2 的启动电流值，而 CH2 的启动电流值小于 CH1 的启动电流值，CH2 的重合间隔小于 CH1 的重合间隔，因此 CH2 自动分闸。若为瞬时故障，FD4 未达到整定次数，则仍然处于合闸状态，CH2 自动重合成功恢复送电。若为永久性故障，CH2 重合不成功，

则再次分闸，线路失压，CH2 第二次重合不成功，跳开，FD4 达到整定值自动分闸，隔离故障 B 点。CH2 重合器重合后恢复其余线路供电。

二、重合器与分段器在环网中的应用

根据环网型配电网的结构特点，宜采用“电压—时间型”分段器配合重合器进行故障的定位、隔离和恢复非故障线路的供电。

环网配电网的工作原理如图 3-20 所示，图中 FD 为分段器，CH 为重合器。正常运行时 FD 处于合闸状态，CH3 作为线路的联络点，正常时为断开状态；CH1、CH2 作为线路分段点，正常时为合闸状态。若发生线路故障，重合器和分段器配合使用对线路一次送电，减少了合闸涌流，任一段线路发生永久性故障时，所内第一次重合闸即可识别永久性故障并隔离故障、判断故障区段，第二次重合只是恢复送电操作，无需多次重合。环网配电网无需信号通道即可实现上述功能，并满足负荷智能电器的要求，可实现手动和自动操作开关。

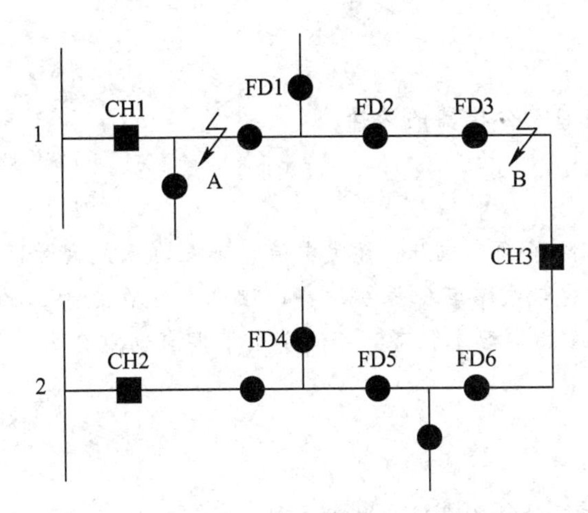

图 3-20　环网配电网的工作原理图

环网配电网系统的工作原理是：设定重合器第一次重合闸时间为 10 s，第二次重合闸时间为 5 s，分段器使用短延时，设定为 7 s。开关动作时序表如表 3-4 所示。

表 3-4　开关动作时序表

类型	时序	可选时序参数/s
分段开关	X 时序	7、14、21、28、35、42
		14、28、42、56、70、84
	Y 时序	5
		10
联络开关	XL 时序	45、60、75、90、105、120
		80、100、120、140、160、180

当永久性故障发生在 CH1 所带线路 A 点时，CH1 自动跳闸，10 s 后 CH1 第一次重合；由于故障依然存在，再次断开，此时 FD1 检测信号时间低于整定时间，FD1 闭锁，将

CH1 与 FD1 之间的线路隔离，同时 FD2、FD3 失压分闸。在 CH1 第一次断开时，CH3 计时，45 s 后 CH3 合闸送电，将变电所 2 的电源自动转供至 FD3 处，经过 7 s，FD3 合闸，再经过 7 s，FD2 合闸送电，恢复 FD1 与 FD2 之间的线路供电。

当永久性故障发生在 CH1 所带线路 B 点时，CH1 自动跳闸，此时 FD1、FD2、FD3 因失压动作分闸。10 s 后 CH1 第一次重合，FD1 前段线路恢复供电，7 s 后 FD1 合闸，并向 FD2 处送电，再经过 7 s 后 FD2 合闸至故障点，CH1 再次断开，第一次重合失败。此时 FD2 检测信号的时间低于整定时间，而 FD3 只检测到故障点的残压，因此 FD2 和 FD3 同时闭锁，将故障段线路两端隔离，又经过 5 s，CH1 第 2 次重合，7 s 后 FD1 合闸，以上共用时 41 s。在 CH1 第一次断开的同时，联络点 CH3 只检测到单侧信号，于是计时开始，经过 45 s 后 CH3 自动合闸，恢复 FD3 与 CH3 之间的供电线路。

任务三　自动重合器与自动分段器的选择

【任务描述】

熟悉自动重合器与自动分段器的选择。

【任务分析】

重合器的选择内容除了额定电压、额定电流、安装地点最大故障电流和保护区域末端最小故障电流，还要考虑与线路其他保护设备的配合。分段器的选择要注意启动电流、记录次数、记忆时间等。通过学习本任务，可使学生掌握自动重合器与分段器的选择内容。

一、重合器的选择

选用重合器要使其额定参数满足安装地点的条件，具体内容包括以下几方面。

1. 额定电压

重合器的额定电压应大于或等于安装地点的系统最高运行电压。

2. 额定电流

重合器的额定电流应大于安装地点远期最大负荷电流。为满足保护配合要求，还应选择好串联线圈和电流互感器的额定电流。通常，选择重合器额定电流时应留有较大的裕度。选择串联线圈时应以实际预期负荷为准。

3. 确定安装地点最大故障电流

重合器的额定短路开断电流应大于安装地点的远期最大故障电流。

4. 确定保护区域末端最小故障电流

重合器的最小分闸电流应小于保护区段最小故障电流。对于液压控制重合器，主要应考虑串联线圈的额定电流。当电流裕度大时，重合器能适应负荷的增加并避免对涌流过于敏感；而当电流裕度小时，重合器将对小故障电流反应敏感。有时，可将重合器保护区域的末端直接选在故障电流至少为重合器最小分闸电流的 1.5 倍处，以保证满足该项要求。

5. 与线路其他保护设备配合

通过比较重合器的电流—时间特性曲线、操作顺序和复归时间等特性，将重合器与线路上其他重合器、分段器、熔断器配合使用，以保证在重合器后备保护动作或在其他线路元件发生损坏之前，重合器能够及时分断。

二、分段器的选择

选择分段器时，应注意以下问题。

1. 启动电流

分段器的额定启动电流应为后备保护开关最小分闸电流的80%。当液压控制分段器与液压控制重合器配合使用时，分段器与重合器选用相同额定电流的串联线圈即可。因为液压分段器的启动电流为其串联线圈额定电流的1.6倍，而液压重合器的最小分闸电流为其串联线圈额定电流的2倍。

电子控制分段器的启动电流可根据其额定电流直接整定，但必须满足上述“80%”的原则。电子重合器整定值为实际动作值，应考虑配合要求。

2. 记录次数

分段器的记录次数应比后备保护开关的重合次数少一次。当数台分段器串联使用时，负荷侧分段器应依次比其电源侧分段器的记录次数少一次。在这种情况下，通常不用降低液压分段器启动电流值的方法来达到各串联分段器之间的配合，而是采用不同的记录次数来实现，以免因网络中涌流造成分段器误动。

3. 记忆时间

必须保证分段器的记忆时间大于后备保护开关动作的总累积时间，否则分段器可能部分地“忘记”故障开断的分闸次数，导致后备保护开关多次不必要地分闸，或分段器与前级保护都进入闭锁状态，使分段器起不到应有的作用。

液压控制分段器的记忆时间不可调节，而由分闸活塞的复位快慢所决定。复位快慢与液压机构中油的黏度有关。

第四部分　高压熔断器

任务一　熔断器的基本知识

【任务描述】

了解熔断器的功能，理解各类熔断器的结构特点。

【任务分析】

熔断器是一种最原始和最简单的保护电器，俗称保险。它是在电路中人为地设置一个易熔断的金属元件，当电路发生短路或过负荷时，元件本身过热达到熔点而自行熔断。熔断器一般由熔管、金属熔体 、灭弧装置、静触座等构成。其主要技术参数有额定电压、额定电流、开断电流、熔体的额定电流等。熔断器因其结构简单、体积小、使用灵活、维护方便而得到广泛应用。

熔断器实际上是最简单、最早使用的一种保护电器，串接在电路中，当电路过负荷或短路时，过负荷电流或短路电流流过熔体，熔体被迅速加热熔断，并切断故障电流，从而保护了电路中的其他电气设备。

一、熔断器的基本结构与工作原理

1. 基本结构

熔断器主要由金属熔件(熔体)、支持熔件的触头、灭弧装置和绝缘底座等部分构成，其中决定其工作特性的主要部件是熔体和灭弧装置。

熔体是熔断器的主要部件。熔体材料要求熔点低、导电性好、不易氧化、易于加工等。熔体材料一般选用铅、铅锡合金、锌、铜、银等。其中，铅锡合金、铅和锌熔点低(分别为200℃、327℃ 、420℃)，但电阻率大导致截面大，不利于灭弧，故仅用于电压小于等于500 V 的系统。铜的导电、导热性能良好，制成的熔体截面小，有利于灭弧，但其熔点较高(1080℃)，在通过临界熔断电流时动作性差，此时可利用“冶金效应”(即在铜质熔体上焊锡或铅)克服此缺点，可广泛用于高低压熔断器中。银的导电、导热性能最好，不易氧化，熔点(960℃)略低于铜，但价格较高，一般只用于高压小电流的熔断器。

熔断器必须采取措施熄灭熔体熔断时产生的电弧，否则会引起事故的扩大。熔断器的灭弧措施可分为两类：一类是在熔断器内装有特殊的灭弧介质，如产气纤维管、石英砂等，该措施利用了吹弧、冷却等灭弧原理；另一类是采用特殊形状的熔体，如上述焊有小锡(铅)球的熔体、变截面的熔体、网孔状的熔体等，其目的在于减小熔体熔断后的金属蒸汽量，或者把电弧分成若干并联的小电弧，并与石英砂等灭弧介质紧密接触，以提高灭弧效果。

2. 工作原理

熔断器串联在电路中使用，安装在被保护设备或线路的电源侧。当电路中发生过负荷或短路时，熔体被过负荷或短路电流加热，并在被保护设备的温度未达到破坏其绝缘之前熔断，使电路断开而保护设备。熔体熔化时间的长短取决于熔体熔点的高低和所通过电流的大小。熔体材料的熔点越高，熔体熔化就越慢，熔断时间就越长。熔体熔断电流和熔断时间之间呈现反时限特性，即电流越大，熔断时间就越短，其关系曲线称为熔断器的保护特性，也称安秒特性，如图 3-21 所示。

熔断器的工作全过程包括以下三个阶段：

(1) 正常工作阶段，熔体通过的电流小于其额定电流，熔断器长期可靠地运行时不会发生误熔断现象。

(2) 过负荷或短路时，熔体升温并导致熔化、气化而开断。

(3) 熔体熔断气化时发生电弧，同时又使熔体加速熔化和气化，并将电弧拉长；金属蒸汽向四周喷溅并发出爆炸声。熔体熔断产生电弧的同时，也开始了灭弧过程。直到电弧被熄灭，电路才真正被断开。

按照保护特性选择熔体才能获得熔断器动作的选择性。所谓选择性是指当电网中有多级熔断器串联使用时，分别保护各电路中的设备，如果某一设备发生过负荷或短路故障，应当由保护该设备(距该设备最近)的熔断器熔断、切断电路，即为选择性熔断；如果保护该设备的熔断器不熔断，而由上级熔断器熔断或者断路器跳闸，即为非选择性熔断。发生非选择性熔断时，将扩大停电范围，从而造成不应有的损失。

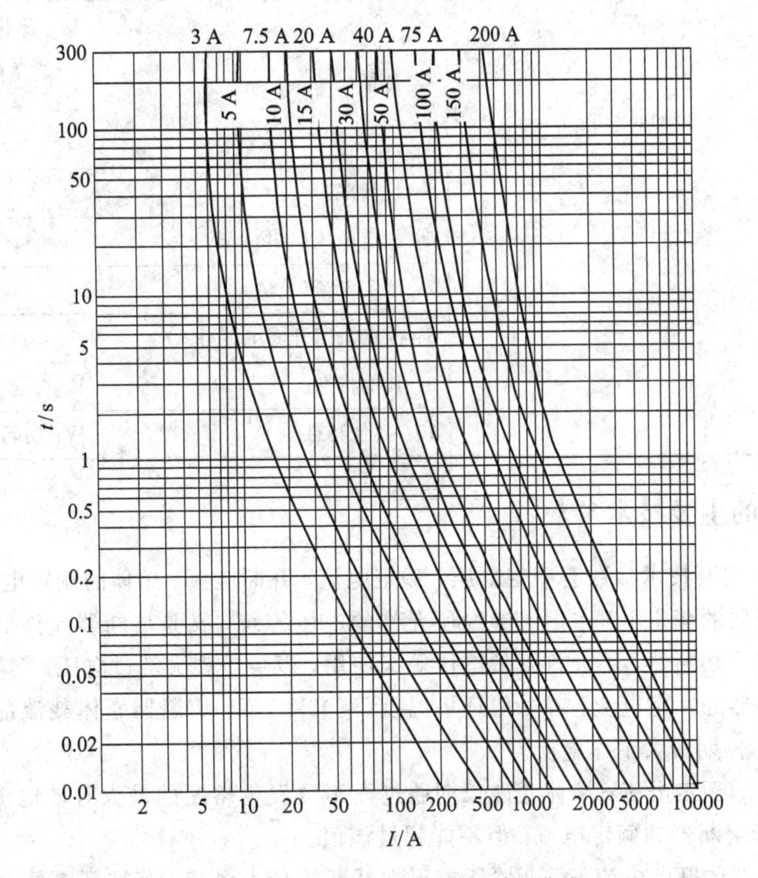

图 3-21　6～35 kV 熔丝安秒特性曲线

二、熔断器的作用和特点

(1) 熔断器具有结构简单、价格低廉、使用灵活等优点。

(2) 熔断器容量小，保护特性不稳定。

(3) 熔断器广泛使用于 35 kV 及以下电压等级的装置中，主要作为小功率电力线路、配电变压器等电气设备的保护。在不太重要而又允许较长时间停电的高压线路中，熔断器与隔离开关或负荷开关配合使用可代替价格较高的断路器。

三、熔断器的型号

熔断器的型号如表 3-5 所示。

表 3-5　熔断器的型号

型号序列	序列含义	代号
1 2 3 4 5 - 6 / 7 - 8 9 10	1：特性	X：限流型 P：喷射型
	2：设备名称	R：熔断器
	3：使用环境	W：户外；N：户内
	4：特征	M—保护电动机 T1—保护变压器 T2—全范围保护 G —不限使用场所
	5：设计序号	
	6：额定电压(单位：kV)	
	7：额定电流(单位：A)	
	8：额定短路开断电流(kA)	
	9：其他特性	F：分合负载电流
	10：其他特性	W：防污型

四、熔断器的主要技术参数

熔断器的主要技术参数有额定电压、额定电流、开断电流、熔体的额定电流。

(1) 熔断器的额定电压：既是绝缘所允许的电压等级，又是熔断器允许的灭弧电压等级。对于限流式熔断器，不允许降低电压等级使用，以免出现大的过电压。

(2) 熔断器的额定电流：在一般环境温度(≤40℃)下，熔断器壳体载流部分和接触部分允许通过的长期最大工作电流。

(3) 熔体的额定电流：熔体允许长期通过而不致发生熔断的最大有效电流。该电流可以小于或等于熔断器的额定电流，但不能超过该值。

(4) 熔断器的开断电流：熔断器所能正常开断的最大电流。若被开断的电流大于该电流，则可能导致熔断器损坏，由于电弧不能熄灭引起相间短路。

五、熔断器的分类

高压熔断器按安装地点可分为户内式和户外式，按限流特性分为限流式和非限流式。若故障电路中的熔断器在开断过程中通过的最大短路电流值比无熔断器时有明显的减小，则为限流式熔断器；反之，如果熔断器在开断过程中对通过的电流值无明显的影响，则为非限流式。

1. 户内高压熔断器

户内高压熔断器均为限流型熔断器，其主要部分为熔管和熔体。熔管内配置有瓷柱，瓷柱上等间距缠绕熔体。熔管的两端配置有压帽，其间填充石英砂。熔体由高电阻和低电阻两种不同金属丝组成的熔体与经化学处理过作为灭弧介质的高纯度石英砂一起密封于熔管内，熔管采用耐高温的高强度氧化铝瓷制成。当短路电流通过熔体使其熔断时，石英砂的填料中产生电弧，受到石英砂颗粒间狭沟的限制，弧柱直径很小，同时电弧还受到很多气体压力的作用和石英砂对它的强烈冷却，所以限流式熔断器灭弧能力强，在短路电流未达到最大值时，就很快将电弧熄灭，限制短路电流的发展，起到保护电路的作用。大大减轻了电气设备所受危害的程度，降低了对保护设备动、热稳定的要求。因户内式高压熔断器在开断电路时无游离气体排出，所以在户内配电装置中使用广泛。

图 3-22 所示为 RN1 型熔断器，这种熔断器主要由熔管、接触座、支柱绝缘子和底架组成。图 3-23 为熔体管的结构示意图。熔体管由熔管(瓷管)、端盖、顶盖、陶瓷芯、熔体和石英砂等组成。熔管用滑石陶瓷或高频陶瓷制成，具有较高的机械强度和耐热性能。熔管不仅是灭弧装置的主要组成部分，而且还起着支持和保护熔体的作用。端盖由铜制成，熔体通过端盖与接触座接触组成导电回路。顶盖也由铜制成，用来封闭熔管。充入熔管的石英砂形成大量细小的固体介质狭缝狭沟，对电弧起分割、冷却和表面吸附(带电粒子)作用，同时缝隙内骤增的气体压力也对电弧起着强烈的去游离作用，所以电弧被迅速熄灭。

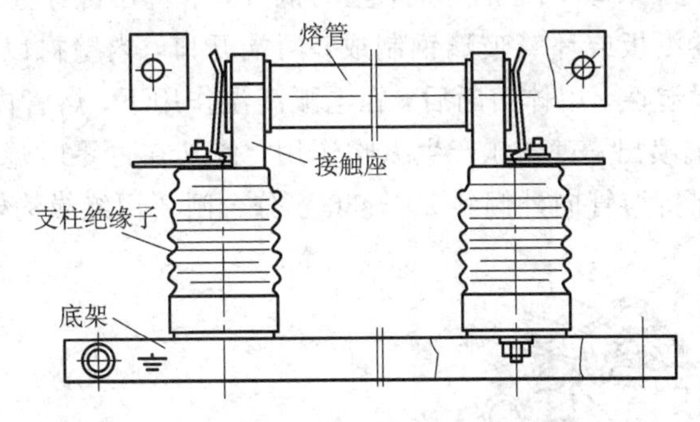

图 3-22　RN1 型熔断器的外形图

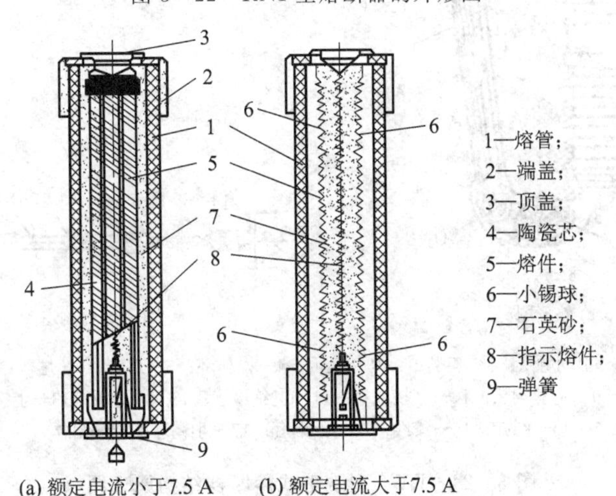

图 3-23　熔断器的结构示意图

为了限制熔体熔断时的过电压值，熔体通常由不同直径的数段熔丝串联而成。连接处焊有小锡球，当流过过电流时，小锡球处和直径小的熔丝先熔断，较粗的熔丝段后熔断。熔体熔断后有指示装置显示。根据其额定电流的大小，每相熔丝有 1 根、2 根、4 根三种。

2. 户外高压熔断器

1）RW3－10 型跌落式熔断器

跌落式熔断器主要由熔丝具、熔丝管和熔丝元件三部分构成。在熔丝管内装有用桑皮纸或钢纸等制成的消弧管。熔管两端的上动触头和下动触头依靠熔断体系紧，将上动触头推入鸭嘴凸出部分后，磷铜片等制成的上静触头顶着上动触头，故而将熔管牢固地卡在鸭嘴里。当短路电流通过电路使熔体熔断时，将产生电弧，管内附衬的钢管在电弧作用下会产生大量气体，在电流过零时将电弧熄灭。

户外跌落式熔断器具有经济实惠、操作方便、适应户外环境能力强等特点，广泛应用于 10 kV 架空配电线路的支线及用户进线处、35 kVA 以下容量的配电变压器一次侧、电力电容器等设备，作为过载或短路保护和进行系统、设备投、切操作之用。

图 3－24 所示为 RW3－10 型跌落式熔断器。上静触头和下静触头分别固定在瓷绝缘子的上下端。鸭嘴罩可绕销轴 O_1 转动，合闸时，鸭嘴罩里的抵舌（搭钩）卡住上动触头同时并施加接触压力。一旦熔体熔断，熔管上端的上动触头就失去了熔体的拉力，在销轴弹簧的作用下，绕销轴 O_2 向下转动，脱开鸭嘴罩里的抵舌，熔管在自身重力的作用下绕轴 O_3 转动而跌落。熔管由层卷纸板或环氧玻璃钢制成，两端开口，内壁衬以石棉套，既可防止电弧烧伤熔管，还具有吸湿性。熔体熔断后，在电弧高温作用下，熔管内壁分解产生的氢气、二氧化碳等向管的两端喷出，对电弧产生纵吹作用，使其在过零时熄灭。该熔断器由固定板安装在支架上，并保持熔管向外倾斜 20°～30°。分合闸要用绝缘钩棒操作。

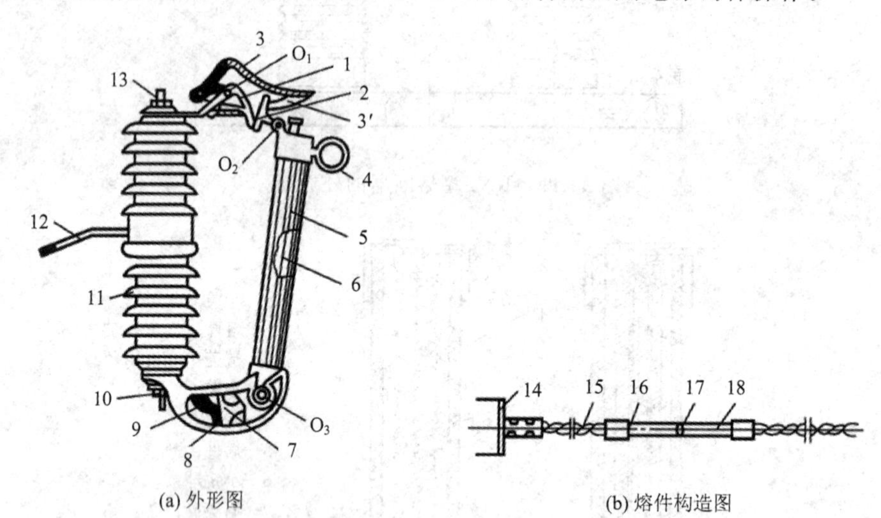

(a) 外形图　　(b) 熔件构造图

1—上静触头；2—上动触头；3—鸭嘴罩；3′—抵舌；4—操作环；5—熔管；6—熔丝；7—下动触头；8—抵架；9—下静触头；10—下接线端；11—瓷绝缘子；12—固定板；13—上接线端；14—纽扣；15—绞线；16—紫铜套；17—小锡球；18—熔体

图 3－24　RW3 型跌落式熔断器结构原理图

2）RW10－35 型支柱式熔断器

RW10－35 型支柱式熔断器由瓷套管、熔管及棒式支柱绝缘子和接线端帽等组成。熔管装于瓷套管中，熔件放在充满石英砂填料的熔管内。熔断器的灭弧原理与 RN 系列限流式有填料高压熔断器的灭弧原理基本相同，均有限流作用。

这种熔断器属于高压限流型，具有体积小、重量轻、灭弧性能好、限流能力强、断流容量大等优点。图3-25为RW10-35型熔断器的结构示意图。该型熔断器由熔管、瓷套、紧固法兰以及棒形支柱绝缘子等组成。熔管装于瓷套管内，熔体放在充满石英砂填料的熔管内，由于灭弧能力强，该设备具有限流作用。

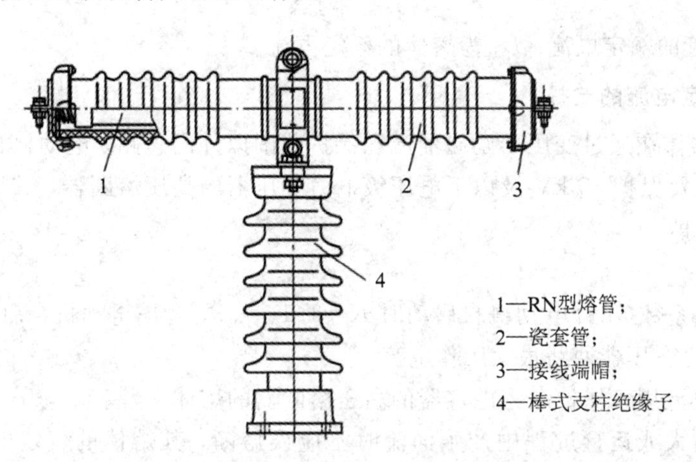

图3-25　RW10-35型限流熔断器结构示意图

任务二　高压熔断器的选择

【任务描述】

熟悉高压熔断器的选择条件和校验内容。

【任务分析】

高压熔断器的技术参数有额定电压、熔断器的额定电流、熔体的额定电流、开断电流等。通过学习本任务，学生可根据技术要求合理选择高压熔断器，更好地保护电路。

高压熔断器按额定电压、额定电流、开断电流、选择性等项来选择和校验。

一、额定电压选择

对于一般的高压熔断器，其额定电压U_N必须大于或等于电网的额定电压U_{Ns}。但是对于充填石英砂有限流作用的熔断器，则不宜使用在低于熔断器额定电压的电网中，这是因为限流式熔断器灭弧能力很强，在短路电流达到最大值之前就将电流截断，致使熔体熔断时因截流而产生过电压，其过电压倍数与电路参数及熔体长度有关。一般在$U_{Ns}=U_N$的电网中，过电压倍数约为2～2.5倍，不会超过电网中电气设备的绝缘水平，但在$U_{Ns}<U_N$的电网中，因熔体较长，过电压值可达3.5～4倍相电压，可能损害电网中的电气设备。

二、额定电流选择

熔断器的额定电流选择包括熔管额定电流和熔体额定电流的选择。

1. 熔管额定电流的选择

为了保证熔断器载流及接触部分不致过热和损坏，高压熔断器的熔管额定电流应满足下式，即

$$I_{Nft} \geqslant I_{Nfs} \tag{3-12}$$

式中：I_{Nft}为熔管的额定电流；I_{Nfs}为熔体的额定电流。

2. 熔体额定电流的选择

为了防止熔体在通过变压器励磁涌流和保护范围以外的短路、电动机自启动等冲击电流时误动作，以及保护35 kV及以下电压级电力变压器的高压熔断器，其熔体的额定电流可按下式选择，即

$$I_{Nfs} = KI_{max} \tag{3-13}$$

式中：K为可靠系数(不计电动机自启动时K=1.1～1.3，考虑电动机自启动时K=1.5～2.0)；I_{max}为电力变压器回路最大工作电流。

熔体额定电流用于保护电力电容器的高压熔断器的熔体，当系统电压升高或波形畸变引起回路电流增大或运行过程中产生涌流时不应误熔断，其熔体的额定电流可按下式选择，即

$$I_{Nfs} = KI_{Nc} \tag{3-14}$$

式中：K为可靠系数(对于限流式高压熔断器，当一台电力电容器工作时K=1.5～2.0，当一组电力电容器工作时K=1.3～1.8)；I_{Nc}为电力电容器回路的额定电流。

用于保护一般线路的熔断器的熔体，熔体额定电流需躲过线路的尖峰电流。由于尖峰电流是短时最大工作电流，考虑熔体的熔断需要一定的时间，因此满足躲过尖峰电流(I_{pk})的条件为

$$I_{Nfs} = KI_{pk} \tag{3-15}$$

式中，K为小于1的计算系数。对于单台电动机的线路：当电动机的启动时间小于3 s时，取K=0.25～0.35；当电动机启动时间为3～8 s时，取K=0.35～0.5；当电动机启动时间大于8 s时或电动机频繁启动、反接制动时，取K=0.5～0.6；对多台电动机的线路取K=0.5～1。

三、熔断器开断电流校验

对于没有限流作用的熔断器，选择时用冲击电流的有效值I_{ch}进行校验；对于有限流作用的熔断器，在电流到达最大值之前已截断，故可不计非周期分量影响，而采用I''进行校验，可表示为

$$I_{Nbr} \geqslant I_{ch}(\text{或 } I'') \tag{3-16}$$

式中：I_{Nbr}为熔断器的额定开断电流。

四、熔断器选择性校验

为正确选择前后两级熔断器之间或熔断器与电源保护装置之间动作，应进行熔断器选择性校验。如图3-26所示为两个不同熔体的安秒特性曲线($I_{Nfs1}<I_{Nfs2}$)，同一电流同时通过此二熔体时，熔体1先熔断。所以，为了保证动作的选择性，前一级熔体应采用熔体1，

后一级熔体应采用熔体 2。保护电压互感器用的高压熔断器，只需按额定电压和断流容量两项来选择即可。

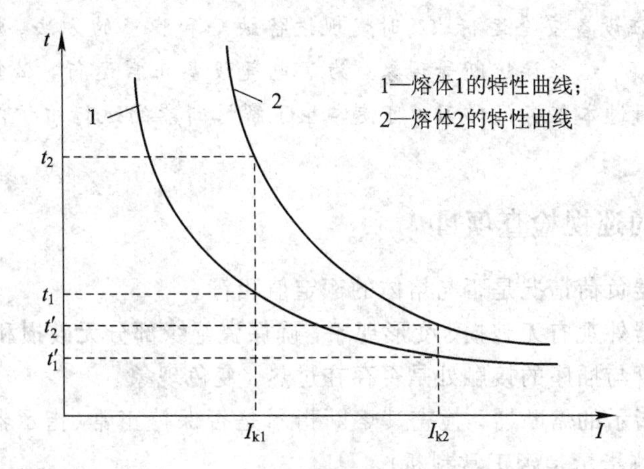

图 3 - 26　熔体的安秒(保护)特性曲线

【例 3 - 2】　某车间内一条 380 V 三相三线制线路供电给一台电动机。已知电动机的额定电流为 35 A，启动电流为 180 A，线路首端的三相短路电流为 20 kA，末端的三相短路电流为 12 kA，环境温度为 30℃。试选择进行短路保护的熔断器并校验熔断器的各项技术指标。

解　选择熔体和熔断器。

熔体的额定电流 $I_{Nfs} \geqslant 35$ A，按熔体躲过尖峰电流计算的值为：$I_{Nfs}=KI_{pk}=0.3\times180=54$(A)，两者取最大的值。

熔断器的额定电流满足如下条件：$I_{Nft} \geqslant I_{Nfs}$。

将计算数据列于表 3 - 6 中。通过查阅熔断器手册，RTO - 100 熔断器的额定电压为 380 V，熔体的额定电流为 60 A，熔断器的额定电流为 100 A，最大分断电流为 50 kA，同样将其列于表 3 - 6 中。

根据熔断器选择的条件，结合表 3 - 6 的校验结果，选择 RTO - 100 熔断器。

表 3 - 6　数 据 统 计

计算数据	RTO - 100 熔断器
$U_N=380$ V	$U_N=380$ V
$I_{max}=35$ A	$I_{Nfs}=60$ A
	$I_{Nft}=100$ A
$I''=20$ kA	$I_{Nbr}=50$ kA

任务三　熔断器运行中的巡视和检查

【任务描述】

熟悉熔断器运行中的巡视和检查项目。

【任务分析】

运行维护是保证设备安全运行、及时发现设备缺陷和隐患的方法。熔断器在使用过程中会发生熔体管燃烧、熔丝误熔断等现象，为了电气设备正常运行，必须对这些现象进行巡视并及时维护。通过本任务的学习，可使学生了解熔断器的运行维护内容。

一、熔断器本体的巡视检查项目

(1) 检查熔断器负荷情况是否与熔体的额定值相符。

(2) 检查熔断器外观有无破损、变形现象，确保瓷绝缘部分无破损和闪络放电痕迹。

(3) 检查熔丝管与插座的接触处是否存在过热、变色现象。

(4) 对有信号指示的熔断器，检查其熔断指示是否保持正常(指示器未跳出或通过检查电压互感器二次侧指示是否正常判断)。

(5) 确保载流部件各接头接触良好，底座无松动现象，卡片弹力适当，不得过紧或过松，以免无法跳开或自动脱落。

(6) 每次熔断器熔断后应检查熔体管，若烧坏则应立即更换。

二、熔断器的操作注意事项

要按规定定期更换熔体和熔体管，更换熔体时不能采用自制熔体，也不可用低压熔体代替高压熔体，以免引起非选择性动作等故障，破坏正常供电。一般情况下不应带负荷操作跌落式熔断器，分相操作时要先拉跌落式熔断器的中相，再拉下边相，最后拉上边相，合闸时的顺序刚好相反。操作时应戴绝缘手套和护目镜，且不得用力过猛。

第五部分　高压隔离开关

任务一　隔 离 开 关

【任务描述】

了解隔离开关的基本结构、种类、工作原理、作用及特点；掌握隔离开关的操作原则、操作注意事项。

【任务分析】

掌握隔离开关的作用、操作原则、操作注意事项。

掌握隔离开关的基本结构和工作原理。了解各类型隔离开关的结构和运行维护的内容，能说出隔离开关与断路器之间的不同之处。

隔离开关俗语称闸刀，能造成明显的空气断开点。隔离开关没有专门的灭弧装置，不能用来接通或切断负荷电流和短路电流，否则将产生强烈的电弧，造成人身伤亡、设备损坏或引起相间短路故障。

一、隔离开关的作用

在电力系统中，隔离开关的主要作用有：

(1) 隔离电源。在检修电气设备时，为了安全，需要用隔离开关将停电检修的设备与带电运行的设备隔离，形成明显可见的断口。隔离电源是隔离开关的主要用途。

(2) 倒闸操作。在双母线接线倒换母线或接通旁路母线时，某些隔离开关可以在“等电位”的情况下进行分、合闸，配合断路器完成改变运行方式的倒闸操作。

(3) 分、合小电流电路。隔离开关可用来分合电压互感器、避雷器和空载母线；分、合励磁电流小于 2 A 的空载变压器，以及关合电容电流不超过 5 A 的空载线路。12 kV 的隔离开关，容许关合和开断 5 km 以下的空载架空线路；40.5 kV 的隔离开关，容许关合和开断 10 km 以下空载架空线路和 1000 kVA 以下的空载变压器；126 kV 的隔离开关，容许关合和开断 320 kVA 以下的空载变压器。

二、隔离开关的使用要求

(1) 隔离开关没有专门的灭弧装置，不能切断负荷电流及短路电流。

(2) 隔离开关(QS)应与断路器(QF)配合使用——满足“隔离开关先通后断”原则(即合闸时，QS 先 QF 后；分闸时，QF 先 QS 后)。

(3) 隔离开关分闸时，应有明显可见的断口，以便确定被检修的设备或线路是否与电网断开。

(4) 隔离开关合闸时，应具有足够的热稳定性和动稳定性，尤其不能因为电动力的作用而自动断开，否则将引起严重事故。

(5) 隔离开关断开点之间应有较好的绝缘性，防止过电压及闪络情况危及人身安全；

(6) 当隔离开关装有接地闸刀时，为了安全，应安装连锁装置，以保证按照“先断 QS，再合接地闸刀；先断接地闸刀，再合 QS”的操作顺序。

(7) 隔离开关的结构要简单，动作要可靠。

三、隔离开关的技术参数、类型和表达式

1. 技术参数

隔离开关的主要技术参数有额定电压、最高工作电压、额定电流、热稳定电流和极限通过峰值电流。

(1) 额定电压：隔离开关长期运行时所能承受的工作电压。

(2) 最高工作电压：隔离开关能承受的超过额定电压的最高电压。

(3) 额定电流：隔离开关可以长期通过的工作电流。

(4) 热稳定电流：隔离开关在规定的时间内允许通过的最大电流。它表明隔离开关承受短路电流热稳定的能力。

(5) 极限通过峰值电流：隔离开关所能承受的最大瞬时冲击短路电流。

2. 隔离开关的类型

隔离开关的类型较多，可按不同分类方法分类如下：

(1) 按装设地点可分为户内式(GN 型)和户外式(GW 型)；

(2) 按绝缘支柱的数目可分为单柱式、双柱式和三柱式；

(3) 按极数可分为单极、双极和三极式；

(4) 按动触头运动方式可分为水平旋转式、垂直旋转式、摆动式、插入式等；

(5) 按有无接地闸刀可分为无、单侧有、两侧有三种；

(6) 按操动机构可分为手动式、电动式、气动式和液压式等。

3. 表达式

隔离开关的表达式(型号、规格)一般由文字符号和数字表示，见表 3-7。

表 3-7　隔离开关的表达式

型号序列	序列含义	代号
123-45/6-7	1：设备名称	G：隔离开关
	2：使用环境	W：户外；N：户内
	3：设计序号	
	4：电压等级(单位：kV)	
	5：其他特征	T：统一设计；G：改进型 D：带接地刀闸；K：快分型
	6：额定电流(单位：A)	

注：如 GW9-10/800-10，表示户外高压隔离开关，设计序号为 9，额定电压为 10 kV，额定电流为 800A，极限通过电流为 10 kA。

四、户内式隔离开关

户内式隔离开关采用闸刀形式，有单极和三极两种。闸刀的运动方式为垂直旋转式，其基本结构包括底座、绝缘部分、导电系统和传动机构等。

1. GN6、GN8 型户内式隔离开关

GN6、GN8 型均为三极(三相)式；GN6 型为平装式，采用支柱瓷绝缘子；GN8 型为穿墙式，部分或全部采用套管绝缘子。图 3-27 为 GN6 型和 GN8 型高压隔离开关的结构示意图。

导电回路主要由闸刀(动触头)、静触头和接线端等组成。静触头固定在支柱绝缘子上。动触头是每相两条铜制闸刀片，合闸时用弹簧紧紧地夹在静触头两边形成线接触，以保证触头间的接触压力和压缩行程。对额定电流大的隔离开关普遍采用磁锁装置来加强动、静触头间通过短路电流时的接触压力。所谓磁锁装置，就是由装在两闸刀外侧的两片钢片组成，当短路电流沿闸刀流向静触头时，闸刀外侧的两片钢片受磁力的作用互相吸引，增加了两闸刀对静触头的接触压力，从而保证触头对短路电流的稳定性。

操动机构通过连杆转动转轴，再通过拐臂与拉杆瓷瓶使各相闸刀作垂直旋转，从而达到分、合闸的目的。这两种隔离开关安装使用方便，既可垂直、水平安装，又可倾斜甚至在天花板上安装。

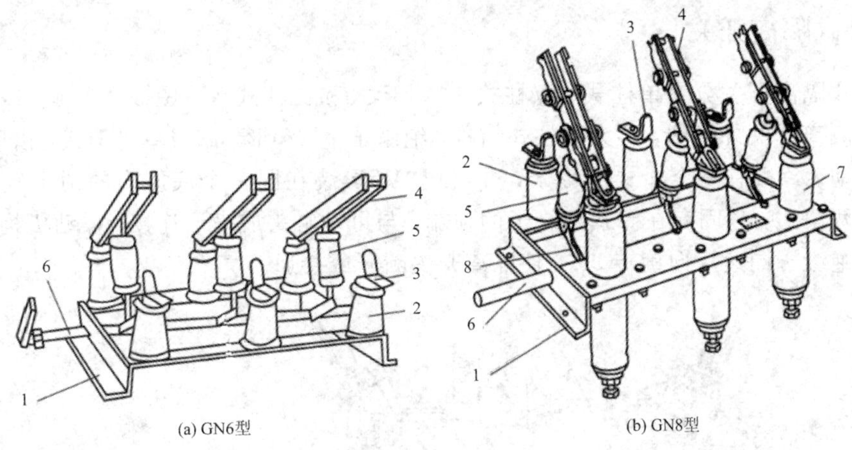

1—底座；2—支柱绝缘子；3—静触头；4—闸刀(动触头)；5—拉杆瓷瓶；6—转轴；7—套管绝缘子；8—拐臂

图 3-27　GN6 型和 GN8 型高压隔离开关

2. GN19-10(C)型户内式隔离开关

GN19 型隔离开关按其结构特征分为 GN19-10 型(平装型)和 GN19-10C 型(穿墙型)两类。GN19-10 型户内式隔离开关的每相导电部分通过两个支柱绝缘子固定在底架上；GN19-10C 型又分为 C1、C2、C3 三种穿墙形式，其中 C1、C2 型的一侧为支柱绝缘子，另一侧为瓷套管，C3 则两侧均为瓷套管。

隔离开关和配用的操动机构(CS6-1T(G)型)既可以水平、垂直或倾斜安装在开关柜内，也可以安装在支柱、墙壁、横梁、天花板及金属构架上。

GN19 系列隔离开关在结构上与 GN6 和 GN8 型隔离开关基本相同。其主要区别是每相刀闸改用两片槽形铜片组成，这不仅增大了刀闸散热面积，对降低温度有利，而且提高了刀闸的机械强度，使开关的稳定性提高。

GN19-10/1000、1250 及 GN19-10C/1000、1250 在接触处安装有磁锁钢板。GN19-10Q/400、630A 隔离开关没有装磁锁钢板，在底架上安装有限位板(停挡)以保证导电触刀"分""合"时到达所要求的终点位置。

图 3-28 为全工况型隔离开关的外形图。

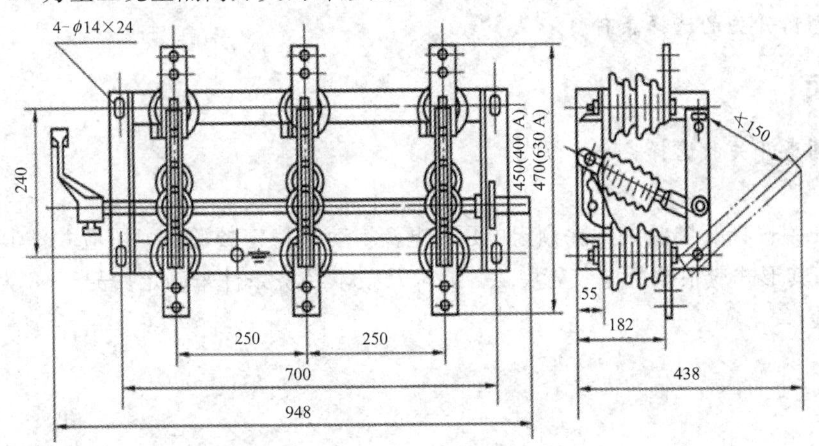

图 3-28　GN19-10Q/400、630A 型隔离开关外形及尺寸(mm)

五、户外式隔离开关

户外式隔离开关分为单柱式、双柱式、“V”形式和三柱式等。图 3－29 是 GW5－35D 型户外式隔离开关外形图，其为双柱式结构，绝缘子呈“V”形，制成单极形式，借助连杆构成三相联动。每极有两个棒式绝缘子，并组成“V”形装在同一个底座内的两个轴承座上。闸刀做成两段式，各固定在棒式绝缘子的顶端，与可动触头成楔形连接。操动机构动作时，两个棒式绝缘子同速反向旋转 90°，使隔离开关断开或接通。

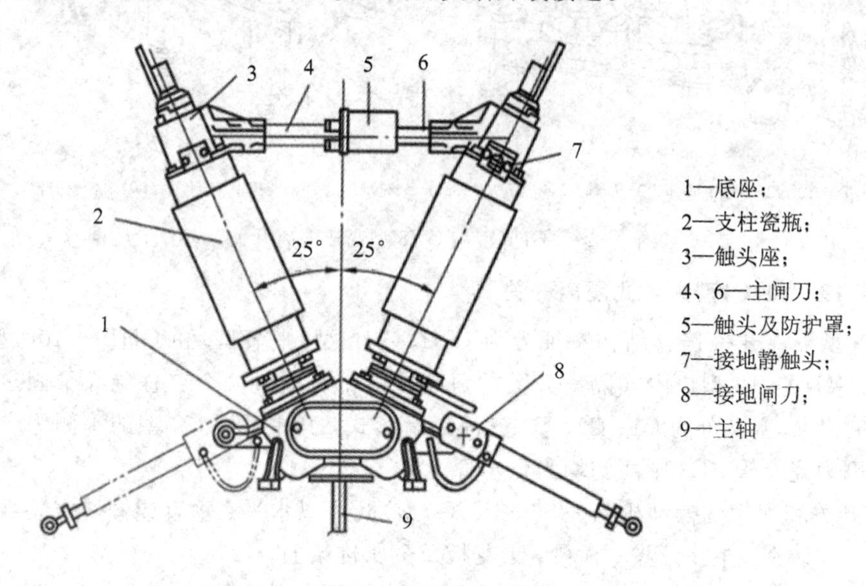

图 3－29　GW5－35D 型户外式隔离开关外形图

任务二　隔离开关的选择

【任务描述】

了解隔离开关的选择条件。

【任务分析】

掌握隔离开关的选择条件。

隔离开关选择及校验条件除额定电压、电流、动热稳定校验外，还应关注其种类和形式的选择，其形式应根据配电装置特点、要求及技术经济条件来确定。表 3－8 为隔离开关选型参考表。

表 3-8　隔离开关选型参考表

使用场合		特点	参考型号
户内	室内配电装置成套高压开关柜	三级，10 kV 以下	GN2、GN6、GN8、GN19
	发电机回路，大电流回路	单极，大电流 3000～13000 A	GN10
		三级，15 kV，200～600A	GN11
		三级，10 kV，大电流 2000～3000 A	GN18、GN22、GN2
		单极，插入式结构，带封闭罩 20 kV，大电流 10000～13000A	GN14
户外	220 kV 及以下各种配电装置	双柱式，220 kV 及以下	GW4
	高型，硬母线布置	V 型，35～110 kV	GW5
	硬母线布置	单柱式，220～500 kV	GW6
	20 kV 及以上中型配电装置	三柱式，220～500 kV	GW7

【例 3-3】 如图 3-30 所示为降压变电所中的一台变压器，容量为 7500 kVA，其短路电压百分值为 $U_k\%=7.5$，二次母线电压为 $U_N=10$ kV，变电所由无限大容量系统供电，二次母线上的短路电流 $I''=I_\infty=5.5$ kA。作用于高压断路器的定时限保护装置的动作时限为 1 s，瞬时动作的保护装置的动作时限为0.05 s，拟采用高速动作的高压断路器，其固有开断时间为 0.05 s，灭弧时间为 0.05 s，断路器全开断时间则为 $t_{op}=0.05+0.05=0.1$ s，试选择高压断路器与隔离开关。

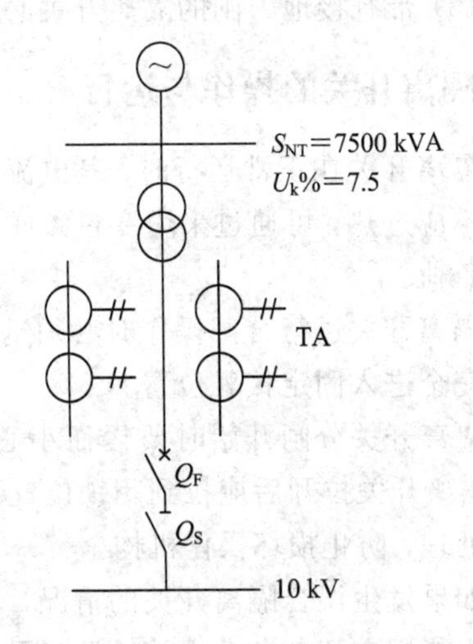

图 3-30　例 3-3 图

解　所选断路器工作电流为

$$I_N=\frac{S_N}{\sqrt{3}U_N}=\frac{7500}{\sqrt{3}U_N}=\frac{7500}{\sqrt{3}\times 10}=433\ \text{A}$$

短路电流冲击值为

$$i_{ch}=2.55I''=14\ \text{kA}$$

短路电流热效应的等值计算时间为 $t_k=t_{pop}+t_{op}=1+0.1=1.1\ \text{s}>1\ \text{s}$。若忽略非周期分量 t_{k-}，则 $t_{ke}=t_k=1.1$ s。

通过查阅附录3 的附表 3-1 和附表 3-2，户内 SN10-10Ⅰ/630 型高压断路器的额定电压为10 kV，额定电流为 630 A，额定开断电流为 16 kA，极限通过电流为 40 kA，固有分闸时间为 0.05 s，合闸时间为 0.2 s；GN19-10-630 型高压隔离开关的额定电压为 10 kV，额定电流为 630 A；上述设备参数能满足题目要求，故选择户内 SN10-10Ⅰ/630 型高压断路器和 GN19-10-630 型高压隔离开关，并选择与高压断路器配对的 CD10 型操动机构。

任务三　高压隔离开关运行中的巡视和检查

【任务描述】

了解隔离开关的运行要求、操作与运行、巡视与检查。

【任务分析】

运行维护是保证设备安全运行、及时发现设备缺陷和隐患的方法。隔离开关断点应具有足够的安全间距，隔离开关必须满足动稳定和热稳定要求；隔离开关运行时不应超过额定值，分闸、合闸操作需谨慎并迅速，误合隔离开关时必须按规程处理；隔离开关正常巡视的项目很多，需要及时处理各种异常情况，以保证隔离开关的正常运行。

一、隔离开关的运行要求

(1) 隔离开关断开点之间应有足够的安全距离、可靠的绝缘间隙。

(2) 隔离开关具有足够的热稳定性和动稳定性。

(3) 带有接地刀闸的隔离开关必须有联锁机构。

二、隔离开关的操作与运行

隔离开关在正常运行时，其电流不得超过额定值，温度不允许超过70℃。隔离开关的触头不应过热，可通过采用变色漆或试温片进行监视。若接触部分温度达到80℃，则应减少其负荷。

隔离开关进行合闸操作时必须迅速果断，但合闸快结束时用力不可过猛。合闸后应使刀闸完全进入固定接触位置。

隔离开关分闸开始时要慢而小心，当刀片刚离开时应迅速果断拉开，以利于迅速消弧。隔离开关拉开后应拉到闭锁位置。当隔离开关操作失灵时，不能强行进行合、分，应当及时处理，防止损坏操作机构。

如果发生误合隔离开关的情况，不得再行拉开，因为隔离开关没有专门的灭弧装置，所以不能用它切断负荷电流，只有用断路器将这一回路断开，或用断路器跨接后才允许将隔离开关拉开。

三、隔离开关的巡视与检查

值班人员在巡视时，应当对隔离开关进行仔细检查，如果发现问题应及时解决，以保证隔离开关正常运行。

(1) 对隔离开关绝缘子进行检查时，应注意确保绝缘子完整无裂纹，无电晕和放电现象。

(2) 操作连杆及机械各部分应无损伤和锈蚀，各机械元件要紧固，位置应正确，无歪斜、松动、脱落等不正常现象。

(3) 闭锁装置应良好，销子应锁牢，辅助触点位置正确且接触良好。机构外壳等接地应良好。液压式操动机构的液压装置应无漏油。

(4) 刀片和刀嘴的消弧角应无烧伤、不变形、不锈蚀、不倾斜，否则会使触头接触不良。当触头接触不良时，会有较大的电流通过消弧角，从而引起两个消弧角发红、发热。

(5) 刀片和刀嘴应无脏污、无烧痕；弹簧片、弹簧及铜辫子应无断股和折断现象。

(6) 接地隔离开关应接地良好，特别要注意检查其易损坏的可烧部分。

(7) 要检查隔离开关的触头是否接触良好。因为隔离开关在运行中，刀片和刀嘴的弹簧片会锈蚀，使弹力降低；隔离开关断开后，刀片和刀嘴暴露在空气中，容易发生氧化和脏污。隔离开关在操作过程中会有一定的机械磨损，所以运行人员要加强对触头的检查和维护，及时消除设备隐患，保证隔离开关安全稳定运行。

一般对隔离开关每年小检修 1～2 次，4～5 年大检修 1 次，根据容量、污秽、缺陷等情况作适当调整。检修的内容主要是查看绝缘、操作、接触、闭锁装置、部件、接地等是否良好。同时检查、清洁各部件，例如修理轻微缺陷或更换部件，在触头上涂中性凡士林油，给轴销涂润滑油等。

第六部分　高压负荷开关

任务一　认识负荷开关

【任务描述】

了解负荷开关的基本结构、种类、功能、工作原理及特点；掌握负荷开关的操作原则、操作注意事项。

【任务分析】

掌握负荷开关的功能、操作原则、操作注意事项。

掌握负荷开关的基本结构和工作原理。

一、高压负荷开关的定义与功能

负荷开关是一种灭弧能力介于隔离开关和断路器之间开合线路负荷的简易开关电器。负荷开关与隔离开关的主要不同是负荷开关装有简单的灭弧装置，可以接通和断开电路中的负荷电流。但负荷开关的灭弧能力远不如断路器，不能切断短路电流。高压负荷开关常常与高压熔断器串联合用，前者作为操作电器投切电路的正常负荷电流，而由后者作为保护电器开断电路的短路电流及过载电流。

二、高压负荷开关的类型

(1) 按使用地点分为：户内型和户外型。

(2) 按是否带熔断器分为：带熔断器和不带熔断器。

(3) 按灭弧方式分为：产气式、压气式、压缩空气式、油浸式、真空式、SF_6式等。

高压负荷开关的型号一般由文字符号和数字组合而成，表示方式如表 3-9 所示。

表 3-9　高压负荷开关的型号

型号序列	序列含义	代号
1 2 3 - 4 5 6 7 - 8 9	1：设备名称	F：负荷开关；Z：表示真空负荷开关
	2：使用环境	W：户外；N：户内
	3：设计序号	
	4：电压等级(单位：kV)	
	5：操动机构代号	有 D 表示电动操动机构，无 D 表示手动
	6：是否带高压熔断器	有 R 表示带熔断器，无 R 表示不带熔断器
	7：熔断器的安装位置	有 S 表示熔断器装在开关上端，无 S 表示装在下端
	8：额定电流(单位：A)	
	9：额定开断电流(单位：kA)	

三、户内型负荷开关

图 3-31 所示为 FN4-10/600 型户内高压真空负荷开关外形及安装尺寸。该开关采用

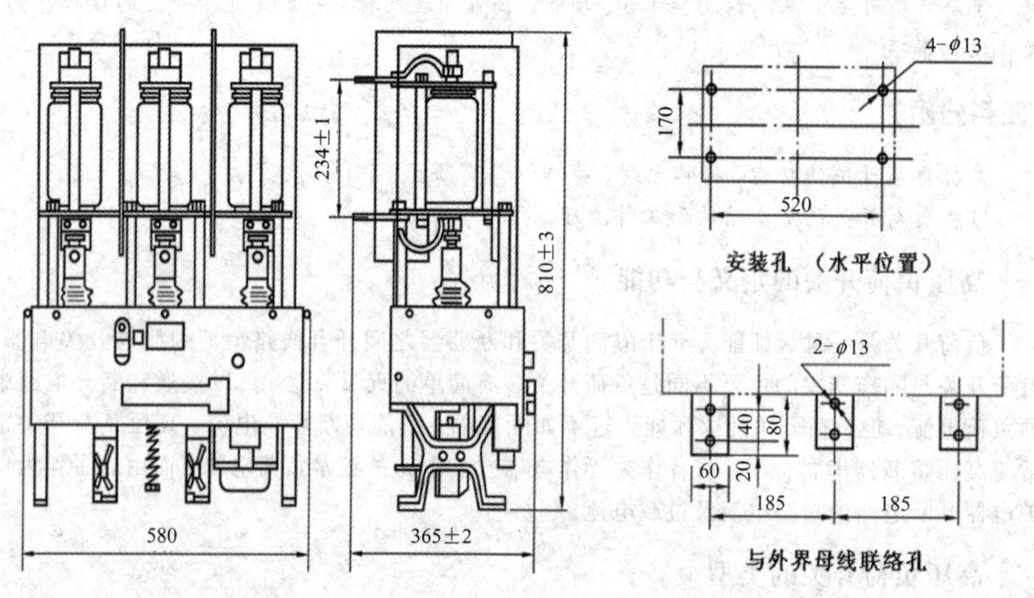

图 3-31　FN4-10/600 型真空负荷开关外形及安装尺寸(mm)

落地式结构，真空灭弧室装在上部，操动机构装设在下面，机构部分就是基座。在基座底板上前后对称地竖立着两排绝缘杆，用来固定和支撑中间的绝缘板。绝缘板上竖立三组按三角位置排列的绝缘杆(共计 9 根)，每一组绝缘板上分别装设压板，真空灭弧室被垂直地压在压板和中间绝缘板之间。电磁操动机构通过 3 个环氧树脂绝缘子拉杆，使 3 个真空灭弧室的动触头同时动作接通或断开电路。在合闸位置时，压缩连接头内的弹簧，使触头保持一定的接触压力。相间装有绝缘板，以免发生相间弧光短路。

四、户外型负荷开关

图 3-32 为 FW11-10 型 SF_6 负荷开关的外形图。其三相共用一个箱体，箱内充有 SF_6 气体。箱体的一端安装操动机构，箱体底部安装有吸附剂罩，其中包括吸附剂和充气阀门，吸附剂用来吸附 SF_6 气体中的水分。瓷套管用于对地绝缘、支持动静触头和引出接线端子。

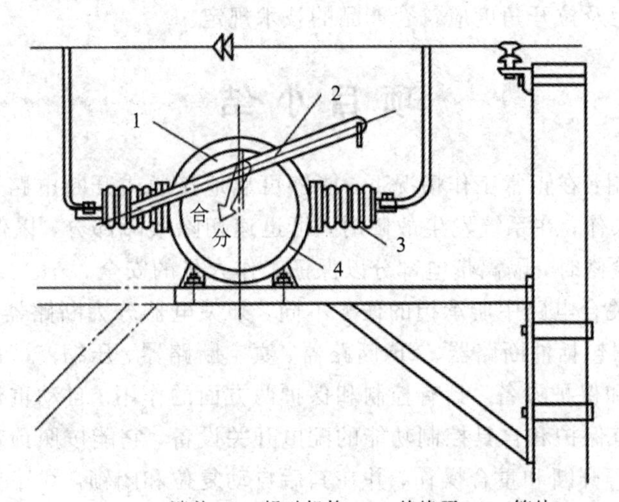

1—端盖；2—操动机构；3—绝缘子；4—箱体

图 3-32　FW11-10 型 SF_6 负荷开关外形图

任务二　高压负荷开关的维护

【任务描述】

了解负荷开关的日常维护事项。

【任务分析】

运行维护是保证设备安全运行、及时发现设备缺陷和隐患的方法。通过本任务的学习，可使学生了解负荷开关运行维护的内容。

负荷开关的日常维护应注意以下事项：

(1) 接线端子及载流部分应清洁且接触良好。

(2) 绝缘子表面应清洁，无裂纹、破损，瓷铁黏合应牢固。

(3) 操动机构的零部件应齐全，所有固定连接部分应紧固。

(4) 开关接触面应符合以下规定：在接触表面宽度为 50 mm 及以下时，不应超过 4 mm；在接触表面宽度为 60 mm 及以上时，不应超过 6 mm；接触面应平整、清洁、无氧化膜，并应涂以薄层中性凡士林或复合脂；载流部分的可挠连接不得有折损，载流部分表面应无严重的凹陷及锈蚀。

(5) 负荷开关在安装调整时应符合以下要求：

① 在负荷开关合闸时，主固定触头应可靠地与主刀刃接触；分闸时，三相灭弧刀刃应同时跳离灭弧触头。

② 灭弧筒内产生气体的有机绝缘物应完整无裂纹，灭弧触头与灭弧筒的间隙应符合要求。

③ 负荷开关合闸时三相刀片与固定触头应同时接触，前后误差不应超过 3 mm；分闸状态时，触头间净距及拉开角度应符合产品的技术规定。

项目小结

开关电器的作用：在正常工作情况下，能够可靠地接通或开断电路；在改变运行方式时，可灵活地切换操作；在系统发生故障时，可迅速切除故障部分，以保证非故障部分的正常运行；在设备检修时，隔离带电部分以保证工作人员的安全。

根据在开断和关合电路中所承担的任务不同，开关电器分为断路器、隔离开关、负荷开关等。高压断路器包括油断路器、SF_6断路器、真空断路器、压缩空气断路器等，是电力系统最重要的控制和保护设备，具有控制和保护两方面的作用。自动重合器是一种主要针对瞬时性故障，具有保护和自具控制功能的配电开关设备，它能按照预定的开断和重合顺序在交流电路中进行开断和重合操作，并在其后自动复位和闭锁。线路自动分段器是一种串联于重合器或断路器的负荷侧，用来隔离线路区段的自动开关设备。隔离开关是一种没有灭弧装置的高压开关，只能在开断前或关合过程中电路无电流或接近无电流的情况开断和关合电路。负荷开关是一种能开断和关合额定负荷电流的开关，带有简单的灭弧装置。

根据所提供的能源形式的不同，操动机构的类型可分为手动操动机构、电磁操动机构、弹簧操动机构、液压操动机构和气压操动机构等。

选择电器时必须遵守设备选择的一般要求，在满足环境条件的基础上，对设备进行长期工作条件分析和短路稳定校验。电器要可靠工作，就必须按照正常工作条件进行选择，并按照短路条件进行动稳定和热稳定校验。

思考与练习

1. 高压断路器的作用是什么？对其有哪些基本要求？
2. 高压断路器有哪几类？其技术参数有哪些？
3. 真空断路器的结构有什么特点？
4. 对断路器操动机构的要求有哪些？操动机构有哪些类型？

5. CD10 型操动机构由哪几部分组成？动作过程如何？什么是自由脱扣？

6. CT10 型操动机构由哪几部分组成？动作过程如何？

7. 隔离开关的用途是什么？它是如何分类的？

8. 高压断路器型号的含义是什么？隔离开关型号的含义是什么？

9. 负荷开关的作用是什么？它与隔离开关在结构原理上的主要区别是什么？

10. 熔断器的基本结构是什么？它有哪些技术参数？熔断器与熔体的额定电流有何区别？

11. 熔断器的保护特性是什么？与哪些因素有关？

12. 重合器的结构性能与断路器有何不同？重合器按控制方式不同分为哪几类？

13. 什么是重合器的时间－电流特性曲线？有几种？

14. 重合器的操作顺序是指什么？有哪些整定方法？

15. 简单分析重合器用于放射状网中时，与熔断器配合实现保护和故障隔离的过程。

16. 按判断故障方式的不同分段器分为哪两类？比较两种分段器的功能特点、动作原理及适用场合。

17. 高压电气设备的一般选择条件及校验条件有哪些？

18. 高压电气设备具体按哪些条件选择，按哪些条件校验？

项目四　母线、电缆及绝缘子

【项目分析】

母线、电缆是发电机、变压器、配电装置以及各种电气设备连接的导体，绝缘子用于支持和固定带电导体。本项目分析它们的材料、结构、布置方式、安装方式，以便正确地进行布置、安装和运行维护，以确保母线、电缆的运行安全可靠。

【培养目标】

掌握母线的用途、类型，母线的定相与着色，母线的布置、选择及安装；掌握电缆的分类与校验；掌握绝缘子的用途、要求、类型；熟悉母线和绝缘子常见的故障分析与处理；熟悉电缆的运行维护。

第一部分　母线

任务一　母线的基本知识

【任务描述】

本任务要求学生了解母线的作用、分类和特点。了解母线在系统中的布置方式。

【任务分析】

通过本任务的学习，学生应掌握母线的用途、分类、布置方式、相序排列要求、着色排列要求等知识。

母线(Bus Line)是指用高导电率的铜、铝质材料制成的，用以传输电能，具有汇集和分配电力功能，用于电站或变电所输送电能的总导线。发电机、变压器或整流器输出的电能通过母线输送给各个用户或其他变电所。母线是构成电气主接线的主要部分，它包括一次设备部分的主母线和设备连接线、站用电部分的交流母线、直流系统的直流母线、二次设备部分的小母线等。由于母线在正常运行时功率较大，在发生短路故障时承受很大的电动力效应和热效应，因此，应合理地选择母线材料、截面形状及布置方式，正确地进行安装和运行，以保证母线安全、可靠、经济地运行。

一、母线的用途

母线(也称汇流排)常用于汇集和分配电流，并使用在发电机、变压器和配电装置等大电流回路中，也常用于连接各种电气设备。

二、母线的分类

按照绝缘方式不同，母线可以分为敞露母线、封闭母线、绝缘母线等。

(一) 敞露母线

1. 按结构分类

敞露母线按照结构不同分为软母线和硬母线。敞露软母线的外形如图 4-1(a)所示，一般用于钢芯铝绞线，布置方式如图 4-1(b)所示，用悬式绝缘子将其两端拉紧固定，在拉紧时存在适当的弛度，工作时会产生横向摆动，故线间距离应尽量放大，常用于屋外配电装置。敞露硬母线如图 4-1(c)所示，一般用于矩形、槽形或管形截面的导体，用支柱绝缘子固定，多数只作横向约束，而纵向则可以伸缩，主要承受弯曲和剪切应力，故线间距离应尽量小，其被广泛用于屋内、外配电装置。

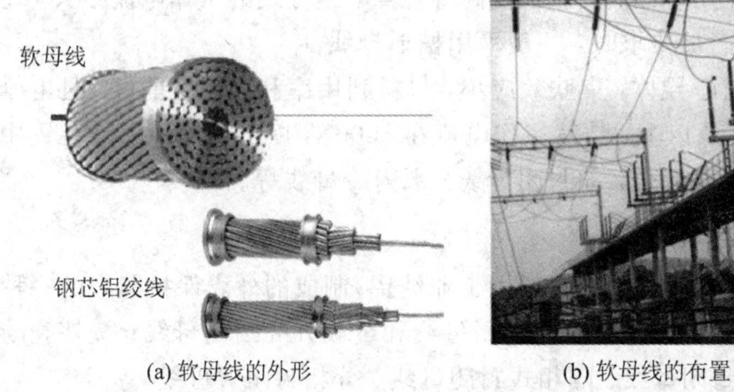

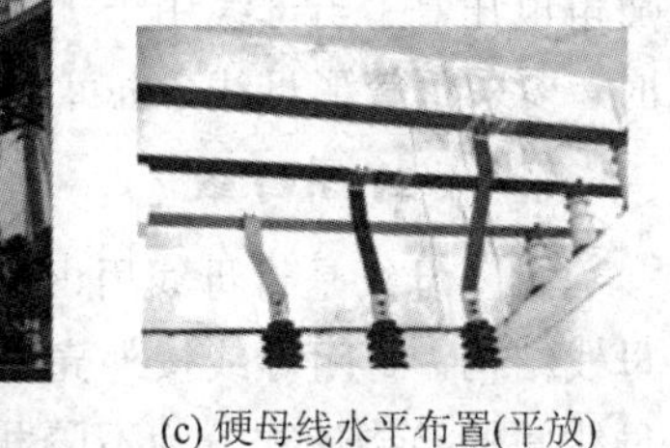

(a) 软母线的外形　　(b) 软母线的布置　　(c) 硬母线水平布置(平放)

图 4-1　硬母线和软母线的外形结构

2. 按使用材料分类

敞露母线的材料有铜、铝、铝合金、钢等多种。不同材料制作的母线具有不同的特点和适用范围。

(1) 铜母线。铜的电阻率低，机械强度高，防腐蚀性能好，是很好的母线材料。但我国铜的储量不多，比较贵重，因此，除在含有腐蚀性气体(如靠近化工厂、海岸等)或有强烈震动的地区可采用铜母线之外，一般都采用铝母线。

(2) 铝母线。铝的比重只有铜的 30%，电阻率约为铜的 1.7～2 倍，所以在长度和电阻相同的情况下，铝母线的重量只有铜母线重量的一半。且铝的储量较多，价格比铜低廉，因此目前我国在屋内和屋外配电装置中都广泛采用铝母线。但铝的机械强度和抗腐蚀性能较低，接触连接性能较差，焊接技术较复杂。

(3) 铝合金母线。铝合金母线有铝锰合金和铝镁合金两种，形状均为管形。铝锰合金母线载流量大，但机械强度较差，需采用一定的补强措施后可方广泛使用。铝镁合金母线机械强度大，但载流量小，主要缺点是焊接困难，因此使用范围较小。

(4) 钢母线。钢的优点是机械强度高，焊接简便，价格便宜。但钢的电阻率很大，为铜的 7 倍，用于传输交流电时会产生很强的集肤效应，并造成很大的功率损耗，因此钢母线仅用于高压小容量电路中，如电压互感器、避雷器回路的引接线以及接地网的连接线等。

3. 按截面形状分类

敞露母线按截面形状的不同可分为矩形、圆形、槽形、管形等。母线的截面形状应保证集肤效应系数尽可能小，同时散热条件好，机械强度高。

(1) 矩形截面：具有散热条件好、集肤效应小、安装简单、连接方便等优点，常用在 35 kV 及以下的屋内配电装置中。当母线的工作电流超过最大截面的单条母线之允许电流时，每相可用两条或三条矩形母线固定在支柱绝缘子上，每条母线间的距离应等于一条母线的厚度，以保证良好的散热。

(2) 圆形截面：在 35 kV 以上的户外配电装置中，为了防止产生电晕，大多采用圆形母线。一般情况下，母线表面的曲率半径越小，则电场强度越大。因此，矩形截面的四角处在电压等级较高时，易引起电晕现象，而圆形截面不存在电场集中的部位。采用圆形截面的一般是作为敞露软母线的钢芯铝绞线。

(3) 槽形截面：通过槽形母线的电流分布均匀，与同截面的矩形母线相比，具有集肤效应小、冷却条件好、金属材料利用率高、机械强度高等优点。当母线的工作电流很大，每相需要三条以上的矩形母线才能满足要求时，一般采用槽形母线。

(4) 管形截面：管形母线是空心导体，集肤效应小，材料利用率和散热性能好，且电晕放电电压高。当母线用于 110 kV 及以上、持续工作电流在 8000 A 以上的户外配电装置中时，多采用管形母线，也可用于特殊场合，如封闭母线、水内冷母线等。

（二）封闭母线

封闭母线是将母线用由非磁性金属材料(一般用工业纯铝)制成的外壳保护起来的一种母线结构。封闭母线按外壳所用材料分塑料外壳封闭母线和金属外壳封闭母线；按外壳与母线间的结构形式分为不隔相式封闭母线、隔相式封闭母线、分相封闭式母线。

不隔相式封闭母线的三相母线设在没有相间板的公共外壳内，如图 4-2 所示，只能防止绝缘子免受污染和因外物所造成的母线短路，而不能消除发生相间短路的可能性，也不能减少相间电动力和钢构的发热。

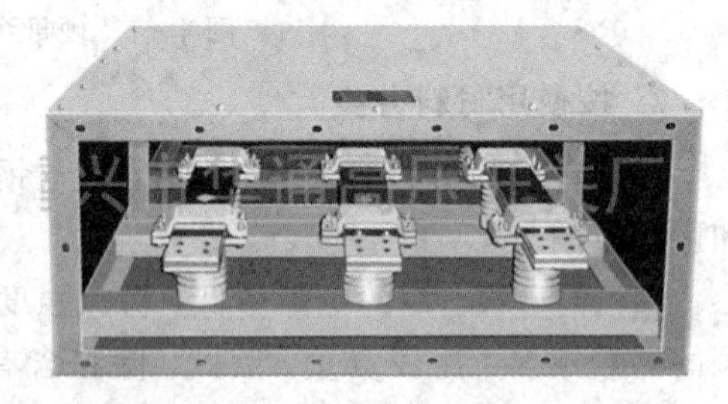

图 4-2　不隔相式封闭母线槽

隔相式封闭母线的三相母线设在相间有金属(或绝缘)隔板的金属外壳之内，可较好地防止相间故障，在一定程度上减少了母线电动力和周围钢构的发热，但是仍然可能发生因单相接地而烧穿相间隔板造成的相间短路故障。

分相封闭式母线的每相导体分别用单独的铝制圆形外壳封闭。根据金属外壳各段的连接方法，又可分为分段绝缘式和全连式两种。图 4-3 是全连式分相封闭母线的示意图，图 4-4 是其截面图。目前对于单机容量在 2000 MW 以上的大型发电机组、发电机与变压器之间的连接线以及厂用电源和电压互感器等分支线，均采用全连式分相封闭母线。

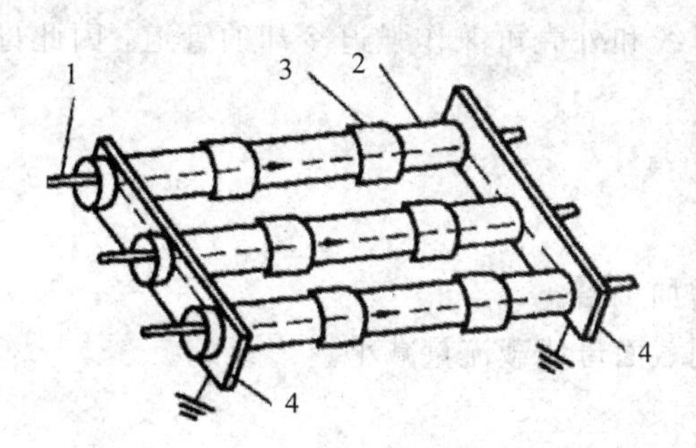

1—母线；2—封闭外壳；3—连接外壳；4—短路板

图 4-3　全连式分相封闭母线

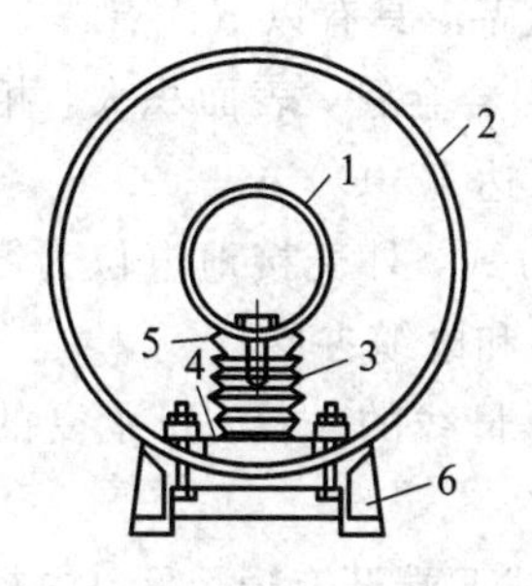

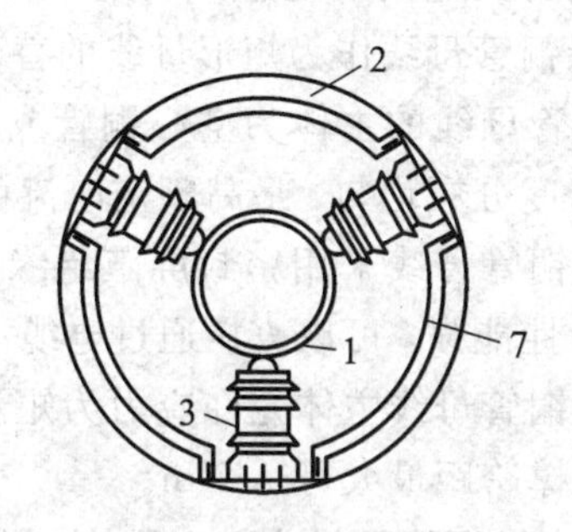

1—载流导体；
2—保护外壳；
3—支柱绝缘子；
4—弹性板；
5—垫圈；
6—底座；
7—加强圈

图 4-4　全连式分相封闭母线截面图

1. 全连式分相封闭母线的基本结构

全连式分相封闭母线由载流导体、支柱绝缘子、保护外壳、伸缩补偿装置、密封隔断装置等组成。

(1) 载流导体：一般用铝制成，采用空心结构以减小集肤效应。当电流很大时，还可采用水内冷圆管母线。

(2) 支柱绝缘子：采用多棱边式结构以加长漏电距离，每个支持点可采用 1～4 个绝缘子支持。一般采用 3 个绝缘子支持的结构，具有受力好、安装检修方便、轻便等优点。

(3) 保护外壳：由 5～8 毫米的铝板制成圆管形，在外壳上设置检修与观察孔。

(4) 伸缩补偿装置：指在一定长度范围内设置的用于焊接的装置，一般在与设备连接处的适当部位设置螺栓连接伸缩补偿装置。

(5) 密封隔断装置：封闭母线靠近发电机端及主变压器接线端和厂用高压变压器接线端，采用大口径绝缘板作为密封隔断装置，并用橡胶圈密封。

2. 全连式分相封闭母线的优点

(1) 运行安全、可靠性高。各相的外壳相互分开，母线封闭于外壳中，不受自然环境和外物的影响，能防止相间短路，同时外壳多点接地，保证了操作人员的安全。

(2) 母线附近钢构中的损耗和发热显著减小。三相外壳短接，铝壳电阻很小，外壳上感应产生与母线电流大小相近而方向相反的环流，环流的屏蔽作用使壳外磁场减小到敞露母线的 10%以下，壳外钢构发热可忽略不计。

(3) 短路时母线之间的电动力大为减小。短路电流通过时，外壳环流和涡流的屏蔽作用使母线之间的电动力大为减少，可增加绝缘子间的跨距。

(4) 母线的载流量可做到很大。由于母线和外壳可兼作强迫冷却的管道，因此母线的载流量可做到很大。

3. 全连式分相封闭母线的缺点

(1) 有色金属消耗约增加1倍。

(2) 外壳产生损耗，母线功率损耗约增加1倍。

(3) 母线导体的散热条件较差时，相同截面母线载流量减小。

(三) 绝缘母线

绝缘母线由导体、环氧树脂渍纸绝缘、地屏、端屏、端部法兰和接线端子构成，最适用于紧凑型变电所、地下变电所及地铁用变电所，减少占地面积。

绝缘母线，尤其是绝缘铜管母线作为矩形母线的替代品，具有以下优点：

(1) 载流量大。绝缘铜管母线的主体为空心铜管或铝合金管，表面积大，相较常规矩形母线，其导体表面电流密度分布均匀，最高额定电流可达12 000 A。

(2) 绝缘性能好。绝缘铜管母线采用密封屏蔽绝缘方式，外壳接地电位为零，母线表面电场分布均匀，电气绝缘性能强，可以直接通过电缆沟和电缆夹层。

(3) 机械强度高。绝缘铜管母线主体允许应力为矩形母线的4倍，可承受的短路电流大，机械强度高，使母线支撑跨距最大可达8 m。

(4) 散热好、温升低。绝缘铜管母线为空心导体，母线两端开有通风孔，内径风道能自然形成对流热空气，散热条件比常规母线要好。

(5) 损耗低。绝缘铜管母线的外形决定了其表面集肤效应系数低，$K_f \leqslant 1$，交流电阻小，则使母线的功率损失小。绝缘母线绝缘层的介质损耗一般低于0.01%。

(6) 绝缘材料耐热系数高。绝缘母线的主绝缘材料为聚四氟乙烯，有优良的电气性能和化学稳定性，可在−200～200℃正常工作，介质损耗小、阻燃、耐老化。配合其他绝缘材料，产品的使用寿命不小于30年。

(7) 抗电气震动能力强。动稳定试验结果表明，电压10 kV、额定电流4000 A的绝缘铜管母线，可承受63 kA (4 s)短路电流冲击。可以取消穿墙套管和支柱绝缘子，而将母线直接固定在钢构架上或混凝土支架上，具有较强的抗震动能力。

(8) 不受环境干扰，可靠性高。绝缘铜管母线的每相都是封闭绝缘的，消除了因外界潮气、灰尘等所引起的接地和相间短路故障，具有高度的运行可靠性。

(9) 架构简明、布置清晰、安装方便、维护工作量小。

由于绝缘母线具有很多优点，所以被越来越多的用户认可和接受。在国外，此类产品已经有几十年的应用历史和经验，而由于国内进入此领域时间较短，以及技术研发能力、绝缘材料的局限等多方面原因，目前生产、应用主要集中在0.4～35 kV电压等级的产品。35 kV以上应用实例较少。

三、母线的布置方式

母线的布置方式对母线的散热条件和机械强度有很大的影响，其主要布置方式有：

1. 水平布置

当三相母线水平布置时，被固定在支柱绝缘子上，具有同一高度，可以竖放(如图4-5

(a)所示)，也可以平放(如图 4－5(b)所示)。

竖放式：散热条件好，母线的额定电流较其他放置方式要大，但机械强度不如平放好。

平放式：散热条件差，母线的额定电流不大，但机械强度较高，抗短路冲击电流的能力强。

2. 垂直布置

三相母线分层安装，均采用竖放式垂直布置，如图 4－5(c)所示，其散热性强，机械强度和绝缘能力也较高，但却使配电装置的高度增加，需要更大的投资。

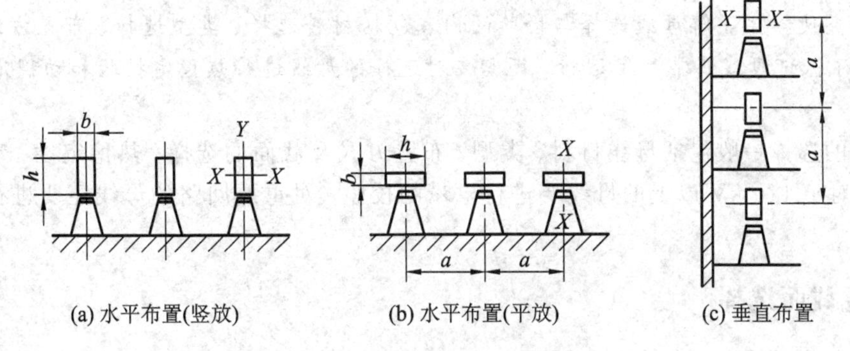

(a) 水平布置(竖放)　(b) 水平布置(平放)　(c) 垂直布置

图 4－5　三相母线的布置方式示意图

四、母线的相序排列要求

(1) 上、下布置的交流母线，由上到下排列为 U 相、V 相、W 相；直流母线正极在上，负极在下。

(2) 水平布置的交流母线，由盘后向盘面排列为 U 相、V 相、W 相；直流母线正极在后，负极在前。

(3) 引下线的交流母线，由左到右排列为 U 相、V 相、W 相；直流母线正极在左，负极在右。

五、母线的着色排列要求

硬母线安装完毕后，均要刷漆，目的是为了便于识别交流相序、直流极性，防止腐蚀及提高母线表面散热系数。实验结果表明，按规定涂刷相色漆的母线可使载流量增加 12%～15%。母线应按下列规定刷漆着色：

(1) 三相交流母线。U 相——黄色，V 相——绿色，W 相——红色。

(2) 单相交流母线。从三相母线分支来的应与引出相颜色相同。

(3) 直流母线。正极——赭色，负极——蓝色。

(4) 直流均衡汇流母线及交流中性汇流母线。不接地者—白色，接地者—紫色带黑色横条。

软母线因受温度影响产生伸缩，各股绞线的相对扭动会导致着色层被破坏，故一般不需着色。

任务二 母线的选择

【任务描述】

本任务要求根据工程项目的具体情况合理选择母线材料、截面形状及布置方式，并进行热稳定校验和动稳定校验，为正确地进行安装与维护做好铺垫。

【任务分析】

本任务使学生了解母线选择与检验的内容包括材料选择、类型选择、布置方式及截面选择，为了保证母线正常稳定运行，还需要对选择的母线进行热稳定校验和动稳定校验。

母线的选择一般包括母线材料、类型、布置方式及截面的选择；热稳定性、动稳定性的校验。对于 110 kV 以上的母线要进行电晕的校验，对重要回路的母线还要进行共振频率的校验。

一、母线截面选择

除配电装置的汇流母线及较短导体(20 m 以下)按最大长期工作电流选择截面外，其余导体的截面一般按经济电流密度选择。

1. 按最大长期工作电流选择母线截面

母线长期发热的允许电流 I_{al}，应不小于所在回路的最大长期工作电流 I_{max}，即

$$KI_{al} \geqslant I_{max} \tag{4-1}$$

式中：I_{al}——相对于母线允许温度和标准环境下导体长期允许电流；

K——综合修正系数，与环境温度和导体连接方式等有关。

2. 按经济电流密度选择母线截面

按经济电流密度选择母线截面可使年综合费用最低。年综合费用包括电流通过导体所产生的年电能损耗费、导体投资和折旧费、利息等。从降低电能损耗角度看，母线截面越大越好；而从降低投资、折旧费和利息的角度讲，则希望截面越小越好。综合这些因素，使年综合费用最小时所对应的母线截面称为母线的经济截面，对应的电流密度称为经济电流密度。表 4-1 为我国目前仍然沿用的导体材料的经济电流密度值。图 4-6 为用曲线表示的不同材质导线的经济电流密度。

表 4-1 经济电流密度值 A/mm²

导体材料	最大负荷利用小时数 T_{max}/h		
	3000 以下	3000～5000	5000 以上
裸铜导线和母线	3.0	2.25	1.75
裸铝导线和母线(钢芯)	1.65	1.15	0.9
钢芯电缆	2.5	2.25	2.0
铝芯电缆	1.92	1.73	1.54
钢线	0.45	0.4	0.35

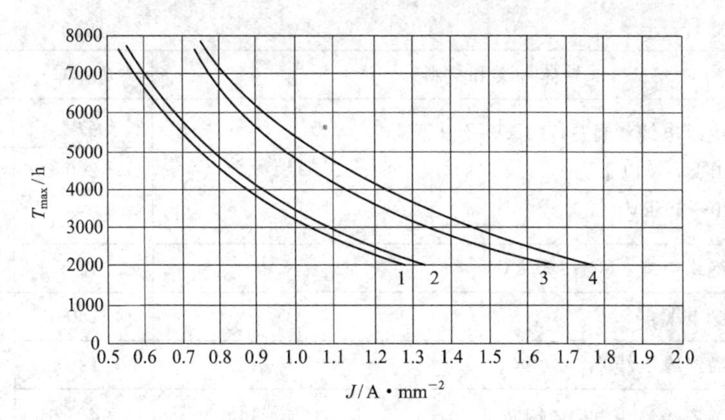

注：1—变电所用、工矿用及电缆线路的铝线纸绝缘铅包、铝包、塑料护套及各种铠装电缆；
2—铝矩形、槽型母线及组合导线；
3—火电厂用铝心纸绝缘铅包、铝包、塑料护套及各种铠装电缆；
4—35～220 kV的LGJ、LGJQ型钢芯铝绞线。

图 4－6　经济电流密度

按经济电流密度选择母线截面时可按下式计算，即

$$S_{ec}=\frac{I_{max}}{J_{ec}} \tag{4-2}$$

式中：I_{max}——通过导体的最大工作电流，单位为 A；

J_{ec}——经济电流密度，单位为 A/mm^2。

在选取母线截面时，应尽量选用接近式(4－2)计算所得的截面。如无合适规格的导体时，为节约投资，允许选择小于经济截面的导体，但要同时满足式(4－1)的要求。

二、母线热稳定性校验

按正常电流及经济电流密度选择母线截面后，还应进行热稳定性校验。按热稳定要求，母线的最小截面为

$$S_{min}=\frac{I_{\infty}}{C}\sqrt{t_{dz}K_s}=\frac{1}{C}\sqrt{K_sQ_k} \tag{4-3}$$

式中：I_{∞}—— 短路电流稳态值，单位为 A；

K_s—— 集肤效应系数，对于在 100 mm^{2}以下的矩形母线截面，$K_s=1$；

t_{dz}—— 热稳定计算时间，有时也用 t_k 表示，单位为 s；

C—— 热稳定系数；

Q_k——短路热效应值。

热稳定系数 C 与材料及发热温度有关，如表 4－2 所示。

表 4－2　导体材料短时发热最高允许温度(θ_{kal})和热稳定系数 C

导体种类和材料	θ_{kal}/℃	C
1. 母线及导线：钢	320	175
铝	220	95
钢(不和电器直接连接时)	420	70
钢(和电器直接连接时)	320	63

续表

导体种类和材料	θ_{kal}/℃	C
2. 油浸纸绝缘电缆：铜芯，10 kV及以下	250	165
铝芯，10 kV及以下	200	95
20～35 kV	175	
3. 充油纸绝缘电缆：60～330 kV	150	
4. 橡皮绝缘电缆	150	
5. 聚氯乙烯绝缘电缆	120	
6. 交联聚氯乙烯绝缘电缆：铜芯	230	
铝芯	200	
7. 有中间接头的电缆	150	

三、母线动稳定性校验

各种形状的母线通常都安装在支柱绝缘子上，当冲击电流通过母线时，电动力将使母线产生弯曲应力，因此必须校验母线的动稳定性。

安装在同一平面内的三相母线，其中间相受力最大，即

$$F_{max}=1.732\times10^{-7}K_f i_{ch}^2\frac{l}{a}(\mathrm{N}) \tag{4-4}$$

式中：K_f——母线形状系数，当母线相间距离远大于母线截面周长时，$K_f=1$，其他情况可由有关手册查得；

i_{ch}——短路冲击电流；

l——母线跨距，单位为m；

a——母线相间距，单位为m。

通常每隔一定距离母线由绝缘瓷瓶自由支撑。因此当母线受电动力作用时，可以将母线看成一个多跨距载荷均匀分布的梁，当跨距段在两段以上时，其最大弯曲力矩为

$$M=\frac{F_{max}l^2}{10} \tag{4-5}$$

当只有两段跨距时，其最大弯曲力矩为

$$M=\frac{F_{max}l^2}{8} \tag{4-6}$$

式中：F_{max}——一个跨距长度母线所受的电动力，单位为N。

母线材料在弯曲时最大相间计算应力为

$$\sigma_{ca}=\frac{M}{W} \tag{4-7}$$

式中：W——母线对垂直于作用力方向轴的截面系数，又称抗弯矩，其值与母线截面形状及布置方式有关。常见的几种情况的计算式列于图4-7中。

若想保证母线不致弯曲变形而遭到破坏，则必须使母线的计算应力不超过它的允许应

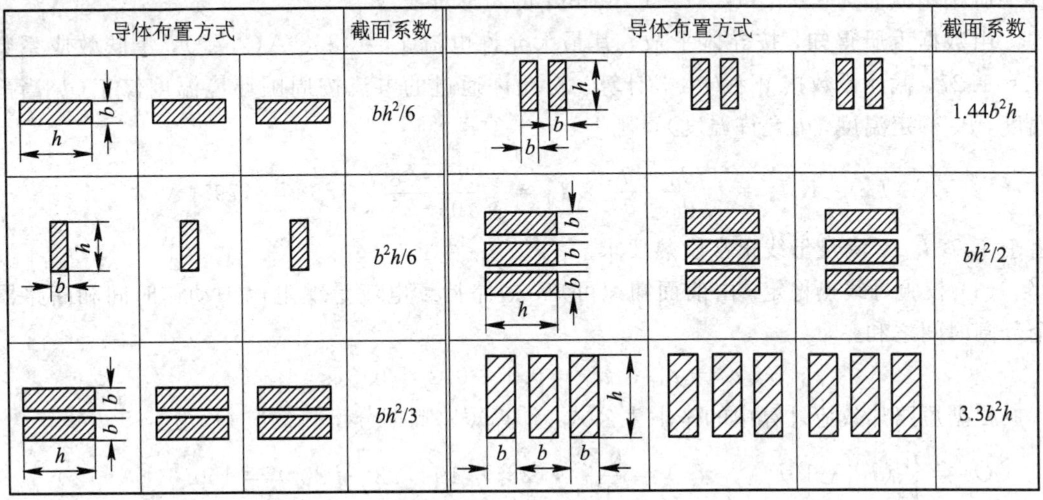

导体布置方式			截面系数	导体布置方式			截面系数
b h			$bh^2/6$	h b b			$1.44b^2h$
h b			$b^2h/6$	b b b h			$bh^2/2$
b b h			$bh^2/3$	h b b b			$3.3b^2h$

图 4-7　母线抗弯矩 W 计算表

力，即母线的动稳定性校验条件为

$$\sigma_{ca} \leqslant \sigma_{al} \tag{4-8}$$

式中：σ_{al}—— 母线材料的允许应力，对硬铝母线，$\sigma_{al}=69$ MPa，对硬铜母线，$\sigma_{al}=137$ MPa。如果在校验时，$\sigma_{ca} \geqslant \sigma_{al}$，则必须采取措施减小母线的计算应力，具体措施有：将母线由竖放改为平放，增大母线截面，但会使投资增加；限制短路电流值能使 σ_{ca} 大大减小，但需增设电抗器；增大相间距离 a；减小母线跨距 l，此时可以根据母线材料最大允许应力来确定绝缘瓷瓶之间最大允许跨距，即

$$l_{max} = \sqrt{\frac{10\sigma_{al}W}{F_1}} \tag{4-9}$$

式中：F_1——单位长度母线上所受的电动力，单位为 N/m。

当矩形母线水平放置时，为避免导体因自重而过分弯曲，所选取的跨距一般不超过 1.5～2 m。为了使绝缘子支座及引下线安装方便，常选取绝缘子跨距等于配电装置间隔的宽度。

【例 4-1】　选择发电机出口母线及其支柱绝缘子。已知发电机额定电压 $U_N=10.5$ kV，额定电流 $I_N=1500$ A，最大负荷利用小时数 $T_{max}=3200$ h。发电机引出线三相短路电流数据为起始值 $I''=28$ kA，中间值 $I_{0.5}=22$ kA，终值 $I_{0.3}=20$ kA。继电保护动作时间 $t_{pop}=0.1$ s，断路器全分闸时间 $t_{op}=0.2$ s。三相母线水平布置，母线跨距 $l=1$ m，绝缘子跨距 $L=1.2$ m，相间距 $a=0.7$ m，周围环境温度为 28℃。导体弹性模量 $E=7\times10^{10}$ Pa，频率系数 $N_f=3.56$。

解　1. 发电机出口母线选择

(1) 按经济电流密度选择母线截面。根据 $T_{max}=3200$ h 查得 $J_{ec}=1.06$ A/mm^2，然后根据最大工作电流 I_{max} 求得母线经济截面。

$$I_{max} = 1.05I_N = 1.05\times1500 = 1575 \text{ A}$$

$$S_{ec} = \frac{I_{max}}{J_{ec}} = \frac{1575}{1.06} = 1486(\text{mm}^2)$$

查手册选用截面为2×（80×8）=1280 mm²的矩形母线。

由数据手册得知，按导体平放，其最大允许电流 $I_{al}=1858$ A(25℃)，集肤效应系数 $K_s=1.27$，截面系数按 $W=bh^2/3$ 计算。对允许通过的电流按周围环境温度修正(θ_0 当前温度，θ_N 额定温度，θ_{al} 允许温度)，则

$$I_{28}=K_\theta I_{al}=\sqrt{\frac{\theta_{al}-\theta_0}{\theta_{al}-\theta_N}}\times I_{al}=\sqrt{\frac{70-28}{70-25}}\times 1858=1795(\text{A})$$

由于 $I_{28}>I_{max}$，满足母线正常发热要求。

(2) 校验母线热稳定。由前面知识可知，短路持续电流是继电保护动作时间和断路器全分闸时间之和，即

$$t_k=t_{pop}+t_{op}=0.1+0.2=0.3(\text{s})$$

根据短路热效应计算中的辛卜生公式，计算短路周期分量热效应 Q_p 为

$$Q_p=\frac{t_k}{12}(I''^2+10I_{t_k/2}^2+I_{t_k}^2)=\frac{0.3}{12}\times(28^2+10\times 22^2+20^2)=150.6(\text{kA}^2\cdot\text{s})$$

根据非周期分量热效应的等值计算公式计算 Q_{np}，有

$$Q_{np}=T_f I''^2=0.2\times 28^2=156.8(\text{kA}^2\cdot\text{s})$$

其中，$T_f=0.2$(非周期分量衰减时间常数)。

因此，总的热效应 Q_k 为

$$Q_k=Q_p+Q_{np}=307.4(\text{kA}^2\cdot\text{s})$$

母线短路前可能的最高工作温度为

$$\theta_w=\theta_0+(\theta_{al}-\theta_0)\left(\frac{I_N}{I_{28}}\right)^2=28+(70-28)\times\left(\frac{1500}{1795}\right)^2=57(℃)$$

查表4-2得 $C=95$，满足热稳定要求的母线最小截面为

$$S_{min}=\frac{1}{C}\sqrt{K_sQ_k}=\frac{1}{95}\sqrt{1.27\times 307.4\times 10^6}=207.9(\text{mm}^2)$$

所选截面 $S=2\times 80\times 8=1280$ mm²>207.9 mm²，故满足热稳定要求。

(3) 校验母线动稳定。由短路冲击电流的知识得

$$i_{ch}=K\sqrt{2}I''=1.8\times\sqrt{2}\times 28=71.4(\text{kA})$$

截面系数为

$$W=\frac{bh^2}{3}=0.008\times\frac{0.08^2}{3}=1.705\times 10^{-5}(\text{m}^3)$$

因此，母线受力为

$$F_{max}=1.73\times 10^{-7}\frac{l}{a}i_{ch}^2=1.73\times 10^{-7}\times\frac{1}{0.7}\times(71.4\times 10^3)^2=1260(\text{N/m})$$

母线材料的弯曲应力为

$$\delta_{ca}=\frac{M}{W}=\frac{F_{max}L^2}{10W}=\frac{1260\times 1}{10\times 1.705\times 10^{-5}}=7.4\times 10^6(\text{Pa})$$

显然，计算应力 δ_{ca} 小于铝母线允许应力 $\delta_{al}=69\times 10^6$(Pa)，满足动稳定要求。

2. 母线支柱绝缘子选择

根据额定电压(10.5 kV)和屋内装设的要求，选用ZB-10Y型支柱绝缘子，其抗弯破坏负荷 $F_p=3677$ N，其允许荷重按破坏荷重 F_p 的60%计算，只要允许荷重大于作用在绝

缘子上的电动力，绝缘子就能可靠工作。作用在绝缘子上的电动力为

$$F = 1.732 \times 10^{-7} \frac{L_{ca}}{a} i_{ch}^2 = 1.732 \times 10^{-7} \times \frac{1.2}{0.7} \times (71.4 \times 10^3)^2 = 1512(\mathrm{N})$$

因母线为两片平放，此时 $F' = F$，则有

允许荷重 $0.6F_p = 0.6 \times 3677 = 2206\ \mathrm{N} > 1512\ \mathrm{N}$，故满足要求。

任务三　母线的安装

【任务描述】

本任务要求理解母线的连接方法、安装规定、运行与维护。

【任务分析】

母线的安装必须考虑不同材质母线接头处的处理。母线的连接包括硬母线的连接、软母线的连接、母线的固结等内容。为保证母线正常运行，应让学生了解母线维护的基本内容。

一、不同材质母线的连接

接触面是指母线与母线、母线与设备端子连接时接触部分的表面。母线接触面的处理方法有人工处理和机械处理两种。在施工现场一般采用手工锉削的处理办法，用钢丝刷刷去加工好的接触面表面的氧化层，再涂上一层电力复合脂。具有镀银层的母线搭接面，不得进行锉磨，母线加工面必须平整、无氧化膜。

母线与母线、母线与分支线、母线与电气接线端子搭接时，其搭接面的处理应符合下列规定：

(1) 铜与铜：在高温潮湿、有腐蚀性气体的室内必须搪锡，在干燥的室内可直接连接。

(2) 铝与铝：直接连接。

(3) 钢与钢：必须搪锡或镀锌，不得直接连接。

(4) 钢与铜或铝：钢搭接面应搪锡。

(5) 封闭母线螺栓固定搭接面应镀银。

二、母线的连接

母线的结构简单，按说只要合理选择母线的参数，其可靠性就会很高，但运行经验证明，母线事故大多发生在接头处，说明母线的连接是其薄弱环节，应足够重视。

1. 硬母线的连接

硬母线的连接可采用焊接和螺栓连接两种方法。

硬母线的焊接：因铝在空气中极易产生氧化层，故铝母线与铝-铜母线之间的焊接须采用专门的氩弧焊技术，在氩弧焊机平台上进行焊接，其连接质量稳定可靠。铜母线可采用铜焊或磷铜焊等专门技术进行焊接。

硬母线的螺栓连接：母线采用螺栓连接时，平垫圈应选用专用厚垫圈，并必须配齐弹簧垫。螺栓、平垫圈及弹簧垫必须用镀锌件。螺栓长度应考虑在螺栓紧固后，丝扣能露出螺母外 5～8 mm。母线的接触面应连接紧密，连接螺栓应用力矩扳手紧固。硬母线的螺栓连接是一种可拆卸的接触连接，它由紧固的螺栓提供接触压力，从而保证连接的机械强度。螺栓连接广泛用于各种材料硬母线以及硬母线与设备出线端的连接。为消除因温度变化引起的危险应力，使母线、设备及绝缘子等受到损伤，当矩形铝母线长度大于 20 m 时，铜母线或钢母线的长度大于 30 m 时，母线间应加装母线伸缩补偿器。

2. 软母线的连接

软母线采用的连接方式有螺栓连接、液压压接和爆压压接等。软母线在连接时，要使用各种金具。常用的金具有：

(1) 设备线夹：用于母线或引下线与电气设备接线端子的连接。

(2) 耐张线夹：用于主母线的悬挂。主要用来紧固导线的终端，使其固定在耐张绝缘子串上。

(3) T 形线夹：用于主母线引至电气设备引下线的连接。

(4) 母线连接金具：包括压接管和并沟线夹。

(5) 间隔棒：用于限制导线之间的相对运动及在正常运行情况下，保持分裂导线的几何形状。

三、母线安装的一般规定

(1) 母线在运输和保管中应采用防止腐蚀性气体及避免机械损伤。

(2) 母线安装前，应首先固定母线构架。

(3) 装好绝缘子后，根据母线的类型和固结方式将母线固结在绝缘子上，再将母线连接起来。

(4) 支柱绝缘子底座等金属构件应按规定接地。

(5) 母线的相序排列应按设计要求。

(6) 母线涂漆的颜色要符合规定。

(7) 安装母线时，室内、室外配电装置安全距离应符合规定。

(8) 安装和检修母线时应正确使用各种金具。

四、母线维护的基本要求

(1) 母线安装完毕后，应把现场清理干净，特别是开关柜主母线内部等隐蔽的地方。擦拭干净支柱绝缘子，再检测绝缘电阻和进行耐压试验。

(2) 母线在正常运行时，支柱绝缘子和悬式绝缘子应完好无损，无放电现象。软母线弧垂应符合要求，相间距离应符合规程要求，无断股或散股现象。硬母线应平直，各种电气距离应满足规程要求，母排上的示温蜡片应无融化，连接处应无发热，伸缩应正常。

(3) 母线的检修工作内容包括清扫母线，检查接头伸缩节及固定情况；检查、清扫绝缘子，测量悬式绝缘子串的零值绝缘子；检查软母线弧垂及电气距离；绝缘子交流耐压试验等。

(4) 软母线损伤的原因包括本身质量问题、长期通过负荷电流造成发热、气候及外部条件的影响等。母线损伤存在下列情况者，必须锯断重接：

① 钢芯铝线的钢芯断股。

② 钢芯铝线在同一处损伤面积超过铝股总面积的25%，单金属线在同一处损伤面积超过总面积的17%。

③ 钢芯铝线已形成无法修复的断股。

④ 连续损伤面积在允许范围内，但其损伤长度已超出一个补修管所能补修的长度。

母线损伤修补方法包括补修管压接法、缠绕法、加分流线法、铜绞线绑接法、铜绞线叉接法以及液压法。

第二部分　电　缆

任务一　电缆的选择与校验

【任务描述】

根据发电厂、变电所的实际情况和电缆的类型、结构进行电缆的选择与检验。

【任务分析】

电缆是发电厂、变电所最常用的载流导体。本任务要求学生了解电缆需要根据用途、敷设方法和场所来选择电缆的芯数、芯线材料、绝缘的种类等。同时还要考虑额定电压、额定电流，最后进行热稳定校验和电压损失校验。

电缆分为电力电缆（又称一次电缆）及控制电缆（又称二次电缆）。

一、电缆的选择

电缆的基本结构包括导电芯、绝缘层、密封护套和保护层。按供配电系统中常用电力电缆的缆芯材料，电缆可分为铜芯和铝芯两大类。按其采用的绝缘介质，电缆可分为油浸纸绝缘和塑料绝缘两大类。电缆制造成本高，投资大，但是具有运行可靠、不易受外界影响、不需架设电杆、占地小等优点。

电力电缆应根据其类型、额定电压和经济电流密度进行选择。

1. 按类型选择电缆（即选择电缆的型号）

根据电缆的用途、电缆敷设的方法和场所，选择电缆的芯数、芯线的材料、绝缘的种类、保护层的结构等，最后确定电缆的型号。常用的电缆有油浸纸绝缘电缆、塑料绝缘电缆等。其中，塑料绝缘电缆发展很快，如交联聚乙烯电缆，由于其优良的电气性能和机械性能，在中、低压系统中应用十分广泛。

2. 按额定电压选择电缆

可按照电缆的额定电压 U_N 不低于敷设地点电网额定电压 U_{Ns} 的条件选择电缆，即

$$U_N \geqslant U_{Ns} \tag{4-10}$$

式中：U_N——电缆的额定电压，单位为 kV；

U_{Ns}——敷设地点电网额定电压，单位为 kV。

3. 按经济电流密度选择电缆

一般根据最大长期工作电流选择电缆，但是对有些回路，如发电机、变压器回路，当其年最大负荷利用小时数超过 5000 h，且长度超过 20 m 时，应按经济电流密度来选择电缆。

1）按最大长期工作电流选择电缆

电缆长期发热的允许电流 I_{al}应不小于所在回路的最大长期工作电流 I_{max}，即

$$KI_{al} \geqslant I_{max} \tag{4-11}$$

式中：I_{al}——相对于电缆允许温度和标准环境条件下导体长期允许电流；

K——综合修正系数。

2）按经济电流密度选择电缆

按经济电流密度选择电缆截面的方法与按经济电流密度选择母线截面的方法相同，即按下式计算

$$S_{ec} = \frac{I_{max}}{J_{ec}} \tag{4-12}$$

按经济电流密度选择的电缆，还必须按最大长期工作电流校验决定经济合理的电缆根数。当截面 $S \leqslant 150\ mm^2$ 时，其经济根数为 1；当截面 $S > 150\ mm^2$ 时，其经济根数可按 $S/150$ 决定。例如，当计算出 S_{ec} 为 200 mm^2 时，应选择两根截面为 120 mm^2 的电缆为宜。

为了不损伤电缆的绝缘和保护层，电缆弯曲的曲率半径应不小于一定值。一般避免采用芯线截面大于 185 mm^2 的电缆。

二、热稳定性校验

电缆截面热稳定性的校验方法与母线热稳定性的校验方法相同。满足热稳定性要求的最小截面可按下式求得

$$S_{min} = \frac{I_{\infty}}{C}\sqrt{t_{ke}} \tag{4-13}$$

验算电缆热稳定的短路点按下列情况确定：

(1) 单根无中间接头电缆，选电缆末端短路；长度小于 200 m 的电缆，可选电缆首端短路。

(2) 有中间接头的电缆，短路点选择在第一个中间接头处。

(3) 无中间接头的并列连接电缆，短路点选在并列点后。

三、电压损失校验

正常运行时，电缆的电压损失应不大于额定电压的 5%，即

$$\Delta U\% = \frac{\sqrt{3}\, I_{max} \rho L}{U_N S} \times 100\% \leqslant 5\% \tag{4-14}$$

式中：$\Delta U\%$——线路电压损失百分数（%）；

U_N——线路工作电压，单位为 kV；

I_{max}——计算电流，单位为 A；

L——线路长度，单位为 km；

S——电缆截面，单位为 mm^2；

ρ——电缆导体的电阻率，铝芯 $\rho=0.035\ \Omega\cdot mm^2/m(50℃)$，铜芯 $\rho=0.0206\ \Omega\cdot mm^2/m(50℃)$。

或者采用下式进行校验：

$$\Delta U\%=\frac{173I_{max}L(r\cos\varphi+x\sin\varphi)}{U}\times 100\% \tag{4-15}$$

式中：$\cos\varphi$——功率因数（φ，电缆末端电压与电流之间的相位角(°)）；

r、x——电缆单位长度的电阻（$r=\rho\dfrac{L}{S}$，Ω/km）和电抗（一般取 0.08，Ω/km）。

【例 4-2】 某变电所 10 kV 电压母线用双回电缆线路向一重要用户供电，用户最大负荷 5400 kW，功率因数 $\cos\varphi=0.9$，最大负荷利用小时数为 5200 h/年，当一回电缆线路故障时，要求另一回仍能供给 80%的最大负荷。线路直埋地下，长度为 1200 m，电缆净距为 200 mm，土壤温度为 10℃，热阻系数为 80℃·cm/W，短路电流起始值 $I''=8.7$ kA，中间值 $I_{1s}=7.2$ kA，终值 $I_{2s}=6.6$ kA，短路切除时间为 2 s，试选择该电缆。

解　正常情况下每回路的最大持续工作电流为

$$I_{max}=\frac{1.05\times 5400}{2\sqrt{3}\times 10\times 0.9}=181.86(A)$$

根据最大负荷利用小时数查图 4-6 得 $J_{ec}=0.72\ A/mm^2$，则有

$$S_{ec}=\frac{I_{max}}{J_{ec}}=\frac{181.86}{0.72}=252.6(mm^2)$$

直接埋地敷设一般选用钢带铠装电缆，每回路选用两根三芯油浸纸绝缘铝芯铝包铠装防腐电缆，每根 $S=120\ mm^2$，热阻系数为 80℃·cm/W 时的允许载流量为 $I_{al}=215$ A，最高允许温度为 60℃，额定环境温度为 25℃。

由题意知短路切除时间为 2 s，因此在短路热效应的计算中可以不考虑非周期分量，根据辛卜生公式有

$$Q_k\approx Q_p=\frac{t_k}{12}(I''^2+10I_{t_k/2}^2+I_{t_k}^2)=\frac{2}{12}\times(8.7^2+10\times 7.2^2+6.6^2)$$

$$Q_k=106.3(kA^2\cdot s)$$

满足热稳定的最小截面为

$$S_{min}=\frac{1}{C}\sqrt{Q_k}=\frac{\sqrt{106.3\times 10^6}}{100.65}=102.4<2\times 120\ mm^2$$

满足热稳定要求。

电压损失校验为

$$\begin{aligned}\Delta U\%&=\frac{\sqrt{3}}{U_N}I_{max}L(r\cos\varphi+x\sin\varphi)\times 100\%\\&=\frac{\sqrt{3}}{10000}\times 181.86\times 1.2\times\left(\frac{0.0315\times 1000}{120}\times 0.9+0.08\times 0.436\right)\times 100\%\\&=1.124\%<5\%\end{aligned}$$

根据上述计算可以看出，所选电缆满足要求。

任务二 电缆的运行与维护

【任务描述】

本任务要求了解电力电缆的运行维护。

【任务分析】

发电厂、变电所及工矿企业都需要大量使用电缆，一旦电缆起火爆炸，将会引起严重的火灾和停电事故。本任务使学生明白必须严格执行电力电缆运行规程，时刻关注电缆线路运行状态，发生线路故障时应及时清除。

为了保证电缆设备的良好状态，使电缆线路安全可靠运行，首先应全面了解电缆的敷设方式、结构布置、走线方式、中间接头的位置等。

一、电缆线路运行时的注意事项

(1) 不要长时间过负荷或过热。不要忽视电缆负荷电流及外皮温度、接头温度的检测。

(2) 电缆线路馈线保护不应设置重合闸。电缆线路的故障多为永久性故障，若有重合闸动作，则必然会引发事故，威胁电网的稳定运行。

(3) 电缆线路的馈线跳闸后，重点检查电缆路径有无挖掘、电线有无损伤，必要时应通过试验进一步检查判断。

(4) 直埋电缆运行检查时应特别注意：电缆路径附近地面不能随便挖掘；电缆路径附近地面不准靠近重物、腐蚀性物质、临时建筑；电缆路径标志桩和保护设施不能随便移动、拆除。

(5) 当电缆线路停用后恢复运行时，必须重新试验才能投入使用。停电超过一个星期但不满一个月的电缆，重新投入运行前，应测绝缘电阻，与上次试验相比不得降低30%，否则应做耐压试验；停电超过一个月但不满一年的，则必须做耐压试验，试验电压可为预防性试验电压的一半；停电时间超过一个试验周期的，必须做预防性试验。

二、电缆线路的运行监视

(1) 负荷监视。利用各种仪表测量电缆线路的负荷电流和电缆的外皮温度，作为主要的负荷监视措施，防止因超过电缆绝缘温度而缩短电缆的寿命。

(2) 温度监视。测量电缆的温度，应在夏季或电缆最大负荷时进行，要求电缆导体的温度应不超过最高允许温度。

(3) 电压监视。通过电压表监视电缆的运行电压，以防超过允许值。

(4) 腐蚀监视。用专用仪表测量邻近电缆线路的土壤，若周围土壤发生化学腐蚀和微生物腐蚀，则应采取相应措施，以防止电缆金属套电解腐蚀。

(5) 绝缘监督。对每条电缆线路按其重要性编制预防性试验计划，及时发现电缆线路中的薄弱环节，消除可能发生电缆事故的隐患。

三、电缆线路的巡视检查

(1) 查看敷设在地下的每一条电缆线路的路面是否正常，有无挖掘痕迹及线路标桩是否完整无缺等。

(2) 电缆线路上不应堆置瓦砾、矿渣、建筑材料、重型物件、酸碱性排泄物或砌堆石灰坑等。

(3) 应检查户外与架空线路连接的电缆和终端头是否完整，引出线的接点温度是否正常、有无发热变色现象，电缆铅包有无龟裂漏油，靠近地面一段电缆是否被车辆碰撞等。

(4) 对多根并列电缆要检查电流分配和电缆外皮的温度情况，防止因接触点不良而引起电缆过载烧毁节点。

(5) 敷设在电缆沟内的电缆，要特别检查防火设施是否完善。

(6) 查看电缆是否过载，电缆线路原则上不允许过载运行。

(7) 隧道内的电缆要检查电缆的位置是否正常，接头有无变形漏油，温度是否异常，构件是否失落，通风、照明、排水等设施是否完整。

(8) 冲油电缆线路不论其投入运行与否，都要检查油压是否正常，油压系统的压力箱、管道、阀门、压力表是否完善，并注意与架构绝缘部分的零件有无放电现象。

四、电缆线路的维护工作

当电缆线路被检查出来缺陷、电缆在运行时发生故障，及在预防性试验中发现问题时，都要采取相应对策以及时消除隐患。

(1) 电缆线路发生故障(包括做预防性试验时击穿的故障)后，必须立即进行修理，以免水分大量侵入，扩大损失范围。

(2) 为防止在电缆线路上面挖掘损伤电缆，挖掘时必须有电缆专业人员在现场守护，并告知施工人员有关施工注意事项。

(3) 防止电缆腐蚀。当电缆线路上的局部土壤含有损害电缆铅包的化学物质时，应将该段电缆包裹于管道内，并用中性土壤作电缆的衬垫及覆土，还需在电缆上涂以沥青。

(4) 电缆终端头的维护。装置在户内的电缆终端头，结构比较简单，运行条件也好，而安装在户外的电缆终端头，结构比较复杂，运行条件较差，应定时检查。

第三部分　绝缘子及穿墙套管

任务一　认 识 绝 缘 子

【任务描述】

本任务结合母线的选择和安装介绍绝缘子。

【任务分析】

绝缘子广泛应用于屋内外配电装置、变压器、开关电器及输配电线路中，用于支持和固定带电导体。按结构用途，绝缘子主要分为支柱绝缘子和套管绝缘子；按照安装地点，绝缘子又分为户内式和户外式两种。通过本任务的学习，学生可了解每种绝缘子有不同的结构，需结合实际进行选用。

绝缘子俗称为绝缘瓷瓶，它广泛地应用在发电厂和变电所的配电装置、变压器、各种电器以及输电线之中，用于支持和固定裸载流导体，并使裸导体与地绝缘，或者使处在不同电位的载流导体间相互绝缘。因此，要求绝缘子必须具有足够的电气绝缘强度、机械强度、耐热性和防潮性等。

绝缘子按安装地点可分为户内式和户外式两种。按结构用途可分为支柱绝缘子和套管绝缘子。

一、支柱绝缘子

支柱绝缘子分为户内式和户外式两种。户内式支柱绝缘子广泛应用于3～110 kV电压等级的电网中。

1. 户内式支柱绝缘子

户内式支柱绝缘子可分为外胶装型、内胶装型及联合胶装型等3种。图4-8(a)所示为外胶装的ZAF-10Y型支柱绝缘子，其上、下金属附件2、3均用水泥胶合剂装于瓷件1两端的外面。户内式支柱绝缘子的机械强度高，但高度大，上帽附件的瓷表面处电场应力较集中。图4-8(b)所示为内胶装的ZNF-20MM型支柱绝缘子，其上、下金属附件用水泥胶合在瓷体两端的孔内。该绝缘子与同等级的外胶装式比较，高度小、重量轻，而且瓷件端部附近表面的电场分布大有改善，故电气性能也较优。但该绝缘子下端的机械抗弯强度较差。联合胶装型支柱绝缘子的上部金属件采用内胶装方式以降低高度和改善顶部表面的电场分布，下部金属附件采用外胶装方式以增强安全可靠性，同时减少了测试和维护工作量。

2. 户外式支柱绝缘子

户外式支柱绝缘子有针式和实心棒式两种。图4-9(a)所示为ZPC-35型户外针式支柱绝缘子结构图。户外针式支柱绝缘子主要由绝缘瓷体、铸铁帽和具有法兰盘的装脚组成，它们之间用水泥胶合剂胶合在一起。对于6～10 kV的针式绝缘子，仅有一个瓷件。由于针式绝缘子结构笨重、老化率高，现已逐渐被实心棒式支柱绝缘子所替代。

图4-9(b)所示为ZS-35型户外实心棒式支柱绝缘子。ZS-35型户外实心棒式支柱绝缘子由实心瓷件2和上、下金属附件1、3组成。瓷件采用实心不可击穿的多伞形结构，其电气性能好、尺寸小、不易老化，现已被广泛应用。ZSW系列为防污型，采用防污效果好的大小伞、大倾角伞棱造型，伞下表面不易受潮，泄漏比距大。

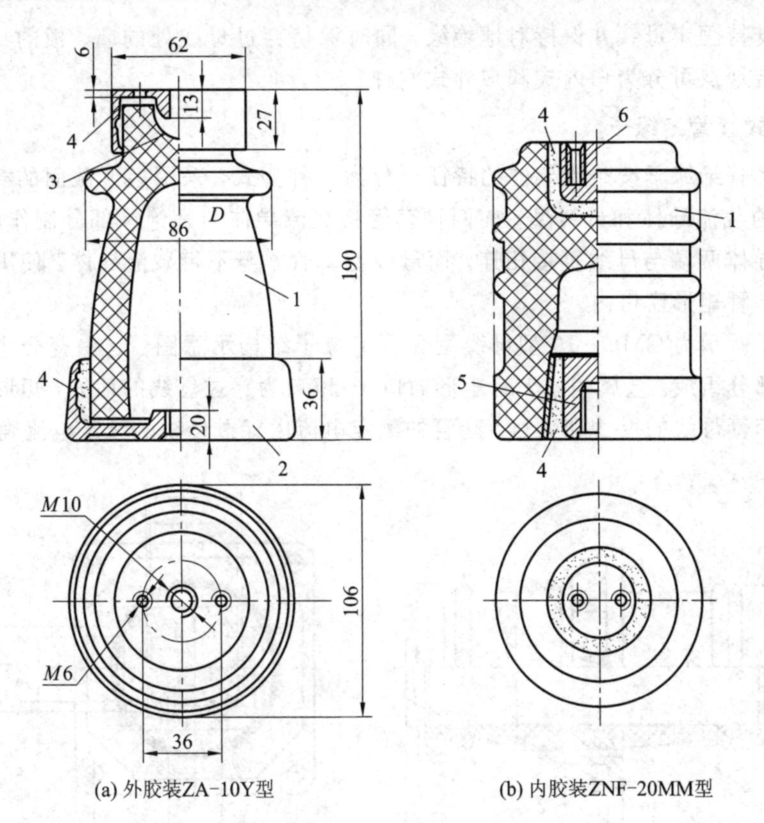

(a) 外胶装ZA-10Y型　　(b) 内胶装ZNF-20MM型

1—磁体；2—铸铁底座；3—铸铁帽；4—水泥胶合剂；5—铸铁配件；6—螺孔

图 4-8　户内式支柱绝缘子

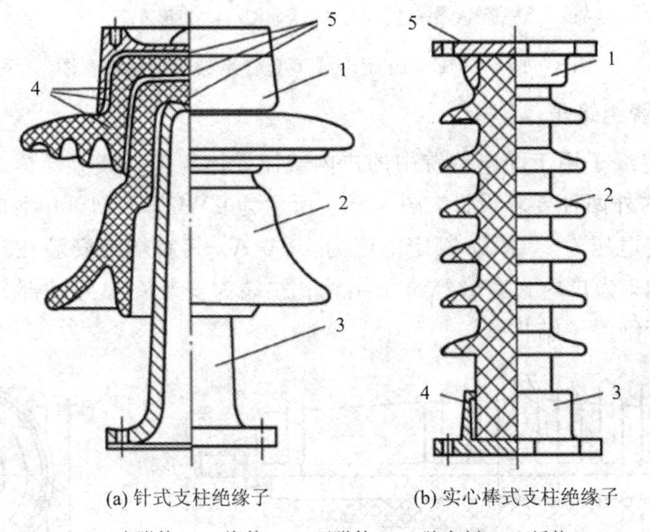

(a) 针式支柱绝缘子　　(b) 实心棒式支柱绝缘子

1—上附件；2—瓷件；3—下附件；4—胶合剂；5—纸垫

图 4-9　户外式支柱绝缘子

二、套管绝缘子

套管绝缘子简称套管，又称穿墙套管。在高压硬母线穿过墙壁、楼板配电装置隔板处，用穿墙套管支持固定母线并保持对地绝缘，同时保持穿过母线处的墙、板的封闭性。套管绝缘子按安装地点可分为户内式和户外式两种。

1. 户内式套管绝缘子

户内式套管绝缘子按载流导体的特征可分为三种型式，采用矩形截面的载流导体、采用圆形截面的载流导体和母线型。前两种套管将载流导体与其绝缘部分制作成一个整体，使用时载流导体两端与母线直接相连。而母线型套管本身不带载流导体，使用时将原载流母线装于该套管矩形窗口内。

图 4-10 所示为 CME-10 型母线型套管绝缘子结构示意图。它由瓷壳 1、法兰盘 2、金属帽 3 等部分组成。金属帽 3 上有矩形窗口 4，窗口为穿过母线的地方，矩形窗口的尺寸取决于穿过套管母线的尺寸和数目。套管的额定电流由穿过母线的额定电流确定。

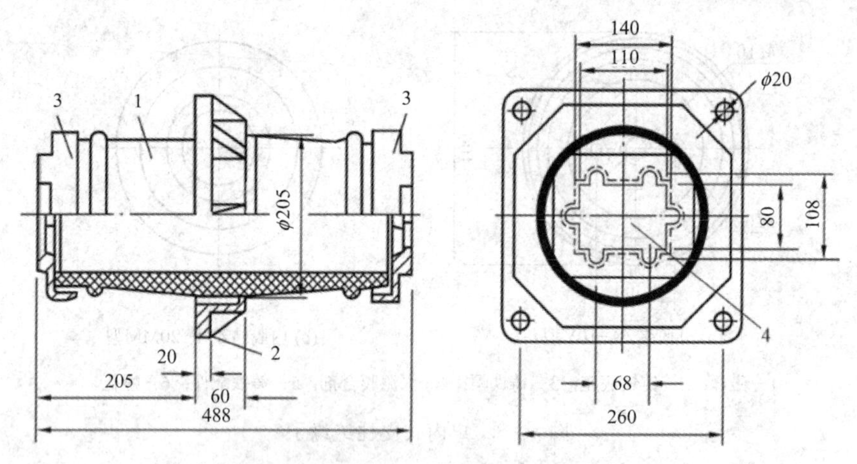

1—瓷壳；2—法兰盘；3—金属帽；4—矩形窗口

图 4-10 CME-10 型母线型套管绝缘子结构示意图

2. 户外式套管绝缘子

户外式套管绝缘子用于配电装置中的户内载流导体与户外载流导体之间的连接处，其两端的绝缘按户内外两种要求设计，图 4-11 所示为 CWC-10/1000 型户外式穿墙套管绝缘子结构，其额定电压为 10 kV，额定电流为 1000 A。其右端为安装在户内的部分，表面结构平滑，无伞裙，为户内式套管绝缘子结构；左端为安装在户外的部分，瓷体表面有伞裙，为户外式套管绝缘子结构。

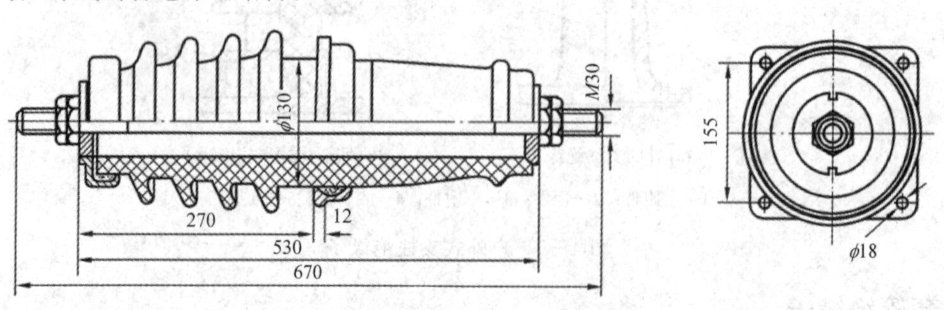

图 4-11 CWC-10/1000 型户外式穿墙套管绝缘子结构示意图

任务二 绝缘子及穿墙套管的选择

【任务描述】

本任务介绍支柱绝缘子及穿墙套管的选择。

【任务分析】

本任务介绍支柱绝缘子需要按照额定电压选择，并在短路或过负荷情况下进行动稳定的检验。穿墙套管则需要按照额定电压、额定电流选择，并在短路或过负荷情况下检验热稳定和动稳定。

支柱绝缘子和穿墙套管的选择和校验项目如表 4-3 所示。

表 4-3 支柱绝缘子和穿墙套管的选择和校验项目

项目	额定电压	额定电流	热稳定	动稳定
支柱绝缘子	$U_N \geqslant U_{Ns}$			$F_{al} \geqslant F_{ca}$
穿墙套管		$I_N \geqslant I_{max}$	$I_t^2 t \geqslant I_\infty^2 t_{kz}$	

支柱绝缘子及穿墙套管的动稳定性应满足式(4-16)的要求：

$$F_{al} \geqslant F_{ca} \tag{4-16}$$

式中：F_{al}——支柱绝缘子或穿墙套管的允许荷重；

F_{ca}—— 加于支柱绝缘子或穿墙套管上的电动力。

F_{al}可按生产厂家给出的破坏荷重 F_{db}的 60%考虑，即

$$F_{al} = 0.6F_{db}(\text{N}) \tag{4-17}$$

由于母线电动力作用在母线截面中心线上，而支柱绝缘子的抗弯破坏荷重是按作用在绝缘子帽上给出的，如图 4-12 所示，故二者力臂不等，短路时作用于绝缘子帽上的最大电动力为

$$F_{ca} = \frac{H}{H_1}F_{max} \tag{4-18}$$

$$H = H_1 + b + \frac{h}{2} \tag{4-19}$$

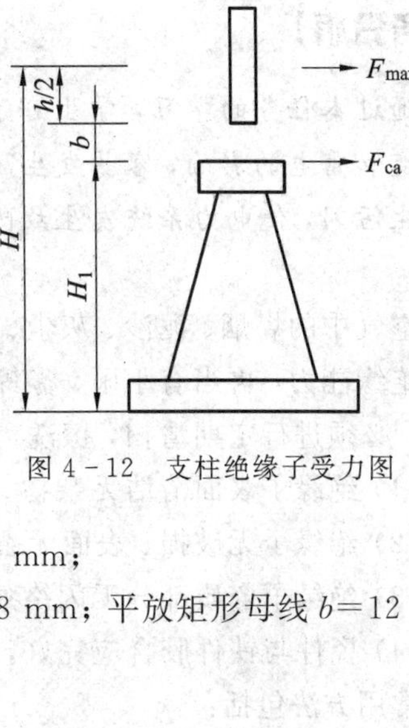

图 4-12 支柱绝缘子受力图

式中：F_{max}——最严重短路时，作用于母线上的最大电动力，单位为 N；

H_1——支柱绝缘子高度，单位为 mm；

H——从绝缘子底部至母线水平中心线高，单位为 mm；

b——母线支持片的厚度，一般竖放矩形母线 b=18 mm；平放矩形母线 b=12 mm；

h——母线的高度，单位为 mm。

F_{max}的计算说明如下：

布置在同一平面内的三相母线(如图 4-13 所示)，在发生短路时，支柱绝缘子所受的

最大电动力为

$$F_{\max} = 1.732 i_{ch}^2 \frac{L_{ca}}{a} \times 10^{-7} \tag{4-20}$$

$$L_{ca} = \frac{1}{2}(L_1 + L_2)$$

式中：a—— 母线间距，单位为 m；

L_{ca}——计算跨距，单位为 m。

L_1、L_2——与绝缘子相邻的跨距，对于套管，$L_2 = L_P$(套管长度)。

对母线中间的支柱绝缘子，L_{ca}取相邻跨距之和的一半。对母线端头的支柱绝缘子，L_{ca}取相邻跨距的一半。对穿墙套管，则取套管长度与相邻跨距之和的一半。

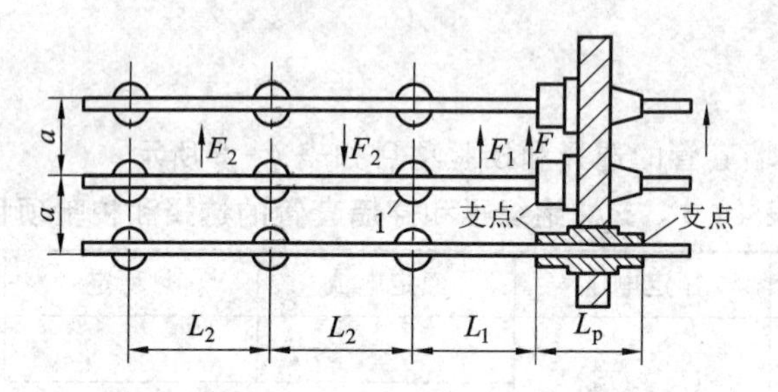

图 4-13　绝缘子和穿墙套管所受的电动力

任务三　绝缘子的运行与维护

【任务描述】

本任务主要讲述绝缘子的运行与维护。

【任务分析】

通过本任务的学习，学生可了解绝缘子承受着导线的重量、拉力和过电压，并受到温度骤变和雷电的影响，容易发生故障。除了本身产生老化、劣化之外，还因表面污染、受潮而发生污闪，使电力系统发生故障，因此，必须进行定期清扫、擦洗、以保护绝缘能力。

空气中的煤烟、泥沙、灰尘、盐分或其他杂质积累在绝缘子上，会使绝缘子表面污秽，影响绝缘能力，再当有小雨、雾等空气湿度过大时，便可能产生漏电，甚至造成闪络现象。因此，必须进行定期清扫，擦洗，以保护绝缘能力。绝缘子在运行中的检查项目如下：

(1) 绝缘子表面清洁无杂物。

(2) 绝缘子无破损、表面无裂缝。

(3) 绝缘子瓷质部分无闪络痕迹，金具无生锈、损害、缺口开口销的现象。

(4) 瓷件与铁件胶合应完好，无松动。

常用方法包括：

(1) 带电清洗绝缘子。带电清洗装置分为固定喷雾式、水幕式、喷气式等，在带电清洗过程中必须达到污损监督所规定的限度，平时必须注意观察清洗装置的压力表是否漏水。冲洗用水、操作杆有效长度、人与带电部分的距离必须符合规程要求。

(2) 停电清扫。停电清扫就是在线路停电以后工人登杆用抹布擦拭绝缘子。如擦不净时，可用湿布擦，也可以用洗涤剂擦洗。如果还擦洗不净时，则应更换绝缘子或换合成绝缘子。

(3) 不停电清扫。不停电清扫一般是指利用装有毛刷或绑以棉纱的绝缘杆，在运行线路上擦绝缘子。所使用绝缘杆的电气性能及有效长度、人与带电部分的距离，都应符合相应电压等级的规定，操作时必须有专人监护。

(4) 将硅脂涂敷在绝缘子和绝缘套管上也是一种防止污损的措施，在这种情况下，必须考虑硅脂的有效时间，定期进行重涂。

项目小结

在各级电压配电装置中，将发电机、变压器等大型电气设备与各种电器之间连接的导线称为母线，又称汇流排。母线的用途是汇集、分配和传送电能。母线处于配电装置的中心环节，是构成电气主接线的主要设备。

母线按截面形状可分为圆形、矩形、管形、槽形等。母线按所使用的材料可分为铜母线、铝母线、铝合金母线和钢母线等。

电力电缆同架空线路一样，也是输送和分配电能的一种电力设备。各种电力电缆主要由导电芯、绝缘层、密封护套和保护层等组成。

绝缘子广泛地应用在变电所的配电装置、变压器、各种电气设备及输电线路中。绝缘子是用来支持和固定裸导体，并使裸导体与地绝缘。或者用于使装置和电气设备中处于不同电位的载流导体之间相互绝缘。因此，要求绝缘子必须具有足够的绝缘强度、机械强度，并能在恶劣环境下安全运行。

思考与练习

1. 母线在配电装置中起什么作用？各种不同材料的母线在技术性能上有什么区别？
2. 母线常见的截面形状有哪些？各种截面形状有什么特点？
3. 常见的母线布置方式有哪几种？应考虑哪些因素？
4. 对母线进行着色有什么好处？
5. 试简要说明全连式分相封闭母线结构特点和作用。
6. 选择发电机出口母线。已知 $U_N=10.5$ kV，$I_N=1718$ A，最大负荷 $T_{max}=3200$ h。发电机三相短路 $I''=16$ kA，$I_2=14$ kA，$I_4=18$ kA。后备保护动作时间 $t_{pop}=4$ s，断路器全分闸时间 $t_{op}=0.2$ s。三相母线水平布置，相间距 $a=0.4$ m，母线跨距 $l=1$ m，环境温度为 35℃。导体弹性模量 $E=7\times10^{10}$ Pa，$N_f=3.56$。
7. 母线和绝缘子运行中的巡视内容有哪些？
8. 电力电缆运行中的巡视检查内容有哪些？
9. 母线及电缆应怎样选择？

项目五　短路电流实用计算

【项目分析】

电力网络中发生短路时，过大的短路电流会使电气设备过热或受电动力作用而损坏，同时使电力网络中的电压大大降低，破坏网络中用电设备的正常运行。为了消除或减轻短路的后果，需要计算短路电流，以正确选择电气设备、设计继电保护和选用限制短路电流的元件，以保证电力网络的正常运行。

【培养目标】

理解短路的基本概念、短路的类型和危害；掌握标幺值的概念、基准值选取方法及其相互间的关系；掌握电力系统中各元件的电抗值计算；理解短路电流计算的程序；掌握由无限大容量电力系统供电的三相短路；运用短路电流计算曲线计算有限源供给的短路电流；理解不对称短路电流的计算。

任务一　认识短路电流

【任务描述】

介绍电力系统短路的基本概念、短路的种类及短路电流计算的基本假设。

【任务分析】

通过原理讲解和知识归纳，学生应掌握电力系统短路的定义和种类、短路的原因和危害、短路电流的计算方法。

一、短路的定义及其种类

短路是电力系统的严重故障。所谓短路，是指电力系统中，一切不正确的相与相之间或相与地之间发生的直接金属性连接。

在三相系统中，可能发生的短路类型有三相短路、两相短路、两相接地短路和单相短路。

三相短路是对称短路，用 $k^{(3)}$ 表示，如图 5－1(a)所示。因为短路回路的三相阻抗相等，所以三相短路电流和电压仍然是对称的，只是电流比正常值增大，电压比额定值降低。虽然三相短路发生的概率最小，只有 5％左右，但却是危害最严重的短路形式。

两相短路是不对称短路，用 $k^{(2)}$ 表示，如图 5－1(b)所示。两相短路的发生概率为 10％～15％。

两相接地短路也是一种不对称短路，用 $k^{(1,1)}$ 表示，如图 5-1(c)、(d)所示。它是指中性点不接地系统中两个不同的相均发生单相接地而形成的两相短路，亦指两相短路后又接地的情况。两相接地短路发生的概率为 10%～20%。

单相短路用 $k^{(1)}$ 表示，如图 5-1(e)、(f)所示，也是一种不对称短路。它的危害虽不如其他短路形式严重，但在中性点直接接地系统中发生的概率最高，占短路故障的 65%～70%。

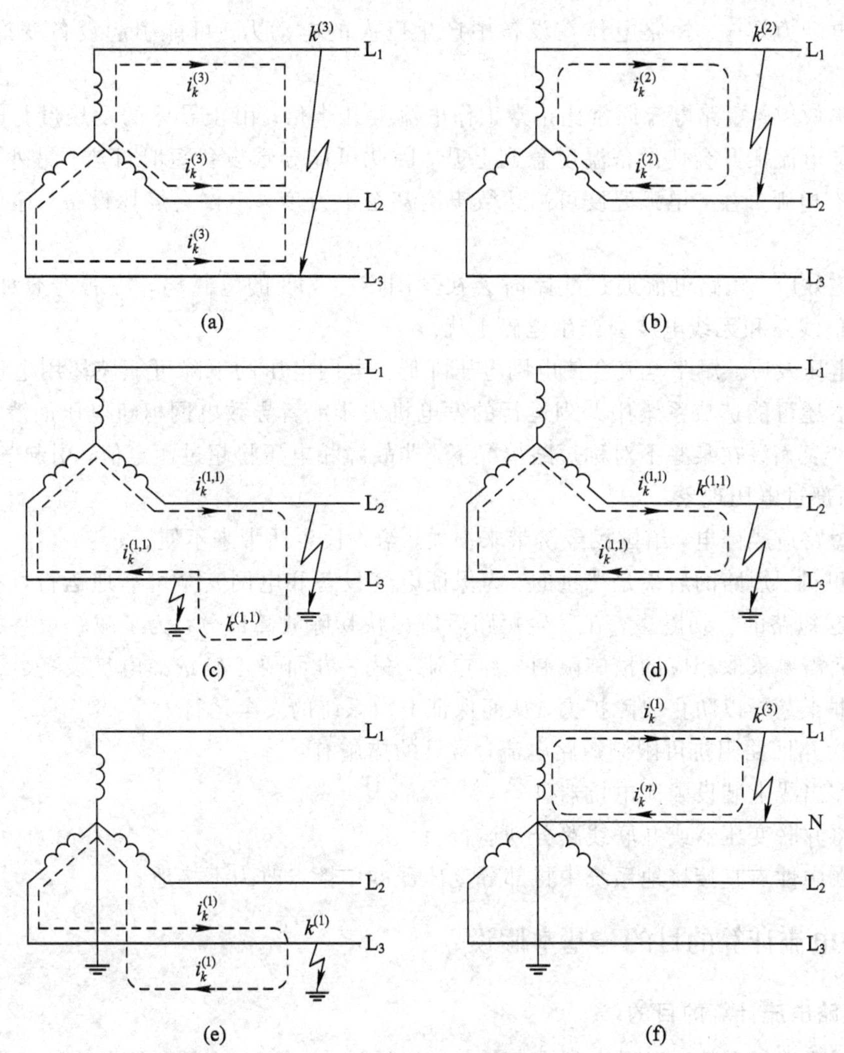

图 5-1　短路的类型

二、短路发生的原因

电力系统产生短路的原因很多，主要有：

(1) 电力设备载流导体的绝缘损坏。造成绝缘损坏的原因主要有设备绝缘自然老化，操作过电压、大气过电压造成绝缘击穿，绝缘受到机械损伤等。

(2) 气象条件恶化，如雷击过电压，特大的洪水、大风、冰雪、塌方等引起的线路倒杆、断线。

(3) 运行人员不遵守操作规程，如带负荷拉、合隔离开关，检修后未拆除地线合闸等非正常操作(人员过失)。

(4) 意外故障，如鸟兽跨越在裸露导体上，小动物进入带电设备内形成短路事故。

(5) 外力破坏，如建设施工、交通肇事、人为破坏等。

三、短路的危害

(1) 电动力效应。短路电流在设备中产生巨大的电动力，可能引起设备变形、扭曲、断裂。

(2) 热效应。短路电流通常比正常工作电流大几十倍。由于导体的发热量与电流的平方成正比，电流骤升会使设备温度急剧上升，因此可能导致设备短时过热。另外，短路点往往伴随有电弧产生，电弧温度可高达数千度甚至上万度，不仅会烧坏设备，还可能伤及工作人员。

(3) 磁效应。短路电流通过线路时会在周围产生交变的电磁场，特别是不对称短路，对附近通信线路和无线电波会产生电磁干扰。

(4) 电压效应。短路电流会使电网电压降低。电网电压的下降可能破坏用电设备正常工作状态，还可能造成系统中并列运行的发电机失步或者导致电网枢纽电压崩溃，从而造成电力系统瓦解。在某些不对称短路情况下，非故障相电压将超过额定值，引起"工频电压升高"的内部过电压现象。

(5) 短路造成停电，给国民经济带来损失，给人民生活带来不便。

由此可见，短路的后果是严重的。为保证电气设备和电网安全可靠地运行，应设法消除可能引起短路的一切隐患。在发生短路后应尽快切除故障部分，为了减轻短路故障的危害，一方面需要采取相应的措施限制短路电流，另一方面要正确选择电气设备、载流导体和继电保护装置，以防止故障扩大，从而保证电力系统的安全运行。

增大短路回路阻抗可限制短路电流，常见的措施有：

(1) 在出线上装设限流电抗器。

(2) 将并联变压器或并联线路分列运行。

(3) 在中性点直接接地系统中将部分变压器的中性点改为不接地。

四、短路电流计算的目的与基本假设

1. 短路电流计算的目的

(1) 正确选择和校验各种电气设备。在电气设计中，需要根据设备安装处的短路电流或短路容量的大小，选择电气设备的型号及参数，并进行热稳定和动稳定的校验，以确保供电系统发生最大三相短路电流时不致被破坏，从而保证供电系统安全稳定运行。

(2) 继电保护装置的配置、选型和整定计算。

(3) 选择限制短路电流的电气设备。

(4) 研究短路对用户工作的影响。

(5) 电力系统稳定性分析的需要，以校核各种运行条件下的暂态稳定性。

2. 短路电流计算的基本假设

要精确地对短路电流进行计算是相当复杂的，在工程上多采用近似计算法或实用计算法。这种方法是建立在一系列假设的基础上，其计算结果稍偏大，但误差不超过10%～15%，可以满足工程计算的要求。

1）基本假设

（1）正常运行时，三相系统对称运行。

（2）所有电源的电动势相位角相同。

（3）系统中所有同步和异步电动机均为理想电机，即不考虑电机磁饱和、磁滞、涡流及导体集肤效应等影响，转子结构完全对称，定子三相绕组空间位置相差120°电气角度。

（4）电力系统中各元件的磁路不饱和，即带铁芯的电气设备电抗值不随电流大小发生变化。

（5）同步电机都具有自动调整励磁装置。

（6）不考虑短路点的电弧电阻。

（7）不考虑变压器的励磁电流。

（8）除计算短路电流的衰减时间常数和低压电网的短路电流外，元件的电阻略去不计。

（9）输电线路的电容略去不计。

（10）元件的计算参数取额定值。

2）一般规定

（1）验算导体和电气动稳定、热稳定以及电气开断电流所用的短路电流应按工程的规划容量计算，并考虑电力系统的远期规划(一般按工程预期投产后5～10年的发展规划考虑)。当确定短路电流时，应按可能发生最大短路电流的正常接线方式计算，不应按仅在切换过程中可能并列运行的接线方式计算。

（2）验算导体和电气设备的短路电流，应考虑具有反馈作用的异步电动机的影响和电容补偿装置放电电流的影响。

五、短路电流计算的内容

短路电流计算的内容包括以下几个方面：

（1）短路点的选取。短路点为各级电压母线、各级线路末端。

（2）短路时间的确定。根据电气设备选择和继电保护整定的需要，确定计算短路电流的时间。

（3）最大运行方式下最大短路电流、最小运行方式下最小短路电流以及各级电压中性点不接地系统的单相接地短路电流，计算的具体项目及其计算条件取决于计算短路电流的目的。

任务二　认识标幺值算法

【任务描述】

介绍标幺值的基本知识。

【任务分析】

通过概念描述、公式推导，掌握标幺值的概念；掌握标幺值的对应基准值选取方法和相互间的关系；掌握标幺值计算；理解标幺值的特点及应用。

一、标幺值的定义

在一般的电路计算中，可以将阻抗、导纳、电压、电流、功率等物理量分别用相应的单位(如欧姆(Ω)、西门(S)、伏(V)、安(A)、伏安(VA)等)表示；但实际上，计算时也可以将这些物理量用没有单位的相对值表示。前一种方法称为有名单位制计算，后一种方法称为标幺制计算。在电力系统计算中常使用标幺值运算。所谓标幺制，就是将各种物理量用标幺值来表示的一种方法。标幺值是一种相对值，在使用时必须同时说明它的基准值，否则，标幺值的意义是不明确的。标幺值的符号为各量符号上加角码“ * ”。标幺值的定义由下式给出：

$$\text{标幺值}=\frac{\text{实际有名值(任意单位)}}{\text{基准值(与实际值同单位)}}$$

标幺值是一个无量纲的数值，对于同一个有名值，选取不同的基准值，其标幺值也就不同。高压短路电流计算一般只计少数元件(即发电机、变压器、电抗器、线路等)的电抗，采用标幺值计算，可以使计算得到简化。

进行标幺值计算要先取基准容量和基准电压，而且要考虑计算的简便性，下面以下标B表示“基准值”。基准容量 S_B 全网只取一个，一般取 $S_B=100$ MVA 或 $S_B=1000$ MVA。基准电压 U_B 每个电压等级各取一个，一般取用各级的平均电压，即 $U_B=U_P=1.05U_N$，见表5-1。

表5-1 各电压等级的平均额定电压

网络额定电压 U_N/kV	3	6	10	35	110	220	330	500
网络平均电压 U_P/kV	3.15	6.3	10.5	37	115	230	345	525

电流基准值和阻抗基准值的计算方法如下：

当基准容量 S_B(MVA)、基准电压 U_{av} 或 U_B(kV)选定后，根据各物理量之间的关系，基准电流 I_B(kA)与基准电抗 X_B(Ω)便可求得。

基准电流为

$$I_B=\frac{S_B}{\sqrt{3}U_B} \tag{5-1}$$

基准电抗为

$$X_B=\frac{U_B}{\sqrt{3}I_B}=\frac{U_B^2}{S_B} \tag{5-2}$$

有功功率、无功功率、视在功率的基准相同。故四个电气量(电压 U、电流 I、功率 S、电抗 X)对于选取的四个基准值的标幺值为

$$S^*=\frac{S}{S_B} \tag{5-3}$$

$$U^* = \frac{U}{U_B} \tag{5-4}$$

$$I^* = \frac{I}{I_B} = I\frac{\sqrt{3}U_B}{S_B} \tag{5-5}$$

$$X^* = \frac{X}{X_B} = X\frac{S_B}{U_B^2} \tag{5-6}$$

二、标幺值的特点及应用

1. 标幺值的特点

(1) 易于比较电力系统各元件的特性及参数。电力系统中元件众多，若用有名值表示其参数，则无法进行比较。例如，对于同一类型的发电机，尽管容量不同，额定电压不同，若以发电机自身额定容量和额定电压为基准值，那么其标幺值的数值都在一定范围内。如隐极同步发电机同步电抗的标幺值 $X_d^*=1.5\sim2.0$，变压器的短路电压在10.5%左右。

(2) 采用标幺值能简化计算公式，例如：

① 三相电路与单相电路的计算公式相同，如 $U^*=I^*Z^*$。

② 三相功率和单相功率的标幺值相等，如 $S^*=U^*I^*$。

③ 相电压(电流)和线电压(电流)的标幺值相等，即 $U_{ph}^*=U^*$，$I_{ph}^*=I^*$。

④ 某些物理量还可以用标幺值相等的另一些物理量来代替，如 $I^*=S^*$。正常情况下，全网各处电压均在 $U^*=1$ 左右(便于分析系统运行情况)，当用标幺值计算时，$S^*=\frac{S}{S_B}=\frac{\sqrt{3}UI}{S_B}=\frac{\sqrt{3}UI}{\sqrt{3}U_BI_B}$，当 $U=U_B$ 时，$S^*=\frac{\sqrt{3}U_BI}{\sqrt{3}U_BI_B}=\frac{I}{I_B}=I^*$。

⑤ 当选择 $\omega_N=2\pi f_N$ 为基准值时，$\omega^*=f^*$；当 f^* 为额定频率时，有 $X^*=L^*$。

(3) 采用标幺值能简化计算工作。若计算出电压标幺值，乘以线电压基准值，则可以得到线电压；若乘以相电压基准值，则可得到相电压。变压器的阻抗标幺值不论如何计算结果都相同，并等于短路电压的标幺值。

(4) 采用标幺值的缺点是没有量纲，物理概念不够明确。

综上所述，用标幺值计算短路电流可以使计算简便，便于迅速、及时地判断计算结果的正确性。当然，采用标幺值计算得到的结果还应换算成有名值，即

功率
$$S = S^*S_B = (P^* + jQ^*)S_B = P + jQ \tag{5-7}$$

电压
$$U = U^*U_B \tag{5-8}$$

电流
$$I = I^*I_B \tag{5-9}$$

2. 标幺值的应用

工程中，发电机、电动机、变压器及电抗器等电气设备参数的标幺值通常都是根据其各自的额定值给定的，即以各自的额定值为基准值，而各设备的额定值往往不相同，基准值不同的标幺值是不能直接进行运算的(即不能直接进行相加、相减或乘除等运算)。因此，在计算时要把不同基准值的标幺值转换为统一基准值的标幺值，转换时应按下式进行计算：

$$X^* = X_N^* \frac{S_B U_N^2}{S_N U_B^2} \tag{5-10}$$

式中：X_N^*——电气元件以自身额定值为基准值时的标幺值；

U_N——电气元件的额定电压；

S_N——电气元件的额定容量。

当选取的基准电压等于额定电压时，式(5-10)变成

$$X^* = X_N^* \frac{S_B}{S_N} \tag{5-11}$$

任务三　电力系统中各元件电抗值的计算

【任务描述】

介绍电力系统中各元件电抗值的计算。

【任务分析】

通过概念描述、定义讲解、计算举例，学生应熟悉电力系统中各元件的电抗值计算方法及短路电流计算所用的等值电路、常用的网络简化方法。

为了方便和简化计算，通常将发电机、变压器、电抗器、线路等元件的阻抗归算至统一基准容量 S_B（一般取 100 MVA 或 1000 MVA 基准容量）和基准电压 U_B（一般取电网的平均额定电压 U_{av}）时的基准标幺阻抗。

1. 发电机参数计算

发电机参数计算方法如下：

有名值
$$X_G = \frac{X_G\%}{100} \times \frac{U_N^2}{S_N} = \frac{X_G\%}{100} \times \frac{U_N^2}{P_N/\cos\varphi} \tag{5-12}$$

标幺值
$$X_G^* = \frac{X_G}{X_B} = \frac{X_G\%}{100} \times \frac{U_N^2}{S_N} \times \frac{S_B}{U_B^2} = \frac{X_G\%}{100} \times \frac{S_B}{S_N} = \frac{X_G\%}{100} \times \frac{S_B}{P_N/\cos\varphi} \tag{5-13}$$

当 X''_d 表示$\frac{X_G\%}{100}$时，上述表达式可以简写为 $X_G^* = X''_d \times \frac{S_B}{S_N} = X''_d \times \frac{S_B}{P_N/\cos\varphi}$

式中：X_G^*——发电机在基准条件下电抗的标幺值；

X_G——发电机在额定条件下电抗值；

$X_G\%$——次暂态电抗百分值，一般从铭牌数据中得到；

X''_d——次暂态电抗；

S_B——基准容量，单位为 MVA；

S_N——发电机的额定容量，单位为 MVA。

【例 5-1】 某 50 MW、10.5 kV 的发电机 $X''_d=0.125$，当发电机阻抗归算到基准容量 $S_B=100$ MVA 和基准电压 $U_B=U_{av}$时的基准电抗标幺值为

$$X_G^* = X''_d \frac{S_B}{S_{NG}} = 0.125 \times \frac{100}{50} = 0.25$$

2. 变压器参数计算

变压器参数计算方法如下：

有名值
$$X_T = \frac{U_k\%}{100} \times \frac{U_N^2}{S_N} \tag{5-14}$$

标幺值
$$X_T^* = \frac{X_T}{X_B} = \frac{U_k\%}{100} \times \frac{U_N^2}{S_N} \times \frac{S_B}{U_B^2} = \frac{U_k\%}{100} \times \frac{S_B}{S_N} \tag{5-15}$$

式中：X_T^*——变压器在基准条件下电抗的标幺值；

$U_k\%$——变压器在额定条件下短路电压的百分值；

S_N——变压器的额定容量，单位为 MVA。

【例 5-2】 某双绕组变压器的容量为 60 000 kVA，变比为 121/10.5，当 $U_k\%=10.5$，变压器电抗归算到基准容量 $S_B=100$ MVA 和基准电压 $U_B=U_{av}$时的基准电抗标幺值为

$$X_T^* = \frac{U_k\%}{100} \times \frac{S_B}{S_{TN}} = \frac{10.5}{100} \times \frac{100}{60} = 0.175$$

3. 电抗器参数计算

电抗器参数计算方法如下：

有名值
$$X_K = \frac{X_K\%}{100} \times \frac{U_N}{\sqrt{3} I_N} \tag{5-16}$$

标幺值
$$X_K^* = \frac{X_K}{X_B} = \frac{X_K\%}{100} \times \frac{U_N}{\sqrt{3} I_N} \times \frac{S_B}{U_B^2} \text{（特别注意，这里的电压不能消去）} \tag{5-17}$$

式中：$X_K\%$——电抗器在额定条件下的电抗百分值；

U_N、I_N——分别为电抗器的额定电压和额定电流，单位分别为 kV 和 kA。

【例 5-3】 某电抗器的额定电压为 6.3 kV，额定电流为 0.3 kA，电抗百分值 $X_K\%=4$，当归算到基准容量 $S_B=100$ MVA 和基准电压 $U_B=U_{av}$时的基准电抗标幺值为

$$X_K^* = \frac{X_K\%}{100} \times \frac{S_B}{\sqrt{3} U_N I_N} = \frac{4}{100} \times \frac{100}{\sqrt{3} \times 6.3 \times 0.3} = 1.22$$

4. 输电线参数计算

输电线参数计算方法如下：

有名值
$$X_L = 0.145 \lg \frac{D}{0.789r} \tag{5-18}$$

式中：D——三相导线的几何平均距离，简称几何均距，单位 cm，$D=\sqrt[3]{d_{ab} \cdot d_{bc} \cdot d_{ca}}$；

d_{ab}、d_{bc}、d_{ca}——ab 相之间、bc 相之间、ca 相之间的距离；

r——导线的半径，单位为 cm。

标幺值
$$X_L^* = \frac{X_L}{X_B} = x_L L \times \frac{S_B}{U_B^2}$$

式中：x_L——线路的单位长度电抗有名值，架空线路为 0.4 Ω/km；

L——线路长度，单位为 kV。

【例 5-4】 110 kV 某线路长 100 km，已知 $x_L=0.4$ Ω/km，当归算到基准容量 $S_B=$

100 MVA 和基准电压 $U_B = U_{av}$ 时的基准电抗标幺值为

$$X_L^* = X_L L \times \frac{S_B}{U_B^2} = 0.4 \times 100 \times \frac{100}{115^2} = 0.302$$

5. 三绕组变压器等效阻抗的归算

三绕组变压器电路如图 5-2 所示，各绕组之间的短路电压百分值分别记为 X_{1-2}、X_{2-3}、X_{1-3}，数值由设备的铭牌给出，其计算公式为

$$\begin{cases} X_1 = \frac{1}{2}(X_{1-2} + X_{1-3} - X_{2-3}) \\ X_2 = \frac{1}{2}(X_{1-2} + X_{2-3} - X_{1-3}) \\ X_3 = \frac{1}{2}(X_{1-3} + X_{2-3} - X_{1-2}) \end{cases} \tag{5-19}$$

式中：X_1，X_2，X_3——三绕组变压器三侧(高、中、低)归算后的等效阻抗。

X_{1-2}，X_{1-3}，X_{2-3}——三绕组变压器三侧 1—2、1—3、2—3 之间的阻抗。

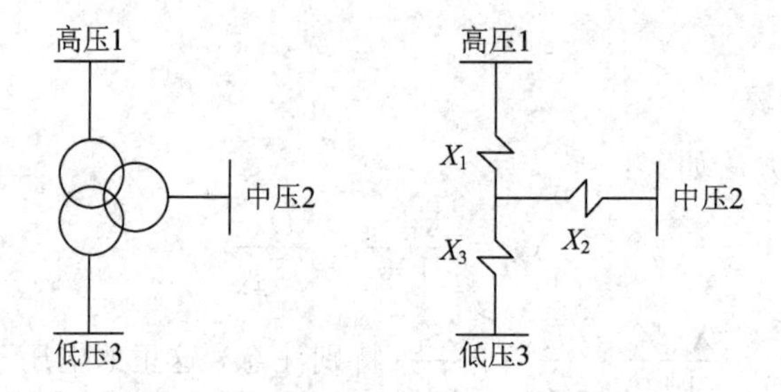

图 5-2　三绕组变压器及其等值电路

任务四　短路电流计算的流程

【任务描述】

介绍短路电流计算的流程。

【任务分析】

通过对短路电流计算的流程叙述，学生应掌握短路电流计算的方法。

计算短路电流前，应先搜集有关的电力系统接线图、运行方式及各元件的技术数据等资料。计算时，首先根据资料拟出计算电路图，选定计算短路点，再对每一短路点作出等值电路图，并逐步化简至最简形式，即由一个总电源经总电抗至计算短路点的短路回路，便可求出所选短路点的短路电流值。

一、绘制计算电路图

短路电流的计算电路图是以计算短路点周围的电力网的电气接线图为基础，去掉其中

与计算短路电流无关的设备，基本上只保留发电机、变压器、线路及电抗器四类阻抗元件及它们之间的连接关系；再就近标注各元件的设备文字符号、计算编号及有关参数；根据计算目的，在图中标出计算短路点。为了计算方便，图中各元件需按顺序编号。图 5－3 所示为一发电厂向负荷供电的最简计算电路图。

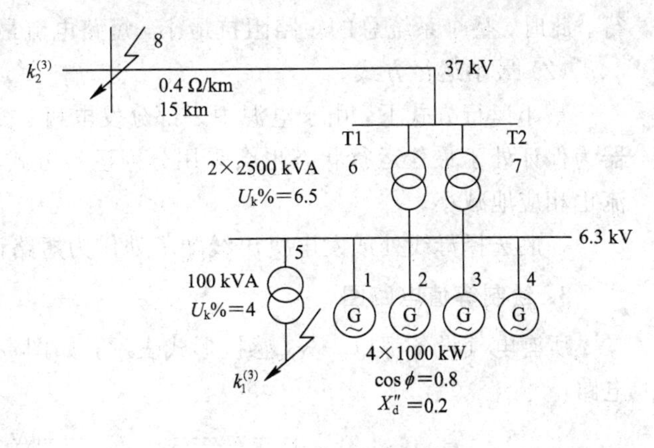

图 5－3　计算电路图举例

二、作等值电路图

从电源到计算短路点中间流过短路电流的全部网络，称为短路回路。在计算电路图时，每一计算短路点对应唯一短路回路。针对每一短路回路，将其中的无源阻抗元件，即变压器、线路、电抗器等全部抽象为电抗，用统一的电抗符号表示；将发电机表示为一电动势符号与电抗符号串联。各元件参数一律换算成电抗值后，在设备的图形符号旁用分数的分母表示之；分数的分子则表示元件的标号，并与计算电路图一致。在电源电动势的符号旁只标注额定容量。这就是初始等值电路图。

三、化简电路

对初始等值电路图逐步进行等值变换，即逐步合并电抗，同时合并电源，直到获得只有一个总电源经一个总电抗至短路点的最简等值电路图。这一过程主要是电抗的变换与合并，等值变换除了元件的串、并联外，还会用到三角形等值变换到星形，或星形等值变换到三角形等方法。

四、短路电流计算的实例解析

1. 绘制计算电路图

首先应绘制计算电路图，如图 5－4 所示。

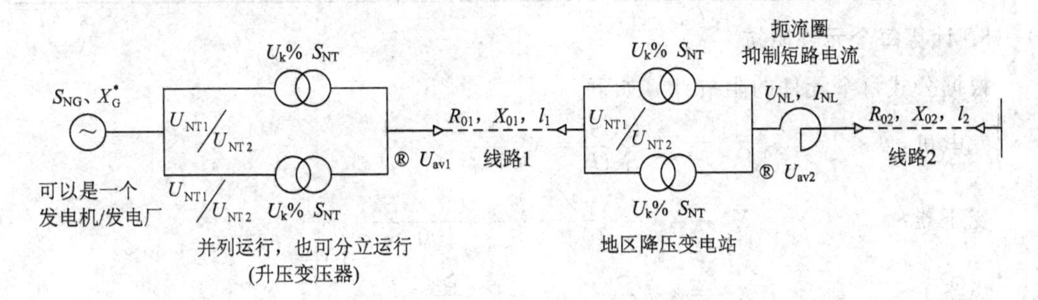

图 5－4　计算电路图

2. 确定运行方式和短路计算点

(1) 最大运行方式。

最大运行方式下，电源系统中发电机组投运多，双回输电线路及并联变压器均全部运行。此时，整个系统总的短路阻抗最小，短路电流最大。

(2) 最小运行方式。

最小运行方式下，由于电源中一部分发电机、变压器及输电线路解列，一些并联变压器为保证处于最佳运行状态也会采用分列运行方式，这样将使总的短路阻抗变大，短路电流也相应地减小。

一般选择母线处或发电机出线端子处作为短路计算点。

3. 绘制等值电路图

所有电气设备都以感抗形式表示，如图 5-5 所示。图 5-6 是对应的等值计算电路。

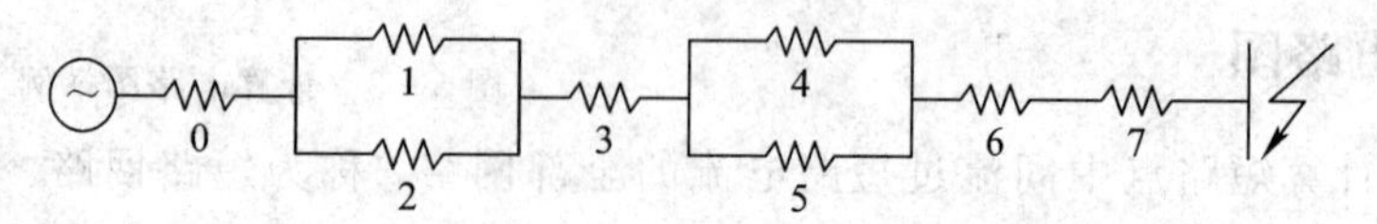

图 5-5 感抗表示的电气设备计算电路图

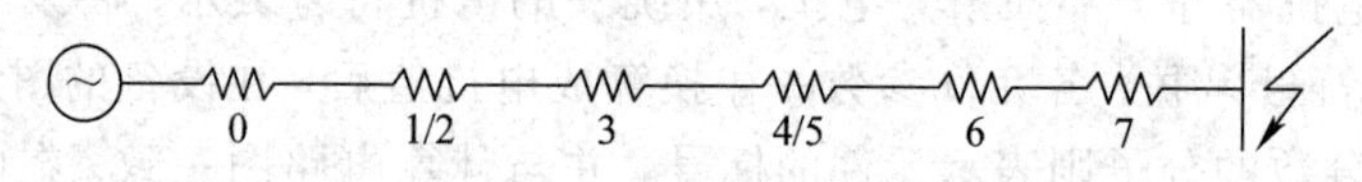

图 5-6 图 5-5 的等值电路

4. 确定(选定)基准值

S_B 常取 100 MVA，U_B 取各线路平均额定电压(U_{av})，即

$$U_{B1} = U_{av1}, U_{B2} = U_{av2}$$

则

$$I_{B1} = \frac{S_B}{\sqrt{3}U_{B1}}, I_{B2} = \frac{S_B}{\sqrt{3}U_{B2}}$$

各级线路的额定电压与平均额定电压如表 5-2 所示。

表 5-2 各级线路的额定电压与平均额定电压对照表

额定电压/kV	0.38/0.22	3	10	15	35	60	110	220	330
平均额定电压/kV	0.4/0.23	3.15	10.5	15.75	37	63	115	230	345

5. 计算每个元件阻抗

根据公式每个元件的阻抗计算如下：

发电机：$X_0^* = X''_{dN}\frac{U_N^2 S_B}{S_N U_B^2} = X''_G \frac{S_B}{S_{NG}}$

变压器：$X_1^* = X_2^* = \frac{X_T\%}{100} \times \frac{S_B}{S_N} = \frac{U_k\%}{100}\frac{S_B}{S_{NT}}$

线路 1：$X_3^* = X_0 l \frac{S_B}{U_{av1}^2}$，$R_3^* = R_0 \frac{S_B}{U_{av1}^2}$

变压器：$X_4^* = X_5^* = \frac{X_T\%}{100} \times \frac{S_B}{S_N} = \frac{U_k\%}{100}\frac{S_B}{S_{NT}}$

电抗器：$X_6^* = \frac{X_L\%}{100} \times \frac{U_N}{\sqrt{3}I_N} \times \frac{S_B}{U_P^2} = \frac{X_L\%}{100} \times \frac{U_{NL}}{\sqrt{3}I_{NL}} \times \frac{S_B}{U_{av2}^2}$

线路 2：　　$X_7^* = X_0 l \dfrac{S_B}{U_{av2}^2}$，$R_7^* = R_0 \dfrac{S_B}{U_{av2}^2}$

6. 计算短路回路总阻抗

最大运行方式下（公式中符号//表示阻抗并联），短路回路总阻抗为

$$X_S^* = X_0^* + (X_1^* // X_2^*) + X_3^* + (X_4^* // X_5^*) + X_6^* + X_7^*$$

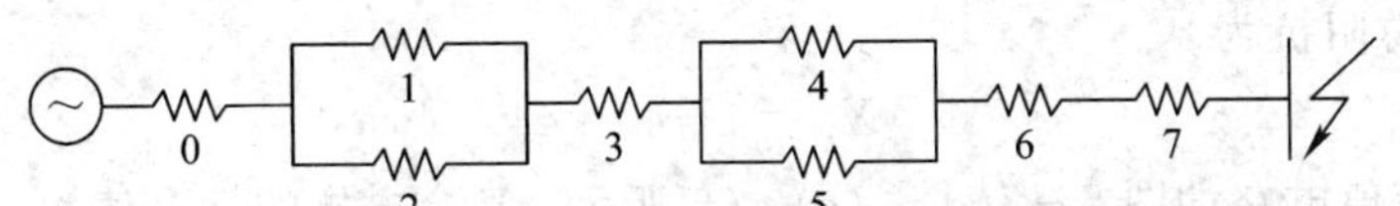

最小运行方式下（公式中符号/表示按变压器最佳运行状态选择其 1），短路回路总阻抗为

$$X_S^* = X_0^* + (X_1^* / X_2^*) + X_3^* + (X_4^* / X_5^*) + X_6^* + X_7^*$$

0　1/2　3　4/5　6　7

【例 5-5】 试计算图 5-3 中 $k_1^{(3)}$ 和 $k_2^{(3)}$ 点短路时短路回路总电抗的标幺值。

解 设 $S_B = 100$ MVA，$U_B = U_P$。

$k_1^{(3)}$ 点短路时，其等值电路如图 5-7(a)、(b)、(c)所示。各元件的电抗标幺值计算如下：

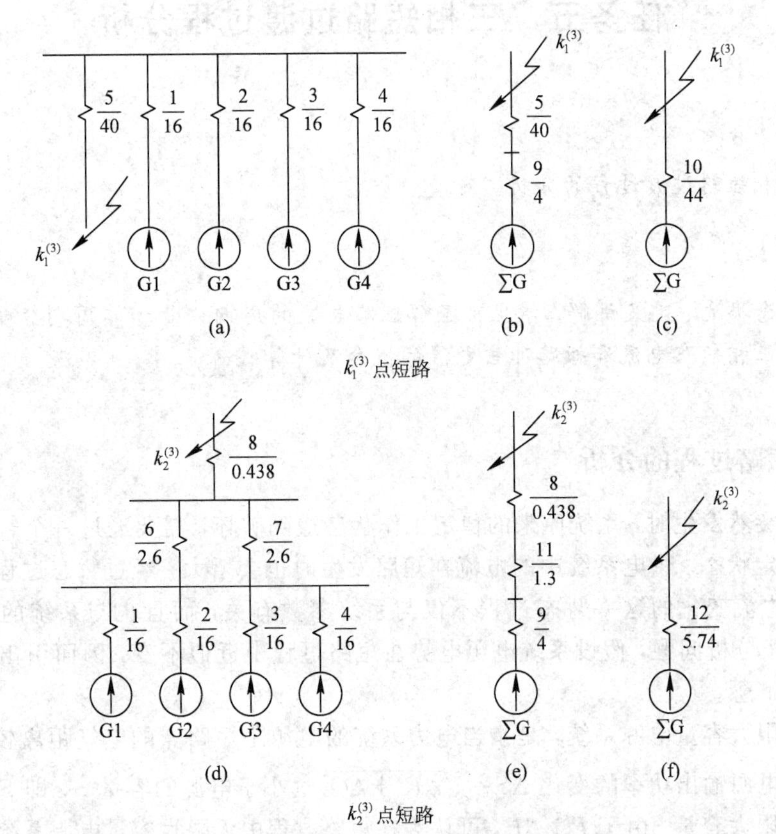

图 5-7　例 5-5 的等值电路

$$X_1^* = X_2^* = X_3^* = X_4^* = X''_{dN}\frac{U_N^2 S_B}{S_N U_B^2} = 0.2 \times \frac{100}{1/0.8} = 16$$

$$X_5^* = \frac{U_k\%}{100} \times \frac{S_B}{S_N} = \frac{4}{100} \times \frac{100}{0.1} = 40$$

$$X_9^* = \frac{1}{4} \times 16 = 4（X_1^*、X_2^*、X_3^*、X_4^* 并联得到）$$

短路回路总阻抗为

$$X_{10}^* = 4 + 40 = 44$$

$k_2^{(3)}$ 点的等值电路如图 5-7(d)、(e)、(f)所示，其余电抗的标幺值为

$$X_6^* = X_7^* = \frac{U_k\%}{100} \times \frac{S_B}{S_N} = \frac{6.5}{100} \times \frac{100}{2.5} = 2.6$$

$$X_8^* = X_L L \times \frac{S_B}{U_B^2} = 0.4 \times 15 \times \frac{100}{37^2} = 0.438$$

$$X_{11}^* = \frac{1}{2} \times 2.6 = 1.3（X_6^*、X_7^* 并联得到）$$

短路回路总电抗为

$$X_{12}^* = 4 + 1.3 + 0.438 = 5.74$$

任务五　三相短路过渡过程分析

【任务描述】

介绍三相短路过渡过程的分析。

【任务分析】

通过概念描述、定义讲解，学生可了解短路电流的周期分量和非周期分量，掌握无限大容量电源三相短路电流和短路冲击电流的概念及计算。

一、三相短路过程的分析

当短路突然发生时，系统原来的稳定工作状态遭到破坏，需要经过一个暂态过程才能进入短路稳定状态。供电系统中的电流在短路发生时也会增大，经过暂态过程达到新的稳定值。短路电流变化的这一暂态过程不仅与系统参数有关，而且也与系统的电源容量有关。为了便于分析问题，假设系统电源电势在短路过程中近似不变，因而引出无限大容量电源系统的概念。

所谓无限大容量电源系统，是指当电力系统的电源距短路点的电气距离较远时，由短路而引起的电源输出功率的变化 $\Delta S = \sqrt{\Delta P^2 + \Delta Q^2}$ 远小于电源的容量 S，即 $S \gg \Delta S$，所以可设 S 为无限大容量。由于 $P \gg \Delta P$，可认为在短路过程中无限大容量电源系统的频率是恒定的。又由于 $Q \gg \Delta Q$，所以可认为在短路过程中无限大容量电源系统的端电压也是恒定的。

实际上，真正的无限大容量电源系统是不存在的。然而对于容量较用户供电系统大得多的电力系统，当用户供电系统的负荷变化甚至发生短路时，电力系统变电所馈电母线上的电压能基本维持不变。如果电力系统的电源总阻抗不超过短路电路总阻抗的5%～10%，或当电力系统容量超过用户供电系统容量50倍时，可将电力系统视为无限大容量系统。

图5-8(a)是一个电源为无限大容量的供电系统发生三相短路时的电路图，由于三相对称，因此这个三相短路电路可用图5-8(b)所示的等效单相电路图来分析。

当系统正常运行时，电路中电流取决于电源和电路中所有元件包括负荷在内的总阻抗。

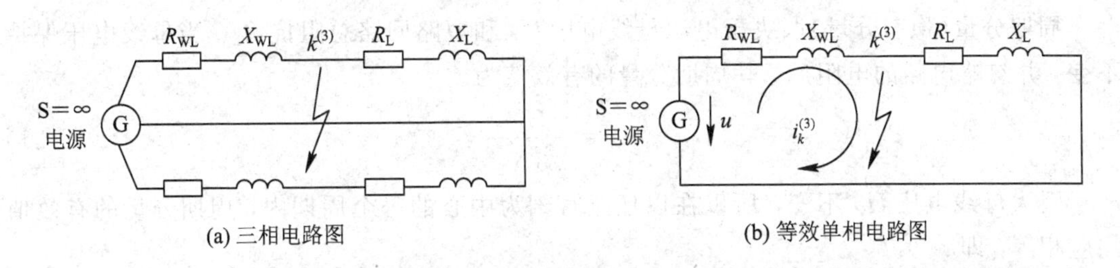

图5-8　无限大容量供电系统发生三相短路时的电路图

当系统发生三相短路时，图5-8(a)所示的电路将被分成两个独立的回路，一个仍与电源相连接，另一个则成为没有电源的短接回路。在没有电源的短接回路中，电流将从短路发生瞬间的初始值按指数规律衰减到零。在衰减过程中，回路磁场中所储藏的能量将全部转化成热能。由于与电源相连回路的负荷阻抗和部分线路阻抗被短路，所以电路中的电流会突然增大。但是，由于电路中存在着电感，根据楞次定律，电流无法突变，故而引起一个过渡过程，即短路暂态过程，最后达到一个新的稳定状态。

图5-9表示无限大容量电源系统发生三相短路时电流、电压的变化曲线。从图中可以看出，与无限大容量电源系统相连电路的电流在暂态过程中包含两个分量，即周期分量和非周期分量。周期分量属于强制电流，它的大小取决于电源电压和短路回路的阻抗，其幅值在暂态过程中保持不变；非周期分量属于自由电流，是为了使电感回路中的磁链和电流不突变而产生的一个感生电流，其值在短路瞬间最大，随后便以一定的时间常数按指数规律衰减，直到衰减为零。此时暂态过程即告结束，系统进入短路的稳定状态。

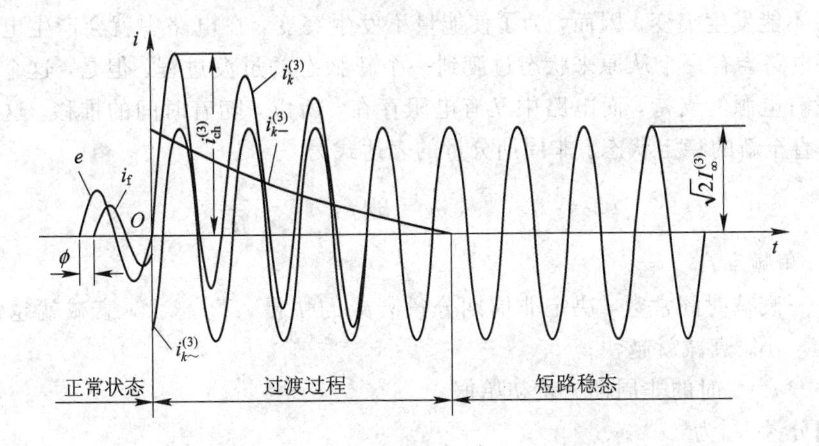

图5-9　无限大容量电源系统发生三相短路时的电流、电压变化曲线

从图 5-9 可知，短路电流为

$$i_k^{(3)} = i_{k\sim}^{(3)} + i_{k-}^{(3)} \tag{5-20}$$

式中：$i_k^{(3)}$——短路全电流；

$i_{k\sim}^{(3)}$——短路电流周期分量；

$i_{k-}^{(3)}$——短路电流非周期分量。

二、三相短路电流的有关参数

1. 周期分量

周期分量(稳态分量)取决于电源母线电压 U_P 和短路回路总阻抗 Z_Σ。当母线电压保持不变，并忽略电路的电阻后，其周期分量的有效值为

$$I_Z = \frac{U_P}{\sqrt{3}X_\Sigma} \tag{5-21}$$

因为母线电压 U_P 不变，所以在以任意时刻为中心的一个周期内，周期分量的有效值均应相等，即

$$I_{k\sim} = I_{kZt} = I'' = I_\infty \tag{5-22}$$

式中：I_{kZt}——时间为 t 时，周期分量的有效值；

I''—— $t=0$ 时，周期分量的初始有效值；

I_∞—— $t=\infty$时，周期分量的有效值。

用标幺值计算时，一般取 $U_B=U_P$，则有

$$I_{k\sim}^* = \frac{1}{X_\Sigma^*} \tag{5-23}$$

周期分量的有名值为

$$I_{k\sim} = I_{k\sim}^* I_B = \frac{1}{X_\Sigma^*} \times \frac{S_B}{\sqrt{3}U_P} \tag{5-24}$$

2. 非周期分量

由于电力系统是由一些具有电感或电容的元件组成的，运行中的这些元件将会储存电磁能量，当电路状态发生突变时(例如短路时)电路中这些元件的电流(对于电感)或电压(对于电容)不能发生突变。因而，为了使能量不发生突变，在电路中就会产生电流的非周期分量，即电路会有一个从原来状态过渡到一个新状态的过渡过程。但是，这个非周期分量的电流没有电源的支持，而电路中又有电阻存在，所以，随着时间的推移，这个电流会逐渐衰减，直至新的稳定状态。非周期分量的表达式为

$$i_{k-t} = i_{k-0}\,\mathrm{e}^{-\frac{\omega t}{T_a}},\ \omega = 2\pi f,\ T_a = \frac{X_\Sigma}{R_\Sigma} \tag{5-25}$$

式中：ω——角频率；

T_a——衰减时间常数，决定非周期分量衰减的快慢，T_a 越大，衰减就越慢，T_a 越小，衰减就越快；

i_{k-0}——$t=0$ 时的非周期分量初始值。

非周期分量 i_{k-0} 为

$$i_{k-0} = i_{f0} - i_{k\sim0} \tag{5-26}$$

式中：i_{f0}—— $t=0$ 时负荷电流的瞬时值；

$i_{k\sim 0}$——$t=0$ 时短路电流周期分量初始值。

发生最严重短路的条件是：发生短路时电压的初相角为零，短路前电路为空载，即负荷电流为零；电路为纯电感电路，电阻可忽略不计，即阻抗角 $\varphi=90°$。此时，非周期分量初始值为

$$i_{k\text{-}0}=-i_{k\sim 0} \tag{5-27}$$

因为 $t=0$ 时周期分量的初始有效值为 I''，则初始值为

$$i_{k\text{-}0}=-\sqrt{2}I''=\sqrt{2}I_{k\sim} \tag{5-28}$$

因此，任意时刻 t 时非周期分量的瞬时值为

$$i_{k\text{-}t}=\sqrt{2}I_{k\sim}\mathrm{e}^{-\frac{\omega t}{T_a}} \tag{5-29}$$

3. 短路冲击电流

从图 5-9 可以看出，短路后经过半个周期，即 0.01 s，短路电流瞬时值达到最大值，这一瞬时电流称为短路冲击电流，记为 i_{ch}，其值为

$$i_{ch}=\sqrt{2}I_{k\sim}+\sqrt{2}I_{k\sim}\mathrm{e}^{-\frac{\omega t}{T_a}}=\sqrt{2}I_{k\sim}(1+\mathrm{e}^{-\frac{\omega t}{T_a}})=K_{ch}\sqrt{2}I_{k\sim} \tag{5-30}$$

式中：K_{ch}——冲击系数，其值为

$$K_{ch}=1+\mathrm{e}^{-\frac{\omega t}{T_a}}$$

冲击系数 K_{ch} 表示短路冲击电流为周期分量幅值的倍数，其大小取决于 T_a，取值范围为 $1<K_{ch}<2$。在高压电路中 K_{ch} 一般取 1.8，则短路冲击电流为

$$i_{ch}=K_{ch}\sqrt{2}I_{k\sim}=1.8\sqrt{2}I_{k\sim}=2.55I_{k\sim} \tag{5-31}$$

因为三相电路中各相电压的相位差为 120°，所以发生三相短路时，各相的短路电流周期分量和非周期分量的初始值不同，三相中仅有一相可能出现 $i_{ch}=2.55I_{k\sim}$ 的冲击电流，其余两相的冲击电流则较小。

4. 母线残余电压

在继电保护装置的整定计算中，常需要计算短路点以前某一母线的残余电压。三相短路时短路点电压为零。距短路点电抗为 X 的母线残余电压即为该电抗上的三相电压降。达到稳态时的残余电压值为

$$U_C=\sqrt{3}I_{\infty}X \tag{5-32}$$

用标幺值表示为

$$U_C^*=I_{\infty}^*X^* \tag{5-33}$$

由残压标幺值计算线电压的有名值为

$$U_C=U_C^*U_P \tag{5-34}$$

而相电压的有名值为

$$U_{ph}=U_C^*\frac{U_P}{\sqrt{3}} \tag{5-35}$$

5. 短路功率

选择开关电器时需要计算短路功率，通过某电路的三相短路功率定义为

$$S_k=\sqrt{3}U_PI_{k\sim} \tag{5-36}$$

式中：U_P——电路的平均额定电压，而非残电压；

$I_{k\sim}$——通过某电路的短路周期分量，而非短路全电流。

故短路功率并非短路时某处的实际功率值，可用来综合反映电路的额定电压和短路电流的大小，可由下式计算：

$$S_k = \sqrt{3}U_P I_{k\sim} = \frac{1}{X_\Sigma^*}S_B \tag{5-37}$$

两边同除以 S_B，即

$$S_k^* = \frac{S_k}{S_B} = \frac{1}{X_\Sigma^*} = I_{k\sim}^* \tag{5-38}$$

【例 5-6】 求图 5-10 中 k 点发生短路时的稳态短路电流为 $I_P^{(3)}$，短路冲击电流为 i_{ch}，冲击电流有效值为 I_{ch}，短路功率为 S。

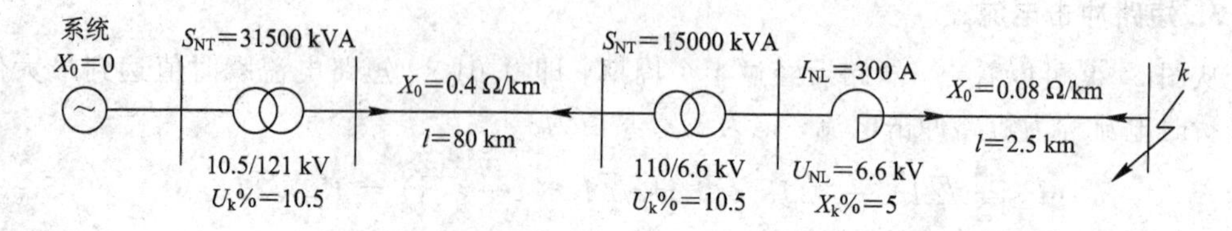

图 5-10 【例 5-6】的电路图

解

(1) 选定基准值。

$$S_B = 100\ \text{MVA}$$

第一段电网平均电压 $U_{d1} = U_{av1} = 115\ \text{kV}$

第一段电网电流 $I_{d1} = \dfrac{S_B}{\sqrt{3}U_{d1}} = \dfrac{100\ 000}{\sqrt{3}\times 115} = 502\ \text{A} = 0.502\ \text{kA}$

第二段电网平均电压 $U_{d2} = U_{av2} = 6.3\ \text{kV}$

第二段电网电流 $I_{d2} = \dfrac{S_B}{\sqrt{3}U_{d2}} = \dfrac{100\ 000}{\sqrt{3}\times 6.3} = 9160\ \text{A} = 9.16\ \text{kA}$

(2) 绘制等效电路图，计算各元件的标幺值。

系统 $X_0=0$；1: $\frac{1}{0.333}$；2: $\frac{2}{0.242}$；3: $\frac{3}{0.7}$；4: $\frac{4}{1.6}$；5: $\frac{5}{0.504}$

变压器 $X_1^* = \dfrac{U_k\%}{100}\times\dfrac{S_B}{S_N} = \dfrac{10.5}{100}\times\dfrac{100}{31.5} = 0.333$

线路 $X_2^* = x_0 l\times\dfrac{S_B}{U_B^2} = 0.4\times 80\times\dfrac{100}{115^2} = 0.242$

变压器 $X_3^* = \dfrac{U_k\%}{100}\times\dfrac{S_B}{S_N} = \dfrac{10.5}{100}\times\dfrac{100}{15} = 0.7$

电抗器 $X_4^* = \dfrac{X_K\%}{100}\times\dfrac{U_{NL}}{\sqrt{3}I_{NL}}\times\dfrac{S_B}{U_B^2} = \dfrac{5}{100}\times\dfrac{6.6}{\sqrt{3}\times 0.3}\times\dfrac{100}{6.3^2} = 1.60$

线路　　$X_5^* = x_l l \times \dfrac{S_B}{U_B^2} = 0.08 \times 2.5 \times \dfrac{100}{6.3^2} = 0.504$

(3) 计算总阻抗。

$$X_\Sigma^* = 0.333 + 0.242 + 0.7 + 1.60 + 0.504 = 3.379$$

(4) 计算短路各参数。

稳态短路电流　　$I_P = \dfrac{1}{X_\Sigma^*} \times I_{d2} = \dfrac{1}{3.379} \times 9.16 = 2.711\ \text{kA}$

短路电流周期分量　　$I_{k\sim} = I_P = 2.711\ \text{kA}$

短路冲击电流　　$i_{ch} = 1.8\sqrt{2} I_{k\sim} = 2.55 I_{k\sim} = 2.55 \times 2.711 = 6.913\ \text{kA}$

冲击电流有效值　$I_{ch} = \sqrt{1 + 2(K_{ch} - 1)^2} \times I'' = 1.51 \times 2.711 = 4.094\ \text{kA}$

短路功率　　$S_k = \sqrt{3} U_P I_{k\sim} = \sqrt{3} \times 6.3 \times 2.711 = 29.581\ \text{MVA}$

【例 5-7】 试用标幺值法求图 5-11 所示的供电系统中 $k-1$ 点及 $k-2$ 点的短路电流及短路容量。

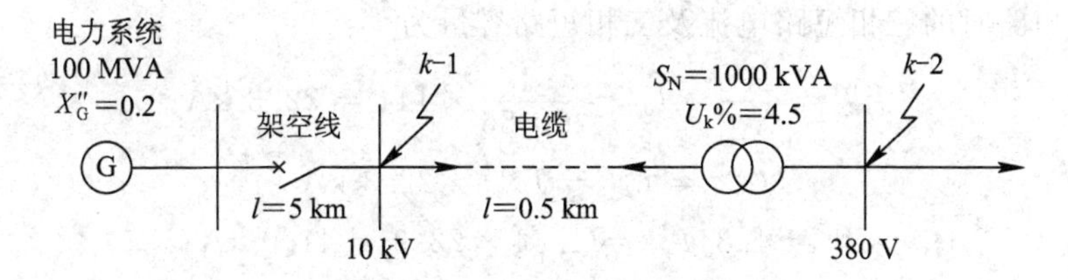

图 5-11　例 5-7 计算电路图

解　(1) 选定基准值。

$$S_B = 100\ \text{MVA},\ U_{d1} = 10.5\ \text{kV},\ U_{d2} = 0.4\ \text{kV}$$

$$I_{d1} = \frac{S_B}{\sqrt{3} U_{d1}} = \frac{100\,000}{\sqrt{3} \times 10.5} = 5.5\ \text{kA}$$

$$I_{d2} = \frac{S_B}{\sqrt{3} U_{d2}} = \frac{100\,000}{\sqrt{3} \times 0.4} = 144\ \text{kA}$$

(2) 绘出等效电路图，并求各元件的电抗标幺值。

$\dfrac{1}{0.2}$ S　　$\dfrac{2}{1.72}$ WL_1　　k-1　　$\dfrac{3}{0.036}$ WL_2　　$\dfrac{4}{4.5}$ T　　k-2

电力系统电抗标幺值为

$$X_1^* = X_G^* = \frac{X_G\%}{100} \times \frac{S_B}{S_N} = 0.2 \times \frac{100}{100} = 0.2$$

架空线路电抗标幺值为

$$X_2^* = X_{WL1}^* = \frac{X_1}{X_B} = x_0 l \times \frac{S_B}{U_B^2} = 0.38 \times 5 \times \frac{100}{10.5^2} = 1.72$$

电缆线路电抗标幺值为

$$X_3^* = X_{WL2}^* = \frac{X_1}{X_B} = x_l l \times \frac{S_B}{U_B^2} = 0.08 \times 0.5 \times \frac{100}{10.5^2} = 0.036$$

变压器电抗标幺值($S_B = 100\ \text{MVA} = 100 \times 10^3\ \text{kVA}$)为

$$X_4^* = X_T^* = \frac{U_k\%}{100} \times \frac{S_B}{S_N} = \frac{4.5}{100} \times \frac{100 \times 10^3}{1000} = 4.5$$

(3) 计算短路电流和短路容量。

$k-1$ 点短路时总电抗标幺值为

$$X_{\Sigma 1}^* = 0.2 + 1.72 = 1.92$$

$k-1$ 点短路时的三相短路电流和三相短路容量为

$$I_{k-1}^{(3)} = \frac{1}{X_{\Sigma 1}^*} \times I_{d1} = \frac{1}{1.92} \times 5.5 = 2.86 \text{ kA}$$

$$I^{(3)''} = I_\infty^{(3)} = I_{k-1}^{(3)} = 2.86 \text{ kA}$$

$$i_{ch}^{(3)} = 2.55 I_\infty^{(3)} = 2.55 \times 2.86 = 7.29 \text{ kA}$$

$$S_{k-1}^{(3)} = \frac{S_B}{X_{\Sigma *}} = \frac{100}{1.92} = 52.0 \text{ MVA}$$

$k-2$ 点短路时总电抗标幺值为

$$X_{\Sigma 2}^* = 0.2 + 1.72 + 0.036 + 4.5 = 6.456$$

$k-2$ 点短路时的三相短路电流及三相短路容量为

$$I_{k-2}^{(3)} = \frac{1}{X_{\Sigma 2}^*} \times I_{d2} = \frac{1}{6.456} \times 144 = 22.3 \text{ kA}$$

$$I^{(3)''} = I_\infty^{(3)} = I_{k-2}^{(3)} = 22.3 \text{ kA}$$

$$i_{ch}^{(3)} = 1.84 I_\infty^{(3)} = 1.84 \times 22.3 = 41.0 \text{ kA}$$

$$S_{k-2}^{(3)} = \frac{S_B}{X_{\Sigma *}} = \frac{100}{6.456} = 15.5 \text{ MVA}$$

任务六　运用短路电流计算曲线计算有限源供给的短路电流

【任务描述】

介绍运用短路电流计算曲线计算有限源供给的短路电流。

【任务分析】

通过概念描述、实例讲解，学生应掌握运用短路电流计算曲线计算有限源供给的短路电流。

一、计算曲线的概念

在工程计算中，常利用计算曲线(或称运算曲线)来确定短路后任意指定时刻短路电流的周期分量。在计算短路点的总电流和短路点邻近支路的电流分布时，利用计算曲线得到的结果具有足够的准确度。

计算曲线表示发电机三相短路电流周期分量有效值的标幺值 I_P^* 与短路回路计算电抗 X_{js} 及短路时间 t 之间的关系，即 $I_P^* = f(X_{js}, t)$。由于各种类型发电机参数不同，计算曲线按不同发电机标准参数分别绘出，如图 5-12 所示。

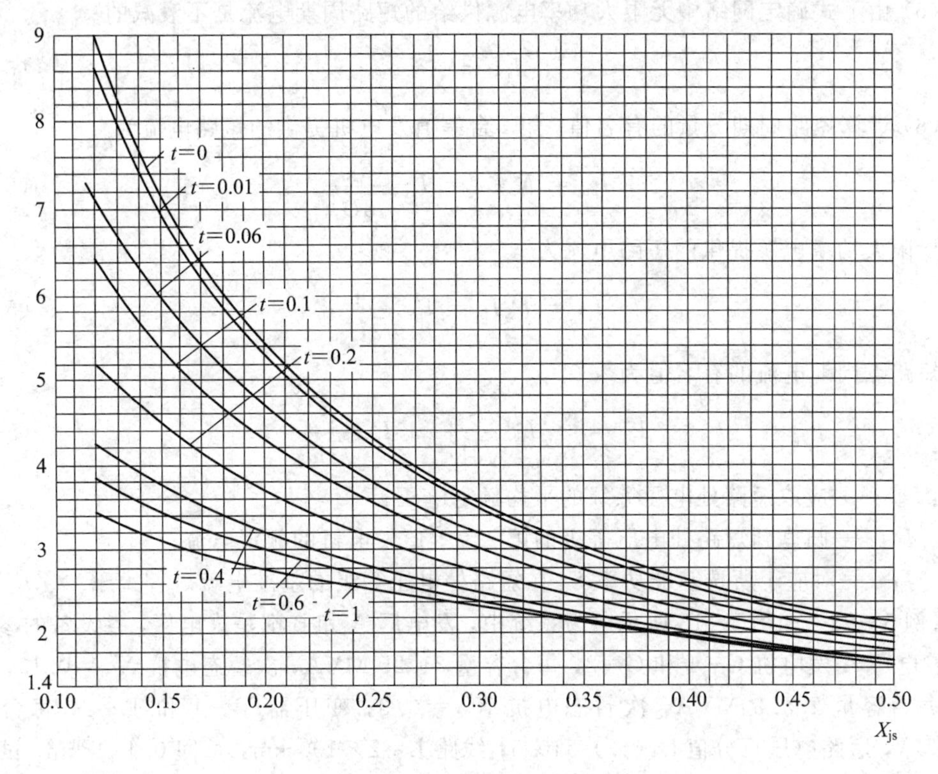

图 5-12　汽轮发电机运算曲线($X_{js}=0.12\sim0.50$)

为了计算方便，计算曲线可制成计算的数字表，见附表 1-1 和附表 1-2。

二、应用计算曲线的具体步骤

(1) 绘制等值网络。

① 选取基准功率 S_B 和基准电压 $U_B=U_{av}$。

② 发电机电抗用 X''_d 表示，忽略网络各元件的电阻、输电线路的电容和变压器的励磁支路。

③ 无限大功率电源的内电抗等于零。

④ 忽略负荷。

(2) 进行网络变换。

将网络中的电源合并成若干组，例如，共有 g 组，每组用一个等值发电机代表。无限大功率电源(如果条件许可)另成一组。求出各等值发电机对短路点的转移电抗 X_{if} ($i=1$, 2, …, g)以及无限大功率电源对短路点的转移电抗 X_{Sf}。

(3) 将前面得到的转移电抗按相应等值发电机的容量进行换算，便得到各等值发电机对短路点的计算电抗

$$X_{jsi}^{*}=X_{if}\frac{S_{Ni}}{S_B}(i=1,2,\cdots,g)\tag{5-39}$$

式中：S_{Ni}——第 i 台等值发电机的额定容量，即其所代表部分的发电机的额定容量之和。

(4) 由 X_{js1}，X_{js2}，…，X_{jsg} 分别根据适当的计算曲线找到指定时刻 t 下，各等值发电机提供的短路周期电流的标幺值 I_{pt1}^{*}，I_{pt2}^{*}，…，I_{ptg}^{*}。

(5) 由下式确定网络中无限大功率电源供给的短路周期电流是不衰减的。

$$I_{pS}^{*}=\frac{1}{X_{Sf}} \tag{5-40}$$

(6) 计算短路周期分量的有名值，第 i 台等值发电机提供的短路电流为

$$I_{pti}=I_{pti}^{*}I_{Ni}=I_{pti}^{*}\frac{S_{Ni}}{\sqrt{3}U_{av}} \tag{5-41}$$

无限大功率电源提供的短路电流为

$$I_{pS}=I_{pS}^{*}I_{B}=I_{pS}^{*}\frac{S_{B}}{\sqrt{3}U_{av}} \tag{5-42}$$

短路点周期电流的有名值为

$$I_{pt}=\sum_{i=1}^{g}I_{pti}^{*}\frac{S_{Ni}}{\sqrt{3}U_{av}}+I_{pS}^{*}\frac{S_{B}}{\sqrt{3}U_{av}} \tag{5-43}$$

式中：U_{av}——应取短路处电压等级的平均额定电压；

I_{Ni}——归算到短路处电压等级的第 i 台等值发电机的额定电流；

I_{B}——对应于所选基准功率 S_{B} 在短路处电压等级的基准电流。

【例 5-8】 如图 5-13 所示电力系统中，发电厂 A 和 B 都是火电厂，各设备的参数如下：发电厂 A 发电机 G-1 和 G-2，每台容量 31.25 MVA，次暂态电抗 $X''_{d}=0.13$；发电厂 B 每台容量 235.3 MVA，次暂态电抗 $X''_{d}=0.3$；变压器 T-1 和 T-2，每台容量 20 MVA，短路电压百分值 $U_{k}(\%)=10.5$；线路 $L=2\times100$ km，每回 0.4 Ω/km，试计算 f 点发生短路时 0.5 s 和 2 s 的短路周期电流，分以下两种情况考虑：

(1) 发电机 G-1、G-2 及发电厂 B 各用一台等值机代表；

(2) 发电机 G-2 和发电厂 B 合并为一台等值机。

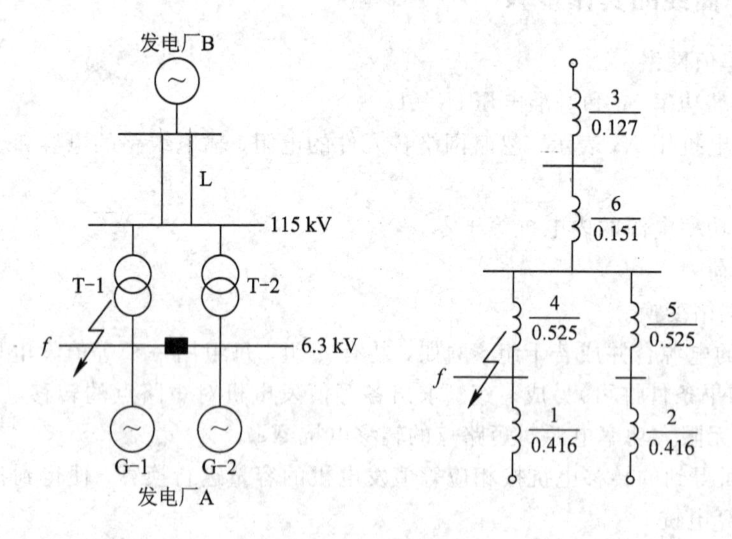

图 5-13　例 5-8 电路图

解　(1) 制定等值网络并进行参数运算。

选取 $S_{B}=100$ MVA，$U_{B}=U_{av}$，计算各元件参数的标幺值。

发电机 G-1 和 G-2：$X_{1}^{*}=X_{2}^{*}=0.13\times\frac{100}{31.25}=0.416$

变压器 T-1 和 T-2：$X_4^* = X_5^* = 0.105 \times \frac{100}{20} = 0.525$

发电机 B：$X_3^* = 0.3 \times \frac{100}{235.3} = 0.127$

线路 L：$X_6^* = \frac{1}{2} \times 0.4 \times 100 \times \frac{100}{115^2} = 0.151$

将计算结果标注于图 5-13 中。

(2) 计算各电源对短路点的转移电抗和计算电抗。

① 发电机 G-1、G-2 和发电厂 B 各用一台等值机代表。

根据星形与三角形电阻互换公式，发电机 G-2 对短路点的转移电抗为

$$X_{2f}^* = 0.416 + 0.525 + 0.525 + \frac{(0.416 + 0.525) \times 0.525}{0.127 + 0.151} = 3.243$$

根据星形与三角形电阻互换公式，发电厂 B 对短路点的转移电抗为

$$X_{3f}^* = 0.127 + 0.151 + 0.525 + \frac{(0.127 + 0.151) \times 0.525}{0.416 + 0.525} = 0.958$$

发电机 G-1 对短路点的转移电抗为

$$X_{1f}^* = 0.416$$

各电源的计算电抗如下：

$$X_{j2}^* = X_{2f}^* \times \frac{31.25}{100} = 1.013$$

$$X_{j3}^* = X_{3f}^* \times \frac{235.3}{100} = 2.254$$

$$X_{j1}^* = X_{1f}^* \times \frac{31.25}{100} = 0.13$$

② 发电厂 G-2 和发电厂 B 合并，用一台等值机表示时：

$$X_{(2//3)f}^* = (0.416 + 0.525)//(0.127 + 0.151) + 0.525 = 0.74$$

计算电抗为

$$X_{js(2//3)}^* = 0.74 \times \frac{31.25 + 235.3}{100} = 1.97$$

③ 查汽轮发电机计算曲线数字表的附表 1-1 和附表 1-2，将结果记入表 5-3 中。

④ 计算短路电流的有名值。

归算到短路电压处电压等级的各等值机的额定电流分别为

$$I_{N1} = I_{N2} = \frac{31.25}{\sqrt{3} \times 6.3} = 2.864\ \text{kA}$$

$$I_{N3} = \frac{253.3}{\sqrt{3} \times 6.3} = 21.564\ \text{kA}$$

$$I_{N2} + I_{N3} = 24.428\ \text{kA}$$

计算出各电源送到短路点的实际电流值及其总和，将结果列入表 5-3 中。图中短路点总电流的两列数值分别代表题干所给的两种计算条件。

表 5-3 短路电流汇总表

时间 t/s	电流值	短路电流来源			G-2与发电厂B合并	短路点总电流/kA	
		G-1 电抗(0.13)	G-2 电抗(1.013)	发电机B 电抗(2.254)		1	2
0.5	标幺值	3.918	0.944	0.453	0.515		
	有名值/kA	11.220	2.704	9.768	12.58	23.693	23.800
2	标幺值	2.801	1.033	0.458	0.529		
	有名值/kA	8.022	2.958	9.876	12.92	20.856	20.942

任务七 不对称短路电流的计算方法

【任务描述】

介绍不对称短路电流的计算。

【任务分析】

通过定义讲解、图例分析，了解不对称短路电流的计算，熟悉不对称短路时电流电压的分布特征；掌握复合序网的概念、正序等效定则及其应用。

一、对称分量法

不对称短路计算一般采用对称分量法。对称分量法是指三相网络内任一组不对称三相相量(电流、电压等)都可以分解成三组对称的分量，即正序分量、负序分量和零序分量。

正序分量的三相量大小相等，方向各差120°，相序与对称时的三相相序相同。

负序分量的三相量大小相等，方向各差120°，相序与对称时的三相相序相反。

零序分量的三相量大小相等，相位也相同。

不对称量分解成为序分量，即相分量分解成为序分量，它们的关系为

$$\begin{bmatrix}\dot{F}_{a1}\\ \dot{F}_{a2}\\ \dot{F}_{a0}\end{bmatrix}=\frac{1}{3}\begin{bmatrix}1 & a & a^2\\ 1 & a^2 & a\\ 1 & 1 & 1\end{bmatrix}\times\begin{bmatrix}\dot{F}_a\\ \dot{F}_b\\ \dot{F}_c\end{bmatrix} \tag{5-44}$$

不对称电流分解成为序分量：

$$\begin{bmatrix}\dot{I}_{a1}\\ \dot{I}_{a2}\\ \dot{I}_{a0}\end{bmatrix}=\frac{1}{3}\begin{bmatrix}1 & a & a^2\\ 1 & a^2 & a\\ 1 & 1 & 1\end{bmatrix}\times\begin{bmatrix}\dot{I}_a\\ \dot{I}_b\\ \dot{I}_c\end{bmatrix} \tag{5-45}$$

不对称电压分解成为序分量：

$$\begin{bmatrix}\dot{U}_{a1}\\ \dot{U}_{a2}\\ \dot{U}_{a0}\end{bmatrix}=\frac{1}{3}\begin{bmatrix}1 & a & a^2\\ 1 & a^2 & a\\ 1 & 1 & 1\end{bmatrix}\times\begin{bmatrix}\dot{U}_a\\ \dot{U}_b\\ \dot{U}_c\end{bmatrix} \tag{5-46}$$

式中算子：

$$a = e^{j120^\circ} = -\frac{1}{2} + j\frac{\sqrt{3}}{2},\ a^2 = e^{j240^\circ} = -\frac{1}{2} - j\frac{\sqrt{3}}{2},\ a^3 = 1,\ 1 + a + a^2 = 0$$

序分量合成为不对称量，即序分量合成为相分量的关系为

$$\begin{bmatrix} \dot{F}_a \\ \dot{F}_b \\ \dot{F}_c \end{bmatrix} = \begin{bmatrix} 1 & 1 & 1 \\ a^2 & a & 1 \\ a & a^2 & 1 \end{bmatrix} \times \begin{bmatrix} \dot{F}_{a1} \\ \dot{F}_{a2} \\ \dot{F}_{a0} \end{bmatrix} \tag{5-47}$$

电流序分量合成相分量：

$$\begin{bmatrix} \dot{I}_a \\ \dot{I}_b \\ \dot{I}_c \end{bmatrix} = \begin{bmatrix} 1 & 1 & 1 \\ a^2 & a & 1 \\ a & a^2 & 1 \end{bmatrix} \times \begin{bmatrix} \dot{I}_{a1} \\ \dot{I}_{a2} \\ \dot{I}_{a0} \end{bmatrix} \tag{5-48}$$

电压序分量合成相分量：

$$\begin{bmatrix} \dot{U}_a \\ \dot{U}_b \\ \dot{U}_c \end{bmatrix} = \begin{bmatrix} 1 & 1 & 1 \\ a^2 & a & 1 \\ a & a^2 & 1 \end{bmatrix} \times \begin{bmatrix} \dot{U}_{a1} \\ \dot{U}_{a2} \\ \dot{U}_{a0} \end{bmatrix} \tag{5-49}$$

二、三序对称分量的独立性

在三相对称网络中，向三相网络内施加任一组对称分量电压(或电流)都只在该网络内产生相应的对称分量电流(或电压)，此即三相对称网络中对称分量的独立性。因此，可以分别对各序电流电压进行计算，然后再用对称分量法进行合成，从而求出实际的短路电流或电压值。

三、序网的构成

将三相不对称相量分解为正序(顺序)、负序(逆序)和零序三组对称分量后，要对不同序的电流电压进行计算，相应的不同序的计算用网络称为序网，可分为正序网络、负序网络和零序网络。

正序网络：与前面所述三相短路时的网络和电抗值相同。

负序网络：所构成的元件与正序网络完全相同，只需用各元件负序阻抗 X_2 代替正序阻抗 X_1 即可。对于静止元件(变压器、电抗器、架空线路、电缆线路等)，$X_2 = X_1$；对于旋转电机的负序阻抗，X_2 不等于正序阻抗 X_1，一般由制造厂提供。

零序网络：由元件的零序阻抗所构成。零序网络的构成比较复杂，其构成方法是：在短路点加上一组零序电压，然后寻找零序电流通路，如能够有零序电流通过，则该支路包含在零序网络中。这种能够流过零序电流的回路，至少在短路点连接的回路中有一个接地中性点时才能形成；如发电机或变压器的中性点经过阻抗接地，则必须将该阻抗增加 3 倍后再列入零序网络。如果在回路中有变压器，那么零序电流只有在一定条件下才能由变压器一侧感应至另一侧。

电抗器的零序阻抗 $X_0 = X_1$。

表 5-4 和表 5-5 分别是双绕组变压器的零序电抗和三绕组变压器的零序电抗。

表 5-4　双绕组变压器的零序电抗

序号	接线图	等值电抗		
		等值网络	三个单相三相四柱壳式	三相三柱式
1	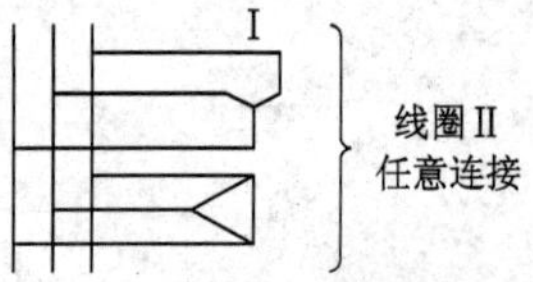 线圈Ⅱ任意连接	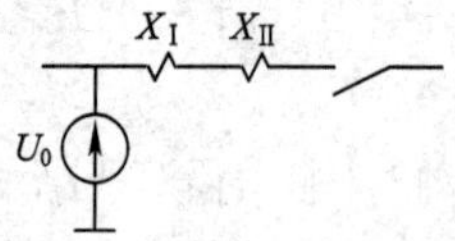	$X_0=\infty$	$X_0=\infty$
2	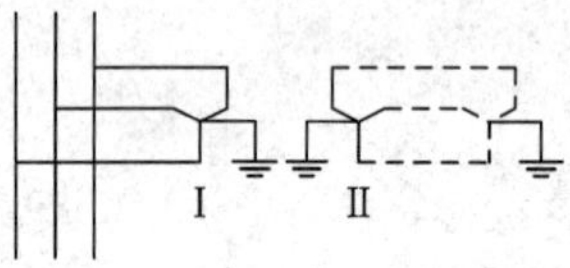	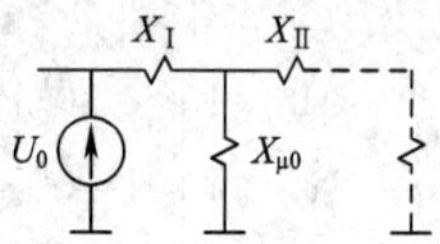	$X_0=X_1+\cdots$	$X_0=X_1+\cdots$
3	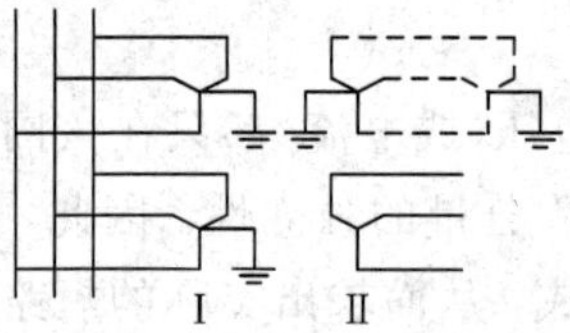	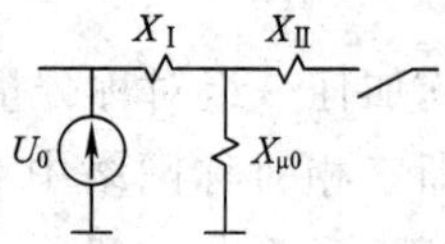	$X_0=\infty$	$X_0=X_1+X_{\mu 0}$
4	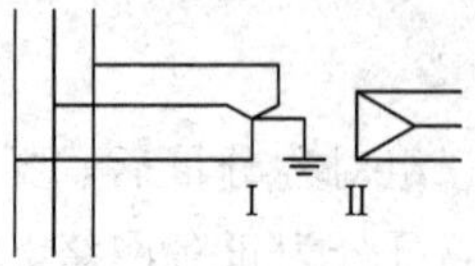	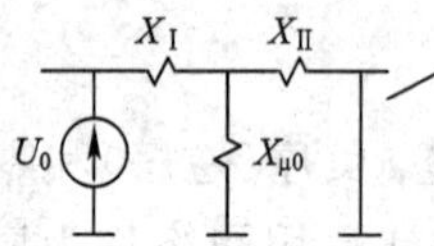	$X_0=X_{\mathrm{I}}$	$X_0=X_{\mathrm{I}}+\dfrac{X_{\mathrm{II}}X_{\mu 0}}{X_{\mathrm{II}}+X_{\mu 0}}$
5	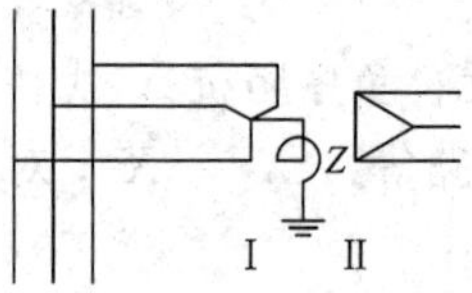	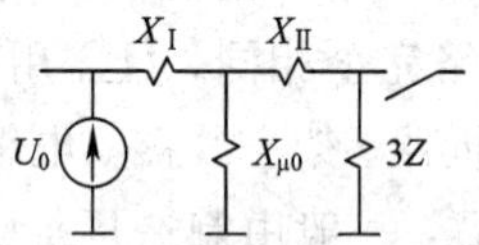	$X_0=X_1+3Z$	$X_0=X_{\mathrm{I}}+\dfrac{(X_{\mathrm{II}}+3Z)X_{\mu 0}}{X_{\mathrm{II}}+3Z+X_{\mu 0}}$
6	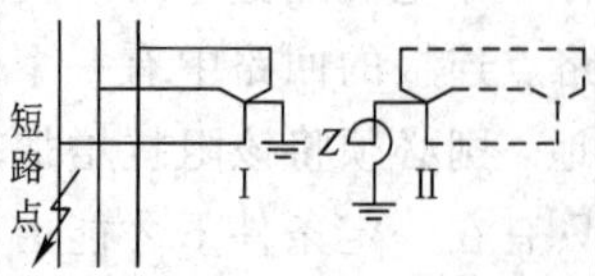 短路点	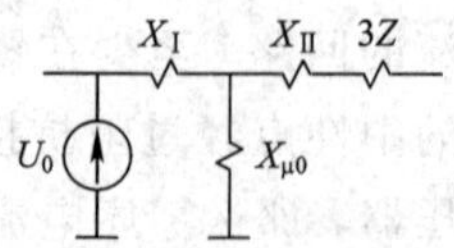	$X_0=X_1+3Z$	$X_0=X_{\mathrm{I}}+\dfrac{(X_{\mathrm{II}}+3Z+\cdots)X_{\mu 0}}{X_{\mathrm{II}}+3Z+\cdots+X_{\mu 0}}$

注：(1) $X_{\mu 0}$为变压器的零序励磁电抗。三相三柱式$X_{\mu 0}^{*}=0.3\sim1.0$，通常在0.5左右(以额定容量为基准)；三个单相、三相四柱式或壳式变压器$X_{\mu 0}=\infty$。

(2) X_{I}、X_{II}为变压器各线圈的正序电抗，两者大致相等，约为正序电抗X_1的一半。

表 5-5　三绕组变压器的零序电抗

序号	接线图	等值网络	等值电抗
1	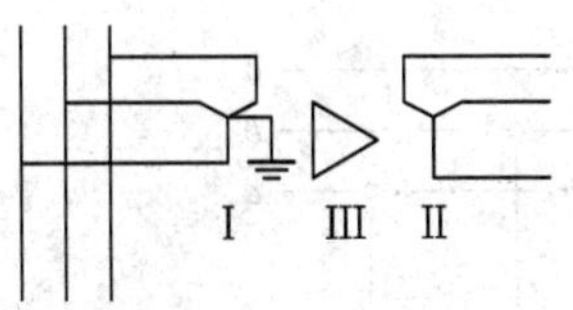 I　III　II	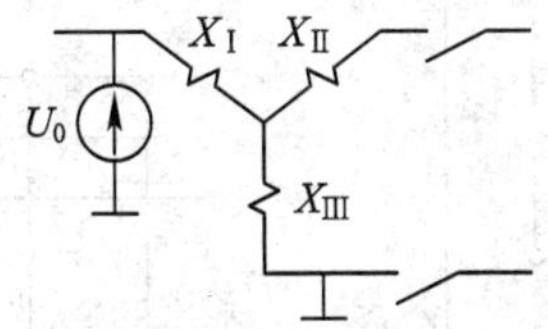 U_0 $X_{Ⅰ}$ $X_{Ⅱ}$ $X_{Ⅲ}$	$X_0=X_{Ⅰ}+X_{Ⅲ}$
2	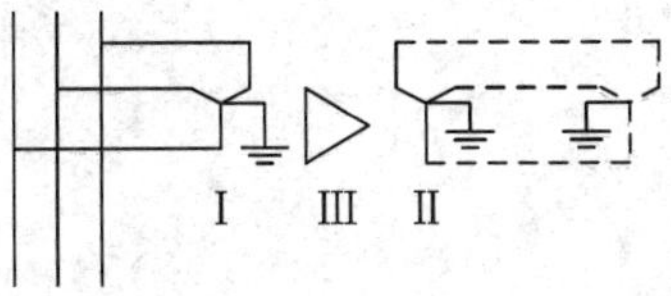 I　III　II	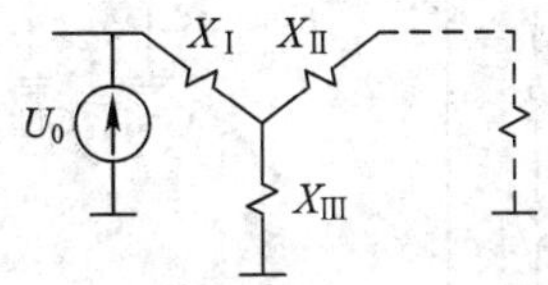 U_0 $X_{Ⅰ}$ $X_{Ⅱ}$ $X_{Ⅲ}$	$X_0=X_{Ⅰ}+\dfrac{X_{Ⅲ}(X_{Ⅱ}+\cdots)}{X_{Ⅲ}+X_{Ⅱ}+\cdots}$
3	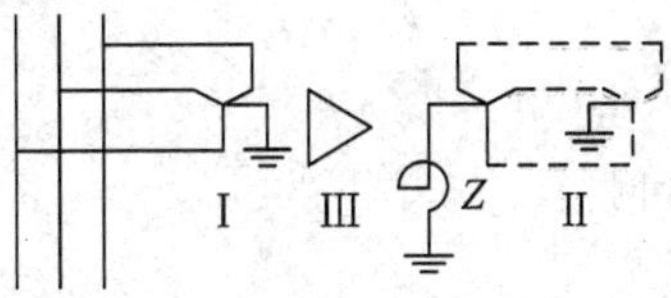 I　III　Z　II	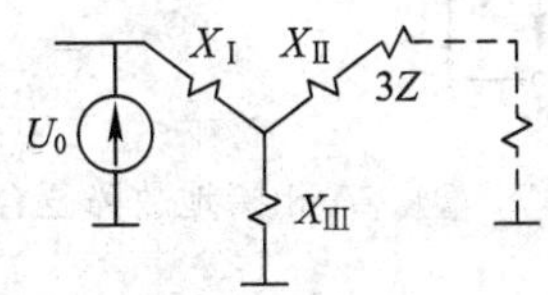 U_0 $X_{Ⅰ}$ $X_{Ⅱ}$ $3Z$ $X_{Ⅲ}$	$X_0=X_{Ⅰ}+\dfrac{X_{Ⅲ}(X_{Ⅱ}+3Z+\cdots)}{X_{Ⅲ}+X_{Ⅱ}+3Z+\cdots}$
4	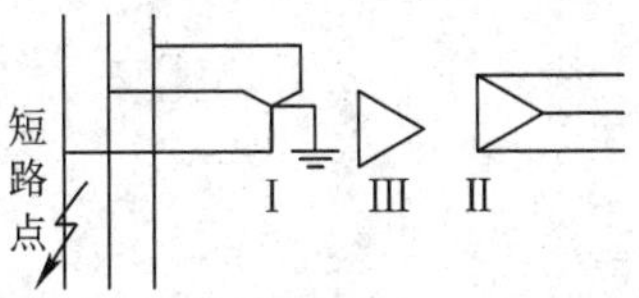 短路点　I　III　II	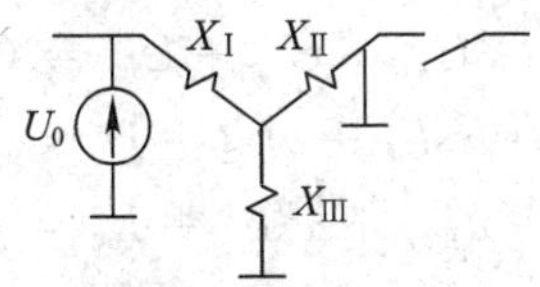 U_0 $X_{Ⅰ}$ $X_{Ⅱ}$ $X_{Ⅲ}$	$X_0=X_{Ⅰ}+\dfrac{X_{Ⅱ}X_{Ⅲ}}{X_{Ⅱ}+X_{Ⅲ}}$

注：(1) $X_{Ⅰ}$、$X_{Ⅱ}$、$X_{Ⅲ}$ 为三绕组变压器等值星形各支路的正序电抗。

(2) 直接接地 $Y_0/Y_0/Y_0$ 和 $Y_0/Y_0/\Delta$ 接线的自耦变压器与 $Y_0/Y_0/\Delta$ 接线的三绕组变压器的等值回路是一致的。

(3) 当自耦变压器无第三绕组时，其等值回路与三个单相或三相四柱式 Y_0/Y_0 接线的双绕组变压器是一样的。

(4) 当自耦变压器的第三绕组为 Y 接线，且中性点不接地时(即 $Y_0/Y_0/Y$ 接线的全星型变压器)，等值网络中的 $X_{Ⅲ}$ 不接地，等值电抗 $X_{Ⅲ}=\infty$。

四、复合序网

根据不同的不对称短路，将三个序网连接成不同的形式，从而进行计算，这时的网络称为复合序网；其连接方法是根据不同的短路类型，由短路处的边界条件决定的。根据复合序网，可方便地求出正序电流的 A 相分量，进而求出各序电流电压的序分量，最后再合成为要求的相分量。

1. 单相接地短路

(1) 边界条件。

图 5-14 所示为 A 相接地故障复合序网。

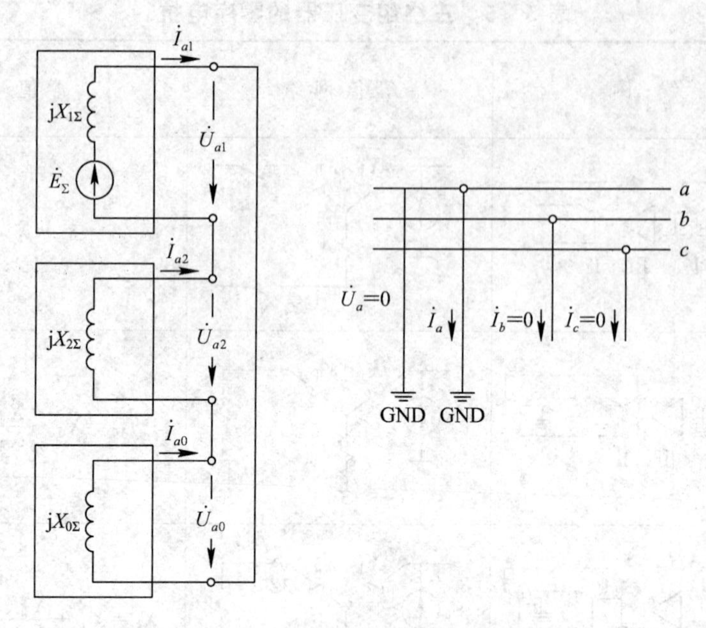

图 5-14　A 相接地故障复合序网

其中，

$$\dot{U}_a = 0,\ \dot{I}_b = 0,\ \dot{I}_c = 0$$

$$\dot{U}_{a1} + \dot{U}_{a2} + \dot{U}_{a0} = 0$$

$$a^2\dot{I}_{a1} + a\dot{I}_{a2} + \dot{I}_{a0} = 0$$

$$a\dot{I}_{a1} + a^2\dot{I}_{a2} + \dot{I}_{a0} = 0$$

$$\dot{U}_{a1} + \dot{U}_{a2} + \dot{U}_{a0} = 0$$

$$\dot{I}_{a1} = \dot{I}_{a2} = \dot{I}_{a0}$$

(2) 单相接地的短路电流和短路点非故障相电压的计算方法如下：

$$\dot{I}_f^{(1)} = \dot{I}_a = \dot{I}_{a1} + \dot{I}_{a2} + \dot{I}_{a0} = 3\dot{I}_{a1}$$

$$\begin{aligned}\dot{U}_{fb} &= a^2\dot{U}_{a1} + a\dot{U}_{a2} + \dot{U}_{a0}\\ &= \frac{\sqrt{3}}{2}[(2X_{2\Sigma} + X_{0\Sigma}) - \mathrm{j}\sqrt{3}X_{0\Sigma}]\dot{I}_{a1}\end{aligned}$$

$$\begin{aligned}\dot{U}_{fc} &= a\dot{U}_{a1} + a^2\dot{U}_{a2} + \dot{U}_{a0}\\ &= \frac{\sqrt{3}}{2}[-(2X_{2\Sigma} + X_{0\Sigma}) - \mathrm{j}\sqrt{3}X_{0\Sigma}]\dot{I}_{a1}\end{aligned}$$

2. 两相短路

(1) 边界条件。

$$\dot{I}_a = 0,\ \dot{I}_b + \dot{I}_c = 0,\ \dot{U}_b = \dot{U}_c$$

$$\dot{I}_{a1} + \dot{I}_{a2} + \dot{I}_{a0} = 0$$

$$a^2\dot{I}_{a1} + a\dot{I}_{a2} + \dot{I}_{a0} + a\dot{I}_{a1} + a^2\dot{I}_{a2} + \dot{I}_{a0} = 0$$

$$a^2\dot{U}_{a1} + a\dot{U}_{a2} + \dot{U}_{a0} = a\dot{U}_{a1} + a^2\dot{U}_{a2} + \dot{U}_{a0}$$

图 5-15 所示为两相短路复合序网。

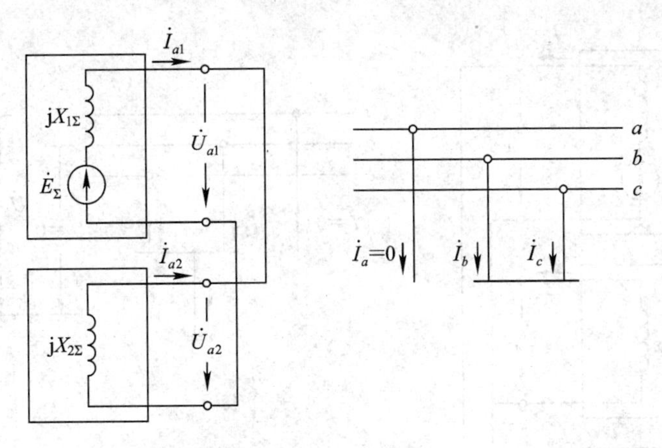

图 5-15　两相短路复合序网

(2) 两相短路的短路电流和电压。

$$\dot{I}_b = a^2\dot{I}_{a1} + a\dot{I}_{a2} + \dot{I}_{a0} = (a^2 - a)\dot{I}_{a1} = -\mathrm{j}\sqrt{3}\dot{I}_{a1}$$

$$\dot{I}_c = -\dot{I}_b = j\sqrt{3}\dot{I}_{a1}$$

$$I_f^{(2)} = I_b = I_c = \sqrt{3}I_{a1} = \frac{\sqrt{3}E_{\Sigma}}{X_{1\Sigma} + X_{2\Sigma}} \approx \frac{\sqrt{3}}{2}I^{(3)}$$

$$\dot{U}_a = \dot{U}_{a|0|}, \dot{U}_b = \dot{U}_c = -\frac{\dot{U}_{a|0|}}{2}$$

3. 两相接地短路

(1) 边界条件。

图 5-16 为两相短路接地复合序网。

$$\dot{U}_a = 0, \dot{I}_b = 0, \dot{I}_c = 0$$

$$\dot{U}_{a1} + \dot{U}_{a2} + \dot{U}_{a0} = 0, \dot{I}_{a1} = \dot{I}_{a2} = \dot{I}_{a0}$$

$$\dot{I}_a = 0, \dot{U}_b = 0, \dot{U}_c = 0$$

$$\dot{I}_{a1} + \dot{I}_{a2} + \dot{I}_{a0} = 0, \dot{U}_{a1} = \dot{U}_{a2} = \dot{U}_{a0}$$

(2) 两相短路接地故障相电流。

$$\dot{I}_b = a^2\dot{I}_{a1} + a\dot{I}_{a2} + \dot{I}_{a0} = \left(a^2 - \frac{X_{2\Sigma} + aX_{0\Sigma}}{X_{2\Sigma} + X_{0\Sigma}}\right)\dot{I}_{a1}$$

$$= \frac{-3X_{2\Sigma} - \mathrm{j}\sqrt{3}(X_{2\Sigma} + 2X_{0\Sigma})}{2(X_{2\Sigma} + X_{0\Sigma})}\dot{I}_{a1}$$

$$\dot{I}_c = a\dot{I}_{a1} + a^2\dot{I}_{a2} + \dot{I}_{a0} = \left(a - \frac{X_{2\Sigma} + a^2X_{0\Sigma}}{X_{2\Sigma} + X_{0\Sigma}}\right)\dot{I}_{a1}$$

$$= \frac{-3X_{2\Sigma} + \mathrm{j}\sqrt{3}(X_{2\Sigma} + 2X_{0\Sigma})}{2(X_{2\Sigma} + X_{0\Sigma})}\dot{I}_{a1}$$

(3) 非故障相电压。

$$\dot{U}_a = 3\dot{U}_{a1} = \mathrm{j}\frac{3X_{2\Sigma}X_{0\Sigma}}{X_{2\Sigma} + X_{0\Sigma}}\dot{I}_{a1}$$

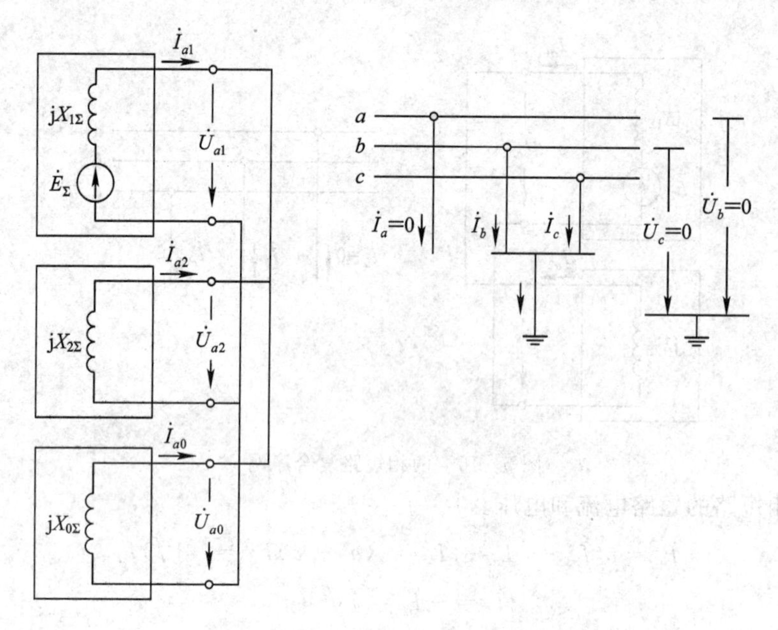

图 5-16　两相短路接地复合序网

项 目 小 结

当无限大容量电源系统发生短路时，通过分析短路电流波形的变化，得出了短路电流周期分量、非周期分量、冲击电流的计算公式。短路电流周期分量又称稳态分量，它会影响短路电流的热效应，而短路冲击电流会影响短路电流的电动力效应。

短路电流计算方法有欧姆法(又称有名单位制法)、标幺值法(又称相对单位制法)和短路容量法(又称兆伏安法)。欧姆法属于最基本的短路电流计算法，如计算低压系统的短路电流，常采用有名单位制；但计算高压系统的短路电流时，由于存在多个电压等级，会有阻抗换算问题，为使计算简化，常采用标幺值。短路容量法和标幺值法计算步骤基本相同，首先绘制计算电路图，然后依次将各元件标号，并计算各元件电抗；再根据短路点绘制出等效电路，将电路化简；最后求出等效总阻抗及短路电流。短路容量法和标幺值法类似，只需将各元件电抗改为短路容量来计算。运用短路电流计算曲线计算有限源供给的短路电流也是短路电流计算的一种有效方法。

在电力系统中，除了对称的三相短路外，还有不对称短路，如单相接地、两相接地、两相短路等，发生不对称短路的概率比对称短路的概率大，因此需要掌握不对称短路的分析方法。

思考与练习

1. 什么叫短路？短路发生的原因有哪些？短路的后果有哪些？产生最大短路电流的条件是什么？

2. 解释和说明下列术语的物理含义：

无限大容量电源，短路电流的周期分量，短路电流的非周期分量，冲击电流，标幺值，短路电流的动稳定校验，热稳定校验。

3. 设供电系统图如图 5-17 所示，数据均标在图上，试求 $k-1$、$k-2$ 处的三相短路电流。

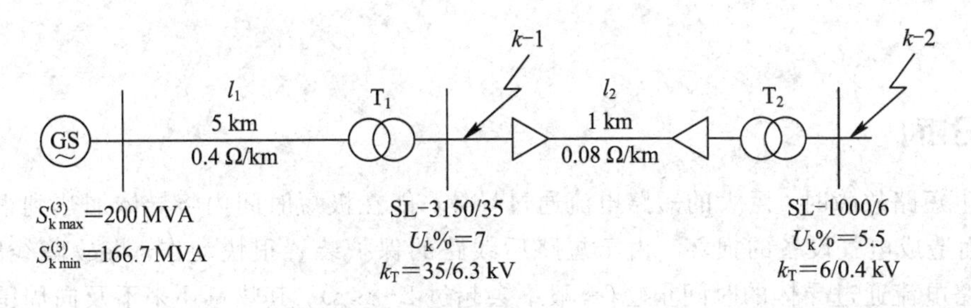

图 5-17　习题 3 图

4. 某供电系统如图 5-18 所示。已知电力系统出口断路器为 SN10-10Ⅱ型(断流容量为 500 MVA)，试用标幺值法求变电所高压 10.5 kV 母线上 $k-1$ 点和低压 0.4 kV 母线上 $k-2$ 点短路的三相短路电流和短路容量。高压侧为架空线，长度为 5 km，单位长度电抗为 0.35 Ω/km；两台变压器完全相同，额定容量为 800 kVA，短路电压百分数 $U_k\% = 4.5$。

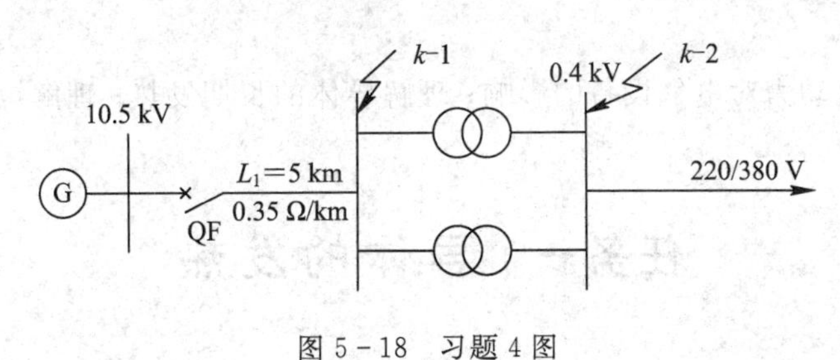

图 5-18　习题 4 图

项目六 载流导体的发热和电动力

【项目分析】

发生短路故障时，巨大的短路电流通过导体，能在极短时间内将导体加热到很高的温度，从而造成电气设备的损坏。由于短路后线路的保护装置很快动作，将故障线路切除，所以短路电流通过导体的时间很短(一般不会超过 2～3 s)，其热量还来不及向周围介质中散发，因此可以认为全部热量都用于升高导体的温度。导体的发热会引起机械强度下降、接触电阻增加、绝缘性能下降。短路电流所产生的巨大电动力对电气设备具有很大的危害性，如绝缘部件或载流部件损坏，电磁绕组变形或损坏，开关电器的触头瞬间解除接触压力出现斥开现象等。

【培养目标】

了解发热和电动力对电气设备的影响；理解导体的长期发热；理解短路电流的电动力效应。

任务一 导体的发热

【任务描述】

介绍导体发热的基本知识。

【任务分析】

通过原理讲解、知识要点归纳总结，了解导体发热的原因、状态，熟悉发热对导体的不良影响。

根据导体的允许发热条件，导体的正常负荷和短路时允许最高温度如表 6-1 所示。如果导体和电器在短路时的发热温度不超过允许温度，则认为其短路热稳定满足要求。

表 6-1 导体或电缆的长期允许工作温度和短路时允许的最高温度

导体种类和材料	短路时导体允许最高温度 $\theta_{N\cdot max}$/℃	导体长期允许工作温度 θ_N/℃	热稳定系数 C 值
铝母线、硬铝及铝锰合金	200	70	87
硬铜母线及导线	300	70	171
钢母线(不与电器直接连接)	410	70	70
钢母线(与电器直接连接)	310	70	63

续表

导体种类和材料	短路时导体允许最高温度 $\theta_{N\cdot max}$/℃	导体长期允许工作温度 θ_N/℃	热稳定系数 C 值
10 kV 铝芯油浸纸绝缘电缆	200	60	95
10 kV 铜芯油浸纸绝缘电缆	220	60	165
6 kV 铝芯油浸纸绝缘电缆及 10 kV 铝芯不滴流电缆	200	65	90
6 kV 铜芯油浸纸绝缘电缆及 10 kV 铜芯不滴流电缆	220	65	150
3 kV 以下铝芯绝缘电缆	200	80	
3 kV 以下铜芯绝缘电缆	250	80	
铝芯交联聚乙烯绝缘电缆	200	90	80
铜芯交联聚乙烯绝缘电缆	230	90	135
铝芯聚氯乙烯绝缘电缆	130	65	65
铜芯聚氯乙烯绝缘电缆	130	65	100

导体达到的最高发热温度与导体短路前的温度、短路电流的大小及通过短路电流的时间长短等因素有关。由于短路电流是一个变化的电流，而且含有非周期分量，因此要准确计算短路时导体产生的热量和达到的最高温度是非常困难的。

一般采用短路稳态电流来等效计算实际短路电流所产生的热量。

一、导体的长期发热与计算

1. 载流导体的电阻损耗 Q_R

载流导体周围金属构件处于交变磁场中所产生的磁滞、涡流损耗和绝缘材料内部的介质损耗，这些损耗均转换为热能，使电气设备的温度升高。

电流通过后导体的稳定温升和稳定温度满足

$$Q_R + Q_t = Q_l + Q_f \tag{6-1}$$

导体电阻损耗的热量 Q_R 为

$$Q_R = I_W^2 R_{ac}(\mathrm{W/m}) \tag{6-2}$$

导体的交流电阻 R_{ac} 为

$$R_{ac} = \frac{\rho[1+\alpha_t(\theta_W - 20)]}{S}K_f(\Omega/\mathrm{m}) \tag{6-3}$$

式中：R_{ac}——导体的交流电阻，单位为 Ω/m；

ρ——导体温度为 20℃时的直流电阻率，单位为 $\Omega\cdot mm^2/m$；

α_t——电阻的温度系数，单位为℃$^{-1}$；

θ_W——导体的运行温度，单位为℃；

K_f——集肤系数，与电流的频率、导体的形状和尺寸有关；

S——导体的截面积，单位为 mm^2。

表 6-2 列出了常见材料的电阻率及电阻温度系数。图 6-1 所示的材料集肤效应系数与电流的频率、导体的形状和尺寸有关。

表 6-2 电阻率及电阻温度系数

材料名称	电阻率 $\rho/\Omega \cdot mm^2 \cdot m^{-1}$	电阻温度系数 α_t(℃$^{-1}$)
纯铝	0.027～0.029	0.00410
铝锰合金	0.0379	0.00420
铝镁合金	0.0458	0.00420
软棒铜	0.01748	0.00433
硬棒铜	0.0179	0.00433
钢	0.15	0.00625

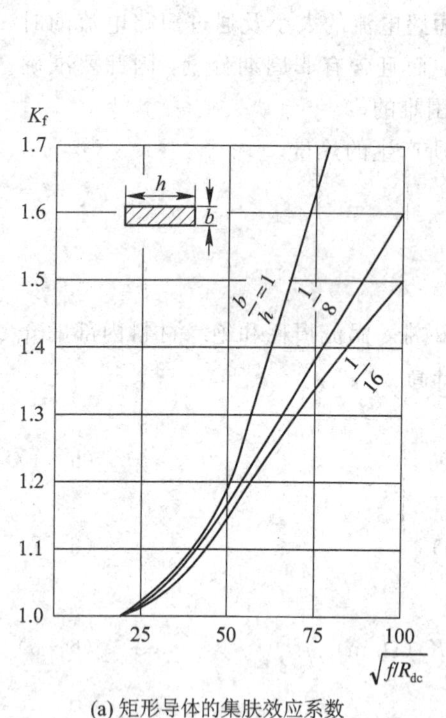

(a) 矩形导体的集肤效应系数

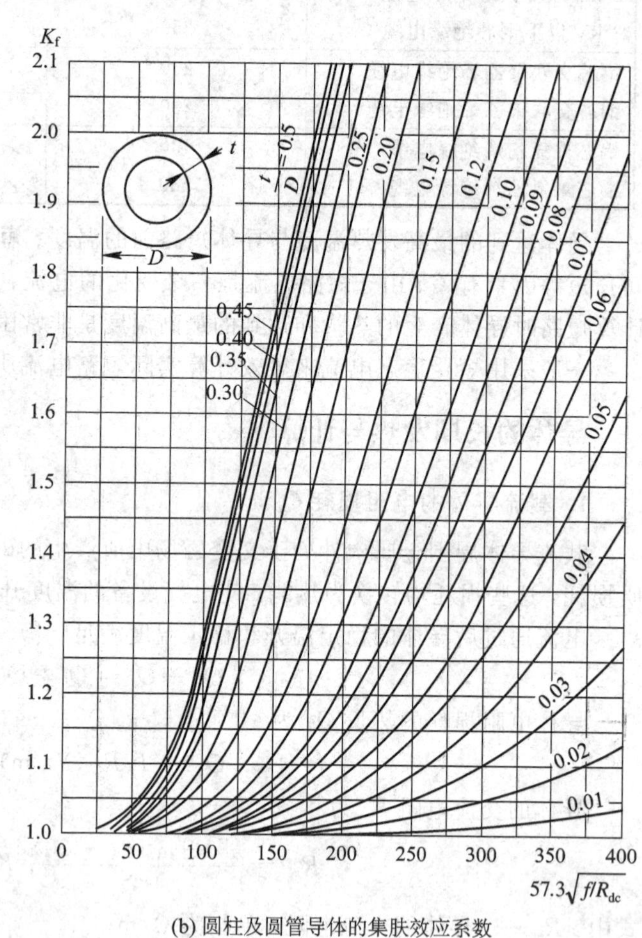

(b) 圆柱及圆管导体的集肤效应系数

图 6-1 集肤效应系数

2. 导体吸收太阳辐射的热量 Q_t

安装在户外的导体受太阳辐射的作用时，其温度会升高。对于户外安装的圆管形导体，日照的热量计算公式为

$$Q_t = E_t A_t D \ (\mathrm{W/m}) \tag{6-4}$$

式中：E_t——太阳照射的功率密度（$\mathrm{W/m^2}$），我国取 $E_t=1000$（$\mathrm{W/m^2}$）；

A_t——导体的吸收率，对铝管取 $A_t=0.6$；

D——管型导体的外径，单位为 m。

热量传递有三种方式：对流、辐射和传导。导体的散热过程主要是对流和辐射。空气的热传导能力很差，导体的传导散热可忽略不计。

3. 导体对流散热量 Q_l

在气体中，由于各部分气体发生相对位移而将热量带走的过程，称为对流。对流换热所传递的热量，与温差及换热面积成正比，计算公式为

$$Q_l = \alpha_l(\theta_W - \theta_0)F_l(\mathrm{W/m}) \tag{6-5}$$

式中：α_l——对流换热系数，单位为 $\mathrm{W/(m^2 \cdot ℃)}$；

θ_W——导体的运行温度，单位为℃；

θ_0——周围空气温度，单位为℃；

F_l——单位长度换热面积，单位为 $\mathrm{m^2/m}$。

根据对流的条件不同，对流散热可分为自然对流散热和强迫对流散热。

1）自然对流散热

屋内自然通风或屋外风速小于 0.2 m/s，取 $\alpha_l=1.5(\theta_W-\theta_0)^{0.35}$，单位长度导体散热面积与导体尺寸、布置方式等有关，如图 6－2 所示。

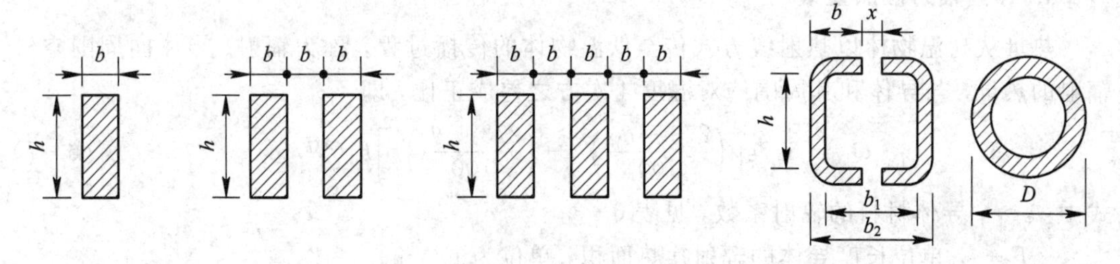

图 6－2　导体与散热面积对照图

具体计算方法如下。

单条矩形导体竖放时的对流散热面积为

$$F_l = 2(A_1 + A_2),\ A_1 = \frac{h}{1000},\ A_2 = \frac{b}{1000}$$

两条矩形导体竖放时的对流散热面积为

$$b = \begin{cases} 6\ \mathrm{mm} \\ 8\ \mathrm{mm} \\ 10\ \mathrm{mm} \end{cases} \quad F_l = \begin{cases} 2A_1 + 4A_2 \\ 2.5A_1 + 4A_2 \\ 3A_1 + 4A_2 \end{cases}$$

三条矩形导体竖放时的对流散热面积为

$$b = \begin{cases} 8\ \mathrm{mm} \\ 10\ \mathrm{mm} \end{cases} \quad F_l = \begin{cases} 3A_1 + 6A_2 \\ 4A_1 + 6A_2 \end{cases}$$

圆管形导体(直径为 D)的对流散热面积为

$$F_l = \pi D$$

2）强迫对流散热

当户外风速大于 0.2 m/s 时，空气分子与导体表面接触的数量增多，则认为该对流属

于强迫对流散热。强迫对流散热系数为

$$\alpha_l = \frac{Nu\lambda\beta}{D}$$

式中：$Nu=0.13\left(\frac{VD}{\nu}\right)^{0.65}$；

λ——空气导热系数，当气温为20℃时，$\lambda=2.52\times10^{-2}$ W/(m·℃)；

ν——空气运动黏度系数，当空气温度为20℃时，$\nu=15.7\times10^{-6}$ m²/s；

V——风速，单位为m/s；

D——圆管形导体的直径。

如风向与导体不垂直，二者之间有一夹角φ，则修正系数$\beta=A+B(\sin\varphi)^n$。

当$0^\circ<\varphi\leqslant24^\circ$时，$A=0.42$，$B=0.68$，$n=1.08$；

当$24^\circ<\varphi\leqslant90^\circ$时，$A=0.42$，$B=0.58$，$n=0.9$。

强迫对流散热量为

$$Q_l=\frac{Nu\lambda}{D}(\theta_W-\theta_0)[A+B(\sin\varphi)^n]\pi D$$

$$=0.13\left(\frac{VD}{\nu}\right)^{0.65}\pi\lambda(\theta_W-\theta_0)[A+B(\sin\varphi)^n]\quad(\text{W/m})\tag{6-6}$$

4. 导体辐射散热量Q_f

热量从高温物体以热射线方式传至低温物体的传播过程，称为辐射。导体向周围空气辐射的热量，与导体和其周围绝对温度4次方之差成正比，即

$$Q_f=5.7\varepsilon\left[\left(\frac{273+\theta_W}{100}\right)^4-\left(\frac{273+\theta_0}{100}\right)^4\right]F_f(\text{W/m})\tag{6-7}$$

式中：ε——导体材料的辐射系数，见表6-3；

F_f——单位长度导体的辐射换热面积，单位为m²/m。

表6-3 导体材料的辐射系数ε

材　料	辐射系数	材　料	辐射系数
表面磨光的铝	0.039～0.057	白漆	0.80～0.95
表面未磨光的铝	0.055	各种颜色油质涂料	0.92～0.96
精密磨光的电解铜	0.018～0.023	有光泽的黑色虫漆	0.821
有光泽的黑漆	0.875	无光泽的黑色虫漆	0.91
无光泽的黑漆	0.96～0.98		

5. 导体的温升

导体散失到周围介质的热量，为对流换热量Q_l与辐射换热量Q_f之和，这是一种复合换热。为了计算方便，用一个总换热系数α_W来代替对流换热与辐射换热的作用，即

$$Q_l+Q_f=\alpha_W(\theta_W-\theta_0)F\quad(\text{W/m})\tag{6-8}$$

式中：α_W——导体总的换热系数，单位为W/(m²·℃)；

F——导体的等效换热面积，单位为m²/m。

在导体升温过程中，导体产生的热量Q_R一部分用于温度升高所需的热量Q_W，另一部

分 Q_l+Q_f 散失到周围的介质中。因此，对于均匀导体(同一截面同种材料)，其持续发热的热平衡方程为

$$Q_R=Q_W+Q_l+Q_f \quad (W/m) \tag{6-9}$$

在微分时间 dt 内，由式(6-9)得

$$I^2R\mathrm{d}t=mc\,\mathrm{d}\theta+\alpha_W F(\theta_W-\theta_0)\mathrm{d}t \tag{6-10}$$

式中：I——流过导体的电流，单位为 A；

R——导体的交流电阻，单位为 Ω；

m——导体的质量，单位为 kg；

c——导体的比热容，单位为 $J/(m^2 \cdot ℃)$；

θ_W——导体运行的温度，单位为℃；

θ_0——周围空气的温度，单位为℃。

在正常工作时，导体的温度变化范围不大，可以认为电阻 R、比热容 c、换热系数 α_W 等为常数，故式(6-10)是常系数微分方程，经整理后可得

$$\mathrm{d}t=-\frac{mc}{\alpha_W F}\times\frac{1}{I^2R-\alpha_W F(\theta_W-\theta_0)}\mathrm{d}[I^2R-\alpha_W F(\theta_W-\theta_0)]$$

两边进行积分，当时间由 $0\rightarrow t$ 时，温度从 0 时刻时的开始温度 θ_k 上升至相应温度 θ_t，则

$$\int_0^t \mathrm{d}t=-\frac{mc}{\alpha_W F}\int_{\theta_k}^{\theta_t}\frac{1}{I^2R-\alpha_W F(\theta_W-\theta_0)}\mathrm{d}[I^2R-\alpha_W F(\theta_W-\theta_0)]$$

求解得

$$\theta_t-\theta_0=\frac{I^2R}{\alpha_W F}(1-e^{-\frac{\alpha_W F}{mc}t})+(\theta_k-\theta_0)e^{-\frac{\alpha_W F}{mc}t} \tag{6-11}$$

设开始温升 $\tau_k=\theta_k-\theta_0$，对应时间 t 的温升 $\tau=\theta_t-\theta_0$，代入式(6-11)得

$$\tau=\frac{I^2R}{\alpha_W F}(1-e^{-\frac{\alpha_W F}{mc}t})+\tau_k e^{-\frac{\alpha_W F}{mc}t} \tag{6-12}$$

令稳定温升 $\tau_W=\dfrac{I^2R}{\alpha_W F}$，$T_r=\dfrac{mc}{\alpha_W F}$(发热时间常数，对于一定的导体，该值为常数)，则式(6-12)变为

$$\tau=\tau_W(1-e^{-\frac{t}{T_r}})+\tau_k e^{-\frac{t}{T_r}} \tag{6-13}$$

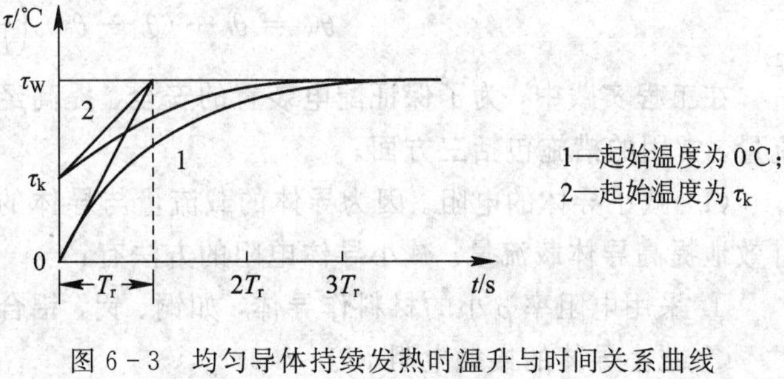

图 6-3　均匀导体持续发热时温升与时间关系曲线

式(6-13)为均匀导体持续发热时温升与时间的关系式，其曲线如图 6-3 所示。

从均匀导体持续发热时温升与时间的关系式看出：

(1) 温升过程按指数曲线变化，开始阶段上升很快，随着时间的延长，其上升速度逐渐减小。这是因为起始阶段导体温度较低，散热量也少，发热量主要用来使导体温度升高，所以温升上升速度较快。导体的温升升高后，导体与周围介质的温差加大，散热量逐渐增加，因此，导体温度升高的速度减慢，最后达到稳定值。

(2) 对于某一导体，当通过的电流不同时，发热量不同，稳定温升也就不同。电流大时，稳定温升高；电流小时，稳定温升低。

(3) 大约经过$(3\sim4)T_r$的时间，导体的温升即可认为已趋近稳定温升τ_W。

6. 导体的安全载流量 I

当导体长期通过电流时，稳定温升$\tau_W=\dfrac{I^2R}{\alpha_W F}$。由此可知：导体的稳定温升与电流的平方和导体材料的电阻成正比，而与总换热系数及换热面积成反比，从而可计算出导体的载流量。

由于

$$I^2R=\alpha_W\tau_W F=Q_l+Q_f$$

故导体的载流量为

$$I=\sqrt{\frac{\alpha_W F(\theta_W-\theta_0)}{R}}=\sqrt{\frac{Q_l+Q_f}{R}} \tag{6-14}$$

上式亦可计算导体的正常发热温度θ_W，即

$$\theta_W=\theta_0+\frac{I^2R}{\alpha_W F}\quad(℃) \tag{6-15}$$

当已知稳定温升时，还可以利用关系式$S=\rho\dfrac{l}{R}$来计算载流导体的截面积。

(1) 导体载流量计算。当周围环境温度与标准条件不同时，导体载流量的修正系数为

$$K_\theta=\sqrt{\frac{\theta_{al}-\theta_0}{\theta_{al}-\theta_N}} \tag{6-16}$$

式中，θ_{al}——载流导体最高允许温度；

θ_N——周围标准环境温度。

裸导体按标准环境温度$\theta_N=+25℃$，允许最高温度$\theta_{al}=+70℃$进行修正。

电气设备按标准环境温度$\theta_N=+40℃$，允许最高温度$\theta_{al}=+75℃$进行修正。

(2) 导体稳定温度计算。

$$\theta_W=\theta_0+(\theta_{al}-\theta_0)\left(\frac{I}{I_{al}}\right)^2 \tag{6-17}$$

在工程实践中，为了保证配电装置的安全、提高经济效益，应采取措施提高导体的载流量。常用的措施包括三方面。

(1) 减小导体的电阻。因为导体的载流量与导体的电阻成反比，故减小导体电阻可以有效地提高导体载流量。减小导体电阻的方法有：

① 采用电阻率ρ小的材料作导体，如铜、铝、铝合金等。

② 减小导体的接触电阻R_j。

③ 增大导体的截面积S，但随着截面积的增加，集肤系数(K_f)往往也同时增加，所以单条导体的截面积不宜做得过大，如矩形截面铝导体，单条导体的最大截面积不超过1250 mm^2。

(2) 增大有效散热面积。导体的载流量与有效散热表面积F成正比，所以导体宜采用周边最大的截面形式，如矩形截面、槽形截面等，并采用有利于增大散热面积的方式布置，如矩形截面导体竖放的散热效果比平放的要好。

(3) 提高换热系数。提高换热系数的方法主要有：

① 加强冷却。例如，改善通风条件或采取强制通风，采用专用的冷却介质，如SF_6气

体、冷却水等。

② 室内裸导体表面涂漆。利用漆的辐射系数大的特点，提高换热系数，以加强散热，提高导体载流量。表面涂漆还便于识别相序。

【例 6-1】 屋内配电装置中装有 100 mm×8 mm 的矩形导体(纯铝)，导体正常运行温度为 70℃，周围空气温度为 25℃，计算导体的载流量。

解　(1) 求交流电阻。

计算单位长度为交流电阻，查表 6-2 得，铝导体温度为 20℃时的直流电导率 $\rho=0.028\ \Omega\cdot mm^2/m$，电阻温度系数 $\alpha=0.0041℃^{-1}$，则 1000 m 长导体的直流电阻为

$$R_{ac}=1000\frac{\rho_{20}[1+\alpha(\theta_W-20)]}{S}$$

$$=1000\frac{0.028[1+0.0041(70-20)]}{100\times 8}$$

$$=0.0422\ \Omega$$

将 R_{dc} 的值代入 $\sqrt{\frac{f}{R_{dc}}}=34.42$，又由于 $\frac{b}{h}=0.08$，查集肤系数对照曲线(如图 6-4 所示)可得 $K_f=1.05$。

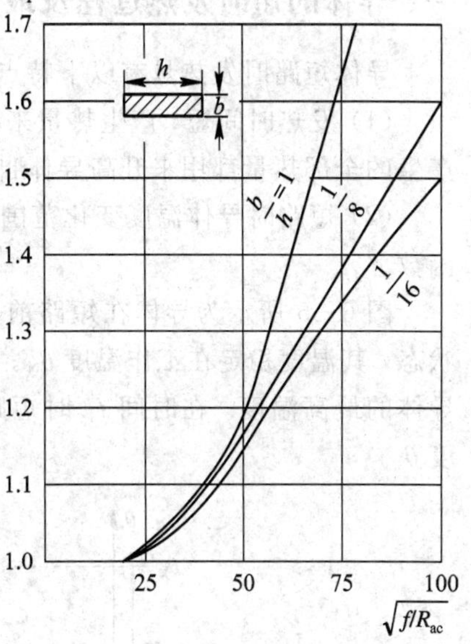

图 6-4　集肤系数对照曲线

修正后的电阻

$$R_{ac}=K_fR_{dc}1.05\times 0.0422\times 10^{-3}$$

$$=0.0443\times 10^{-3}(\Omega/m)$$

(2) 求对流散热量。

单位长度换热面积：

$$F_f=2(A_1+A_2)=2\left(\frac{100}{1000}+\frac{8}{1000}\right)=0.216\ (m^2/m)$$

对流散热系数：

$$\alpha_l=1.5\,(\theta_W-\theta_0)^{0.35}=1.5\times(70-25)^{0.35}=5.685\ [W/(m^2\cdot ℃)]$$

对流散热量：

$$Q_l=\alpha_l(\theta_W-\theta_0)F_l=5.685\times(70-25)\times 0.216=55.26\ (W/m)$$

(3) 求辐射散热量。因导体表面涂漆，取 $\varepsilon=0.95$。

$$Q_f=5.7\varepsilon\left[\left(\frac{273+\theta_W}{100}\right)^4-\left(\frac{273+\theta_0}{100}\right)^4\right]F_f=69.65\ (W/m)$$

(4) 求导体的载流量。

$$I=\sqrt{\frac{Q_l+Q_f}{R_{ac}}}=\sqrt{\frac{55.26+69.65}{0.0443\times 10^{-3}}}=1679\ (A)$$

任务二　导体的短时发热与计算

【任务描述】

为了减小发热对电器、载流导体的有害影响，必须规定一个允许温度。电流的发热计

算，就是为了校验电气设备各部分的发热温度是否会超过这个允许温度。

【任务分析】

本任务通过原理讲解、图例分析、计算案例，使学生掌握导体短时发热的特点及热效应计算和热稳定校验。

一、导体的短时发热过程及最高温度

导体短路时发热具有以下特点：

(1) 发热时间短，产生热量来不及向周围介质散失，可认为在短路电流持续时间内所产生的全部热量都用来升高导体自身的温度，即认为是一个绝热过程。

(2) 短路时导体温度变化范围很大，其电阻和比热容不能再视为常数，而应为温度的函数。

图 6-5 所示为导体在短路前后温度的变化曲线。在时间 t_0 以前，导体处于正常工作状态，其温度稳定在工作温度 θ_N。在时间 t_0 时发生短路，导体温度急剧升高，θ_k 是短路后导体的最高温度。在时间 t_1 时短路被切除，导体温度逐渐下降，最后接近于周围介质温度 θ_0。

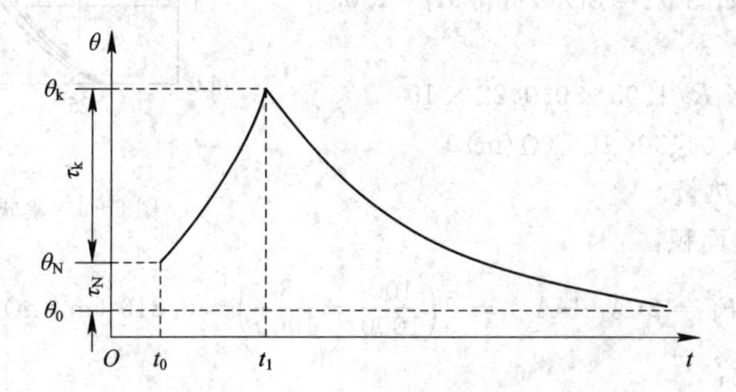

图 6-5　短路前后导体温度对时间的变化曲线

根据绝热过程的特点，导体的发热量等于导体吸收的热量，则短时发热的热平衡方程为

$$Q_R = Q_W \quad (\mathrm{W/m}) \tag{6-18}$$

在时间 dt 内，由式(6-18)可得

$$I_{kt}^2 R_\theta \mathrm{d}t = mC_\theta \mathrm{d}\theta \quad (\mathrm{J/m}) \tag{6-19}$$

式中：I_{kt}——短路全电流(A)；

m——导体的质量(kg)，$m=\rho_m Sl$，其中 ρ_m 为导体材料的密度，单位为 kg/m^3。

电阻 $R_\theta=\rho_0(1+\alpha\theta)\dfrac{l}{S}$，$\rho_0$ 为温度为 0℃时导体电阻(Ω)，比热容 $C_\theta=C_0(1+\beta\theta)$，$C_0$ 是温度为 0℃时导体的比热容(J/m^2·℃)，β 为导体比热容的温度系数(℃$^{-1}$)。

将相关公式代入式(6-19)中，即得导体短时发热的微分方程为

$$I_{kt}^2\rho_0(1+\alpha\theta)\frac{l}{S}\mathrm{d}t = \rho_m SlC_0(1+\beta\theta)\mathrm{d}\theta \tag{6-20}$$

对式(6-20)进行整理得

$$\frac{1}{S^2}I_{kt}^2\mathrm{d}t=\frac{C_0\rho_m}{\rho_0}\left(\frac{1+\beta\theta}{1+\alpha\theta}\right)\mathrm{d}\theta \tag{6-21}$$

对式(6-21)进行积分，当时间从短路开始($t=0$)到短路切除时(t_k)，导体的温度由开始温度 θ_W 上升到最终温度 θ_k，则

$$\frac{1}{S^2}\int_0^{t_k}I_{kt}^2\mathrm{d}t=\frac{C_0\rho_m}{\rho_0}\int_{\theta_W}^{\theta_k}\left(\frac{1+\beta\theta}{1+\alpha\theta}\right)\mathrm{d}\theta \tag{6-22}$$

式中，$\int_0^{t_k}I_{kt}^2\mathrm{d}t$ 与短路电流产生的热量成正比，称为短路电流的热效应，它是在 $0\sim t_k$ 时间内，电阻为 1 Ω 的导体中所发出的热量(单位为 $\mathrm{A}^2\cdot\mathrm{s}$)，用 θ_k 表示，即 $Q_k=\int_0^{t_k}I_{kt}^2\mathrm{d}t$，式(6-22)右侧表达式可化简为

$$\begin{aligned}\frac{C_0\rho_m}{\rho_0}\int_{\theta_W}^{\theta_k}\left(\frac{1+\beta\theta}{1+\alpha\theta}\right)\mathrm{d}\theta&=\frac{C_0\rho_m}{\rho_0}\left[\frac{\alpha-\beta}{\alpha^2}\ln(1+\alpha\theta_k)+\frac{\beta}{\alpha}\theta_k\right]-\frac{C_0\rho_m}{\rho_0}\left[\frac{\alpha-\beta}{\alpha^2}\ln(1+\alpha\theta_W)+\frac{\beta}{\alpha}\theta_W\right]\\&=A_k-A_W\end{aligned} \tag{6-23}$$

将式(6-23)代入式(6-22)，整理得

$$\frac{1}{S^2}Q_k=A_k-A_W$$

A 只与导体的材料和温度 θ 有关，不同的导体材料(如铜、铝、钢)都可以作出 $\theta=f(A)$ 曲线。钢、铝、铜导体的 $\theta=f(A)$ 曲线，如图 6-6 所示。

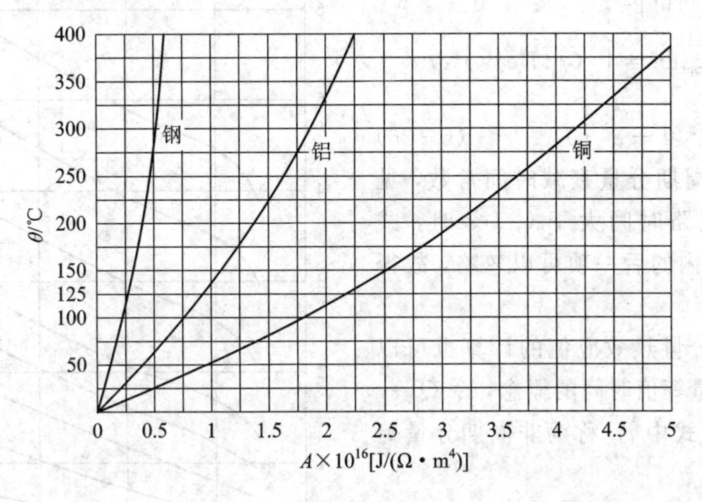

图 6-6　不同导体的 $\theta=f(A)$ 曲线

实际中根据不同材料的载流导体，利用 $\theta=f(A)$ 曲线可以方便地求出导体的短时加热温度，其计算步骤如下：

首先根据 θ_W 值由曲线纵轴查得横轴的 A_W 值，再以 $A_W+\left(\frac{I_\infty}{S}\right)^2t_i=A_k$ 值从曲线横轴查得纵轴的 θ_k 值，如果所得的 θ_k 值不超过短时加热导体最大允许温度 θ_{kal}，则表明载流导体能满足短路电流的热稳定性要求。

因短路电流的变化规律复杂，难于用简单的解析式来表示，故工程上常采用近似计算法来计算导体短路电流的热效应。

二、短路电流热效应 Q_k 的计算

短路电流由周期分量和非周期分量两部分组成。根据电力系统短路故障分析的有关知识，在任一时刻有以下关系式成立：

$$Q_k = \int_0^{t_k} I_{kt}^2 dt,\ Q_k = Q_p + Q_{np} \tag{6-24}$$

式中：I_{kt}——短路电流有效值，$I_{kt}^2 = I_{pt}^2 + I_{npt}^2$，$I_{pt}$ 为周期分量有效值；，I_{npt} 为非周期分量有效值；

Q_p——周期分量热效应值；

Q_{np}——非周期分量热效应值。

1. 周期分量的热效应

应用辛卜生公式法近似求得周期分量的热效应值，即

$$Q_p = \int_0^{t_k} I_{pt}^2 dt = \frac{t_k}{12}(I''^2 + 10I_{t_k/2}^2 + I_{t_k}^2) \tag{6-25}$$

从式(6-25)可知，只要算出短路电流的起始值、中间值和终值就可以求出周期分量的热效应值。

2. 非周期分量的热效应

由式(6-24)可得

$$Q_{np} = \int_0^{t_k} I_{npt}^2 dt = \int_0^{t_k} (\sqrt{2} I'' e^{-\frac{t}{T_f}})^2 dt$$

$$= T_f I''^2 (1 - e^{-\frac{2t_k}{T_f}}) \tag{6-26}$$

式中，T_f 为非周期分量衰减时间常数，见表 6-4。当短路时间大于 0.1 s 时，式(6-26)中括号内的后一项可以忽略，故得 $Q_{np} = T_f I''^2$。

对非周期分量热效应值的计算也可以引入非周期分量等值时间的概念，令 $Q_{np} = I_\infty^2 t_{k-} = T_f I''^2$，式中 t_{k-} 称为非周期分量等值时间，故有

$$t_{k-} = T_f \left(\frac{I''}{I_\infty}\right)^2 = T_f \beta'' \tag{6-27}$$

式中，β''为次暂态电流 I''与稳态短路电流 I_∞的比值。

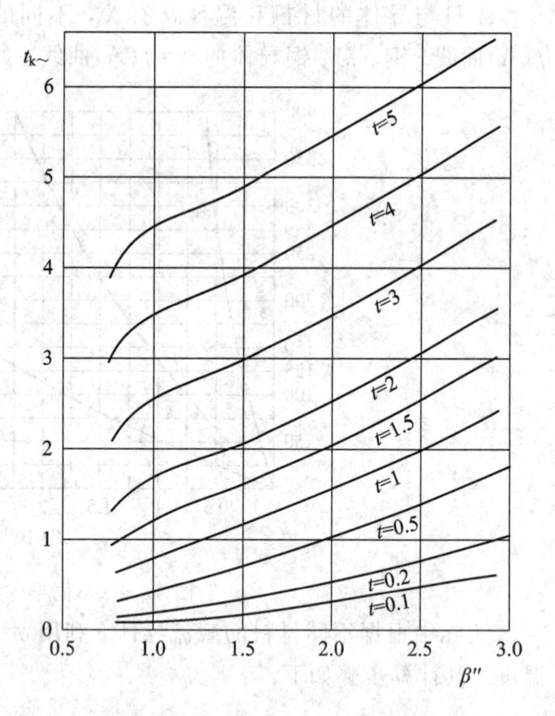

图 6-7 周期分量等效时间曲线

为计算上的方便，将短路电流周期分量的发热等值时间 t 与短路持续时间 t_k 和 β''的关系绘制成 $t_{k\sim} = f(t_k、\beta'')$曲线，其曲线如图 6-7 所示。

所以，用等值时间法求短路电流的总热效应值为

$$Q_k = Q_p + Q_{np} = I_\infty^2 (t_{k\sim} + t_{k-}) \tag{6-28}$$

当短路电流持续时间大于 1 s 时，非周期分量的热效应值所占比例很小，非周期分量

可以忽略不计。非周期分量衰减时间常数 T_f 如表 6-4 所示。

表 6-4　非周期分量衰减时间常数

<table>
<tr><td colspan="3">非周期分量等效时间 T_f</td></tr>
<tr><td rowspan="2">短路点位置</td><td colspan="2">T/s</td></tr>
<tr><td>$t_k \leqslant 0.1$ s</td><td>$t_k > 0.1$ s</td></tr>
<tr><td>发电机出口及母线</td><td>0.15</td><td>0.20</td></tr>
<tr><td>发电机升高电压母线及出线
发电机电压电抗器后</td><td>0.08</td><td>0.10</td></tr>
<tr><td>变电所各级电压母线及出线</td><td>—</td><td>0.05</td></tr>
</table>

三、短路时导体允许的最小截面

如果使导体短路时最高温度 Q_k 刚好等于材料短路时最高允许温度，且已知短路前导体工作温度为 θ_W，从图 6-6 曲线中可查得相应的 A_k 和 A_W，由 $\frac{1}{S^2}Q_k = A_k - A_W$，可计算最小截面：

$$S_{min} = \sqrt{\frac{Q_k}{A_k - A_W}} = \frac{1}{C}\sqrt{Q_k} \tag{6-29}$$

考虑到集肤效应的影响，有 $S_{min} = \frac{1}{C}\sqrt{K_f Q_k}$，$C$ 为比热容系数。若所选导体截面大于短路时导体允许的最小截面，热稳定满足要求。

表 6-5 为各种材料对应不同温度下的比热容系数。若所选导体截面大于短路时导体允许的最小截面，热稳定满足要求。

表 6-5　各种材料对应不同温度下的比热容系数

工作温度	40	45	50	55	60	65	70	75	80	85	90
硬铝及铝锰合金	99	97	95	93	91	89	87	85	83	82	81
硬铜	186	183	181	179	176	174	171	169	166	164	161

【例 6-2】 发电机出口引出母线采用 100 mm×8 mm、$K_f = 1.05$ 的矩形截面硬铝母线，在额定工况运行时母线的温度为 70℃。流过母线的短路电流起始值为 $I'' = 28$ kA，中间值 $I_{0.6} = 24$ kA，终值 $I_{1.2} = 22$ kA。继电保护动作时间 $t_{pop} = 1$ s，断路器全分闸时间 $t_{op} = 0.2$ s。计算母线短路时最高温度及其热稳定性。

解　(1) 短路电流热效应计算。

短路持续时间为

$$t_k = t_{pop} + t_{op} = 1 + 0.2 = 1.2 \text{ s}$$

由辛卜生公式得周期分量热效应为

$$Q_p = \frac{t_k}{12}(I''^2 + 10I^2_{t_k/2} + I^2_{t_k}) = 702.8\ (\text{kA}^2 \cdot \text{s})$$

由于 $t_k = 1.2$ s>1 s，可忽略非周期分量热效应值，故 $Q_k = Q_p + Q_{np} = 702.8$ (kA^2·s)。

(2) 计算最高温度。

由 $\theta_W = 70$℃，查图 6-6 得 $A_W = 0.55 \times 10^{16}$ [J/(Ω·m^4)]

$$A_k = \frac{K_f}{S^2}Q_k + A_W = \frac{1.05}{(100 \times 8 \times 10^{-6})^2} \times 702.8 + 0.55 \times 10^{16}$$
$$= 0.665 \times 10^{16} [J/(\Omega \cdot m^4)]$$

由 A_k 值，从图 6-6 曲线上查出 $\theta_k = 90℃$，不超过 200℃，满足热稳定要求。

满足热稳定的最小截面为

$$S_{min} = \frac{1}{C}\sqrt{K_f Q_k} = \frac{1}{87}\sqrt{1.05 \times 702.8 \times 10^6} = 312\ (mm^2)$$

由于所选截面 $S = 100 \times 8 = 800\ mm^2 > S_{min} = 312\ mm^2$，所以满足热稳定要求。

【例 6-3】 某 10 kV 配电装置中，三相母线通过的最大短路电流如下：次暂态短路电流 $I'' = 26$ kA，稳态短路电流 $I_\infty = 19.5$ kA。短路电流持续时间 $t_d = 0.9$ s。短路前母线的运行温度为 70℃，若选用 50 mm×4 mm 的矩形铝母线，试计算短路电流的热效应和母线的最高温度。

解 (1) 计算短路电流的热效应 Q_k。

因为
$$\beta'' = \frac{I''}{I_\infty} = \frac{26}{19.5} = 1.33$$

由 $t_d = 0.9$ s，从具有自动电压调整时周期分量等效时间曲线图 6-7 可查得周期分量等值时间 $t_{k\sim} = 1.0$ s，而非周期分量等值时间 $t_{k-} = T_f\beta''^2 = 0.05 \times \beta''^2 = 0.09$ s。

短路电流发热的等值时间为

$$t = t_{k\sim} + t_{k-} = 1.0 + 0.09 = 1.09\ s$$

所以短路电流的热效应为

$$Q_k = I_\infty^2 t = 19.5^2 \times 1.09 = 414.47\ (kA^2 \cdot s)$$

(2) 求母线最终发热温度 θ_k。

因为 $\theta_W = 70℃$，由图 6-6 曲线得 $A_W = 0.55 \times 10^{16} [J/(\Omega \cdot m^4)]$。根据式

$$A_k = \frac{1}{S^2}Q_k + A_W$$
$$= \left(\frac{1}{50 \times 4 \times 10^{-6}}\right)^2 \times 414.47 \times 10^6 + 0.55 \times 10^{16}$$
$$= 1.59 \times 10^{16} [J/(\Omega \cdot m^4)]$$

查曲线得 $\theta_k = 243℃$。故最终发热温度超出了铝母线短时最高允许温度，不满足母线热稳定的条件要求。

任务三　短路电流的电动力效应

【任务描述】

为了限制电动力对电器、载流导体的影响，必须计算电流的电动力效应，目的是校验电气设备的电动力效应是否会超过允许值。

【任务分析】

本任务通过原理讲解、图例分析，使学生了解计算电动力的方法，熟悉三相导体短路时电动力的计算及导体的动稳定校验。

短路电流的电动力效应是指由电流所引起的电动力的作用使供电线路中的装置及电气载流部分受到机械应力的作用。在正常情况下，工作电流不大，电动力也不大；而在短路电流通过的情况下，其电动力可达很大数值，以致导体的载流部分产生变形或损坏。因此，把导体和电器承受短路电流电动力效应的能力称为电动力稳定，简称动稳定。

一、两根平行载流导体间的作用力

当两根平行导体通过电流时，由于磁场相互作用而产生电动力，电动力的方向与所通过的电流的方向有关。如图 6-8 所示，当电流的方向相反时，导体间产生斥力；而当电流方向相同时，则产生吸力。

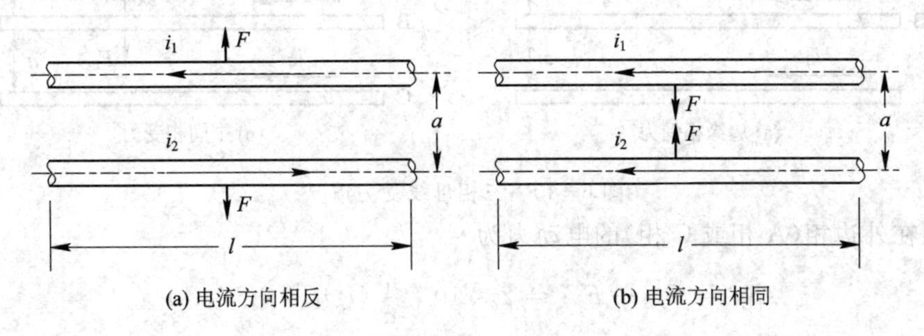

图 6-8　两根平行载流导体间的作用力

根据比奥-沙瓦定律，导体间的电动力为

$$F = 2K_X i_1 i_2 \frac{l}{a} \times 10^{-7}(\mathrm{N}) \tag{6-30}$$

式中：i_1、i_2——分别通过两平行导体的电流，单位为 A；

l——该段导体的长度，单位为 m；

a——两根导体轴线间的距离，单位为 m；

K_X——形状系数。

形状系数表示实际形状导体所受的电动力与细长导体(把电流看作集中在轴线上)电动力之比。实际上，由于相间距离相对于导体的尺寸要大得多，所以相间母线的 K_X 值取 1，但当一相采用多条母线并联时，条间距离很小，条与条之间的电动力计算时要考虑 K_X 的影响。矩形导体根据 $m=\frac{b}{h}$ 和 $\frac{a-b}{b+h}$ 可查图 6-9 曲线形状系数。

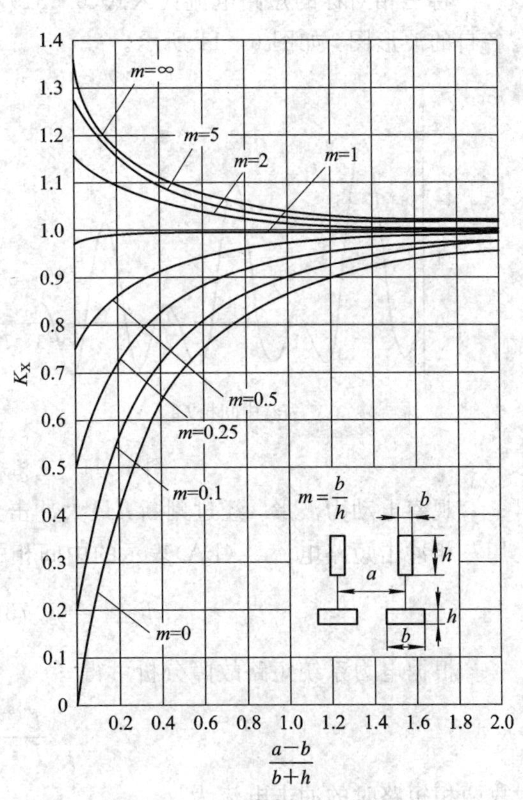

图 6-9　导体的形状系数

从图 6-9 中可看出，形状系数 K_X 在 0～1.4 之间变化。当矩形导体平放时，$m>1$，$K_X<1$；矩形导体竖放时，$m<1$，$K_X>1$；当为正方形导体时，$m=1$，$K_X\approx1$。当两矩形导体之间距离大于等于导体周长时，$K_X \approx 1$，说明此时可不进行导体形状的修正。

二、三相短路时的电动力计算

发生三相短路时，每相导体所承受的电动力等于该相导体与其他两相之间电动力的矢量和。三相导体布置在同一平面时，各相导体所通过的电流不同，故边缘相与中间相所承受的电动力也不同。图 6-10 为对称三相短路时母线的电动力受力示意图。

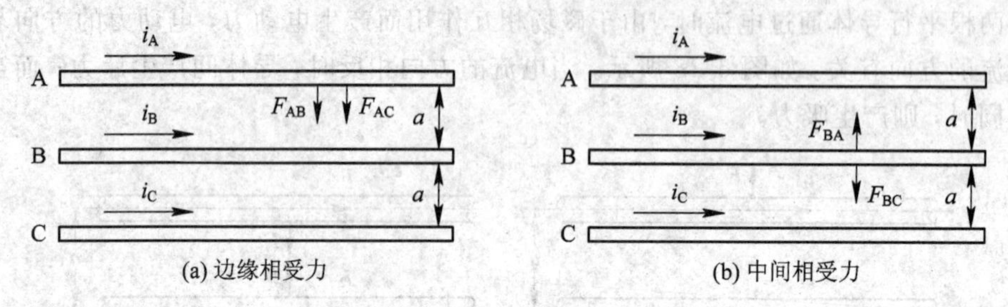

图 6-10　三相母线受力情况

作用在外边相(A 相或 C 相)的电动力为

$$F_A = F_{AB} + F_{AC} = 2 \times 10^{-7} \frac{l}{a}(i_A i_B + 0.5 i_A i_C) \tag{6-31}$$

作用在中间相(B 相)的电动力为

$$F_B = F_{BA} - F_{BC} = 2 \times 10^{-7} \frac{l}{a}(i_B i_A - i_B i_C) \tag{6-32}$$

将三相对称的短路电流代入式(6-31)和式(6-32)中，并进行整理化简，然后绘制出各自的波形图，如图 6-11 所示。

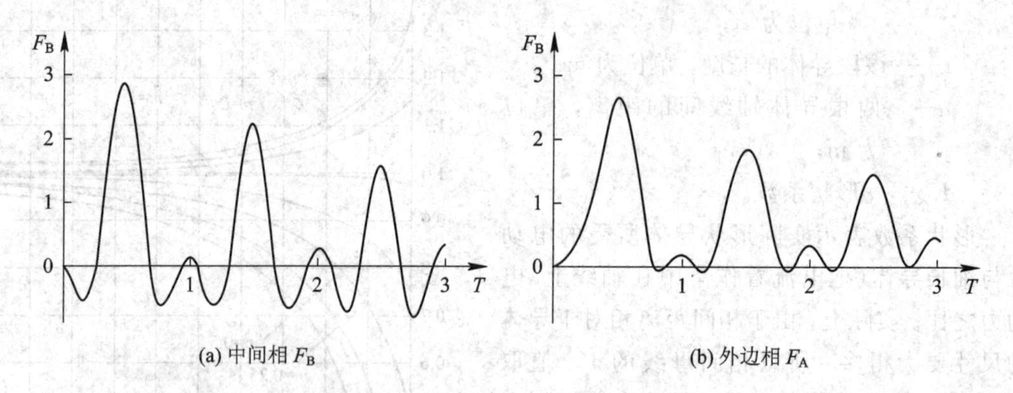

图 6-11　三相短路时的电动力波形

观察电动力波形，经过判断，最大冲击力发生在短路后 0.01 s，而且中间相受力最大。用三相冲击短路电流 i_{ch}(kA)表示的中间相的最大电动力为

$$F_{Bmax} = 1.73 \times 10^{-7} \frac{l}{a} i_{ch}^2 \text{(N)} \tag{6-33}$$

根据电力系统短路故障分析可得

$$\frac{I''^{(2)}}{I''^{(3)}} = \frac{\sqrt{3}}{2} \tag{6-34}$$

故两相短路时的冲击电流为

$$i_{ch}^{(2)} = \frac{\sqrt{3}}{2} i_{ch}^{(3)} \tag{6-35}$$

发生两相短路时，最大电动力为

$$F_{max} = 2 \times 10^{-7} \frac{l}{a} [i_{ch}^{(2)}]^2 = 1.5 \times 10^{-7} \frac{l}{a} [i_{ch}^{(3)}]^2 \tag{6-36}$$

可见，两相短路时最大电动力小于同一地点三相短路时的最大电动力，因此要用三相短路时的最大电动力校验电气设备的动稳定。

三、考虑母线共振影响时对电动力的修正

如果把导体看作多跨的连续梁，则母线的一阶固有振动频率为

$$f = \frac{N_f}{L^2} \sqrt{\frac{EI}{m}} \tag{6-37}$$

式中：N_f——频率系数，根据跨数及支承方式查表 6-6；

L——绝缘子跨距，单位为 m；

E——导体材料的弹性模量，单位为 Pa，铝的弹性模量为 7×10^{10} Pa；

I——导体断面二次矩，单位为 m^4；

m——导体单位长度的质量，单位为 kg/m。矩形导体为 $m = bh\rho$，其中 b 为宽，h 为高；圆管形导体为 $m = \frac{\pi(D^2 - d^2)\rho}{4}$，其中 D、d 为外径和内径，铝的密度取 $\rho = 2700$ kg/m。

N_f 根据导体连续跨数和支撑方式决定，其值如表 6-6 所示。

表 6-6　导体不同固定方式时的频率系数 N_f 值

跨数及支承方式	N_f
单跨、两端简支	1.57
单跨、一端固定、一端简支；两等跨、简支	2.45
单跨、两端固定多等跨、简支	3.56
单跨、一端固定、一端活动	0.56

当一阶固有振动频率 $f = 30 \sim 160$ Hz 时，因其接近电动力的频率(或倍频)而产生共振，导致母线材料的应力增加，此时用动态应力系数 β 进行修正，故考虑共振影响后的电动力公式为

$$F_{Bmax} = 1.73 \times 10^{-7} \frac{l}{a} i_{ch}^2 \beta \text{ (N)} \tag{6-38}$$

在工程计算中，可查《电力工程手册》获得动态应力系数 β。如图 6-12 所示，固有频率在中间范围(30～160 Hz)内变化时，$\beta > 1$，动态应力较大；当固有频率较低时，$\beta < 1$；固有频率较高时，$\beta \approx 1$。对屋外配电装置中的铝管导体，取 $\beta = 0.58$。

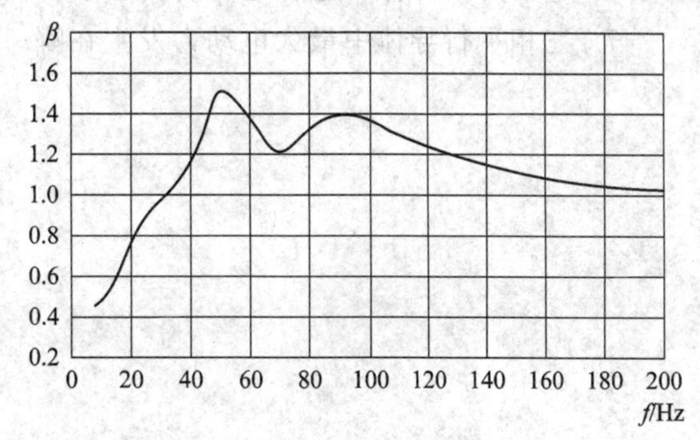

图 6-12　动态应力系数 β

为了避免导体发生危险的共振，对于重要的导体，应使其固有频率在下述范围以外。

(1) 单条导体及一组中的各条导体：35～135 Hz。

(2) 多条导体及有引下线的单条导体：35～155 Hz。

(3) 槽形和管形导体：30～160 Hz。

如果固有频率在上述范围以外，则可取 $\beta=1$；若在上述范围内，则按式(6-39)修正。

【例 6-4】 某发电厂装有 10 kV 单条矩形导体，尺寸为 60 mm×6 mm，支柱绝缘子的距离 $L=1.2$ m，相间距离 $a=0.35$ m，三相短路冲击电流 $i_{ch}=45$ kA。导体弹性模量 $E=7\times10^{10}$ Pa，单位长度质量 $m=0.972$ kg/m，求导体固有频率及最大电动力。

解 导体断面二次矩 $I=\dfrac{bh^3}{12}=\dfrac{0.6\times6^3}{12}\times10^{-8}=10.8\times10^{-8}(\text{m}^4)$

固有振动频率 $f_1=\dfrac{N_f}{L^2}\sqrt{\dfrac{EI}{m}}=\dfrac{1.57}{1.2^2}\sqrt{\dfrac{7\times10^{10}\times10.8\times10^{-8}}{0.972}}=96.15(\text{Hz})$

计算结果 $f_1=35\sim135$ Hz，应考虑动态应力系数，对应 96.15 Hz，系数为 $\beta=1.35$，故最大电动力为

$$F_{max}=1.73\times10^{-7}\frac{L}{a}i_{ch}^2\beta=1.73\times10^{-7}\times\frac{1.2}{0.35}\times45\ 000^2\times1.35=1627.5\ (\text{N})$$

项 目 小 结

当系统发生短路时，会出现短路电流的热效应和电动力效应，导体的发热计算分为长期发热计算和短时发热计算，短路电流的热效应属于短时发热计算。导体受力计算一般应包括最大电动力计算、硬导体的机械应力计算和导体共振校验等几个方面。

思 考 与 练 习

1. 研究导体和电器发热的意义是什么？长期发热和短时发热各有何特点？

2. 为什么要规定导体和电器的发热允许温度？短时发热允许温度和长期发热允许温度是否相同，为什么？

3. 导体长期允许电流是根据什么确定的？提高导体长期允许电流应采取哪些措施？

4. 为什么要计算导体短时发热最高温度？如何计算？

5. 怎样计算短路电流周期分量和非周期分量的热效应？

6. 电动力对导体和电器运行有何影响？

7. 三相平行导体中最大电动力发生在哪一相上，在短路后什么时间出现？

项目七 互 感 器

【项目分析】

互感器包括电流互感器和电压互感器，是电力系统中不可缺少的重要元件。互感器将一次侧的高电压、大电流变成二次侧标准的低电压(100 V 或 100/$\sqrt{3}$ V)和小电流(5 A 或 1 A)，分别用于测量仪表、继电器的电压线圈和电流线圈等供电。将互感器的高电压变为低电压称为电压互感器；将互感器大电流变为小电流称为电流互感器。目前，互感器通常采用电磁式和电容式，随着电力系统容量的增大和电压等级的提高，新型传感器如光电式、无线电式互感器正应运而生，将应用于电力生产中。本项目主要分析电流互感器和电压互感器的结构、接线方式及工作特点。

【培养目标】

掌握互感器的作用、工作原理、采用类型、接线方式及使用中的注意事项；掌握互感器的运行巡视检查项目。

任务一 互感器的连接、分类和作用

【任务描述】

本任务主要讲述互感器的连接方式、分类、作用和工作原理。

【任务分析】

互感器包括电流互感器和电压互感器。电压互感器的一次绕组并接电网，二次绕组和测量仪表或继电器电压线圈并联，电流互感器的一次绕组串接于电网，二次绕组与测量仪表或继电器电流线圈串联。

电力系统为了传输电能，通常会用高电压和大电流回路将电力送往用户，而这样的大电压和电流无法用仪表进行直接测量。互感器的作用就是将交流大电压和大电流按比例降到可以使用仪表直接测量的数值，同时为继电保护和自动装置提供电源。电力系统用互感器是将电网高电压、大电流的信息传递到低电压、小电流二次侧的计量、测量仪表及继电保护、自动装置的一种特殊变压器，是一次系统和二次系统的联络元件，其一次绕组接入电网，二次绕组分别与测量仪表、保护装置等互相连接。互感器与测量仪表和计量装置配合，可以测量一次系统的电压、电流和电能；与继电保护和自动装置配合，可以构成对电网故障的电气保护和自动控制。互感器性能的好坏，直接影响到电力系统测量、计量的准确性和继电保护装置动作的可靠性。

一、互感器与电力系统的连接方式

互感器可用来隔开高电压系统，以保证人身和设备的安全。互感器与电力系统的连接方式如图 7-1 所示。

图 7-1 中 TV 表示电压互感器，TA 表示电流互感器，V、A、kWh 分别表示电压表、电流表和电能表。电压互感器的一次绕组并接电网，二次绕组和测量仪表或继电器电压线圈并联。A1 和 A2 是一次绕组和二次绕组的同名端，同理 X1 和 X2 也是一次绕组和二次绕组的同名端；电流互感器的一次绕组串接于电网，二次绕组与测量仪表或继电器电流线圈串联，L1 和 K1 是一次绕组和二次绕组的同名端，同理 L2 和 K2 也是一次绕组和二次绕组的同名端。在安装接线时同名端不可接错，否则会造成这些装置运行的紊乱。

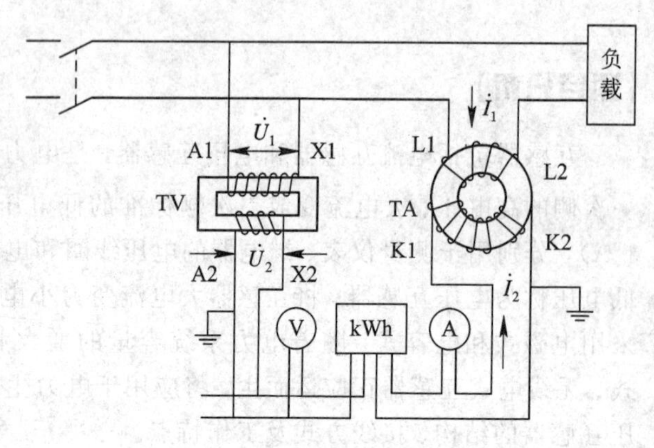

图 7-1　互感器与电力系统的连接方式

二、互感器的分类

1. 电压互感器的分类

(1) 按安装地点的不同分类，电压互感器可分为户内式和户外式。35 kV 及以下的电压互感器多制成户内式，35 kV 及以上多制成户外式。

(2) 按相数的不同分类，电压互感器可分为单相式和三相式。只有 20 kV 及以下的电压互感器才制成三相式。

(3) 按绕组数的不同分类，电压互感器可分为双绕组和三绕组式。三绕组电压互感器有两个二次侧绕组，供给测量仪表和继电器的基本二次绕组和供接地保护用的辅助二次绕组。

(4) 按绝缘介质的不同分类，电压互感器可分为：

① 干式电压互感器：由普通绝缘材料浸渍绝缘漆作为绝缘，多用在 500 V 及以下低电压等级中。

② 浇注绝缘电压互感器：由环氧树脂或其他树脂混合材料浇注成型，多用在 3～35 kV 的户内配电装置中。

③ 油浸式电压互感器：由绝缘纸和绝缘油作为绝缘，是我国最常见的结构形式，常用在 110 kV 及以上的户外式配电装置中。

④ 气体绝缘电压互感器：由气体作为主绝缘材料，多用在超高压、特高压等级中。

(5) 按电压变换原理的不同分类，可分为：

① 电磁式电压互感器：根据电磁感应原理变换电压，其原理和基本结构与变压器完全相似，我国多在 220 kV 及以下电压等级中采用。

② 电容式电压互感器：由电容分压器、补偿电抗器、中间变压器、阻尼器及载波装置防护间隙等组成，目前我国110～500 kV电压等级均有应用，超高压只生产电容式电压互感器。

③ 光电式电压互感器：通过光电变换原理实现电压变换，近年来才开始使用。

2. 电流互感器的分类

电流互感器的分类与电压互感器类似。

(1) 按安装地点的不同分类，电流互感器可分为户内式和户外式。20 kV及以下的多制成户内式，35 kV及以上的多制成户外式。

(2) 按安装方式的不同分类，电流互感器可分为穿墙式、支持式和装入式。穿墙式电流互感器装在墙壁或金属结构的孔中，可节约穿墙套管；支持式电流互感器安装在平面或支柱上；装入式电流互感器套在35 kV及以上变压器的套管上，故也称套管式电流互感器。

(3) 按绝缘介质的不同分类，电流互感器可分为干式、浇注式、油浸式和气体式。干式电流互感器用绝缘胶浸渍，适用于低压的户内电流互感器；浇注式电流互感器利用环氧树脂作为绝缘材料，用于35 kV及以下的户内装置中；油浸式电流互感器多用于35 kV及以上的户外装置中。

(4) 按一次绕组匝数的不同分类，电流互感器可分为单匝式和多匝式。单匝式电流互感器分为贯穿型和母线型两种；多匝式电流互感器可分为线圈式、“8”字形和“U”字形。

(5) 按用途的不同分类，电流互感器可分为测量用和保护用。

三、互感器的作用

(1) 将一次回路的高电压和大电流变为二次回路的标准值，即电流互感器二次侧标准值为5 A或1 A，电压互感器二次侧标准值为100 V或$100/\sqrt{3}$ V，可使仪表和继电保护装置的生产标准化、小型化，从而降低造价。

(2) 使一次设备与二次设备实现电气隔离，可保证运行操作人员和设备的安全。

(3) 与测量仪表配合，测量电力系统的电流、电压和电能。

(4) 与继电保护装置配合，对电力系统的线路及发、变、配电设备进行保护。

任务二 电流互感器

【任务描述】

电流互感器是基于电磁感应原理设计制作的。电流互感器是由闭合的铁芯和绕组组成的，它的一次绕组匝数很少，串接在需要测量电流的线路中，因此负荷电流全部通过一次绕组，二次绕组匝数较多，串接在测量仪表和保护回路中，电流互感器在工作时，它的二次回路始终是闭合的，因为测量仪表和保护回路串联线圈的阻抗很小，电流互感器的工作状态接近短路。

【任务分析】

电力系统中主要采用电磁式电流互感器，它是基于电磁感应原理工作的。它的误差包括电流误差和相角误差，可以用准确度级来表示。电流互感器的常见接法有单相接线、两相V形接线、两相电流差接线和三相星形接线。电流互感器的结构类型也有很多种。

一、电磁式互感器的工作原理

目前，电力系统中广泛应用的是电磁式电流互感器，通过电流互感器将一次侧的大电流转换为二次侧的小电流。它的构造与变压器相似，主要由铁芯、一次绕组、二次绕组等构成。

(1) 一次绕组串联在被测电路中，并且匝数很少，因此一次电流值只受一次回路参数的影响，而与二次负载无关。

(2) 电流互感器二次绕组的负载是测量仪表和继电器等的电流线圈，阻抗较小，所以在正常运行时，电流互感器可以在接近短路的状态下运行。

当电流互感器一次绕组流过电流 I_1 时，由于电磁感应现象，将会在二次绕组中产生感应电动势，若二次绕组经过测量仪表和电流线圈等形成回路，则二次绕组将流过电流 I_2，其磁动势平衡关系为

$$\dot{I}_1 N_1 + \dot{I}_2 N_2 = \dot{I}_0 N_1 \qquad (7-1)$$

式中：$\dot{I}_0$——励磁电流；

N_1——一次绕组的匝数；

N_2——二次绕组的匝数。

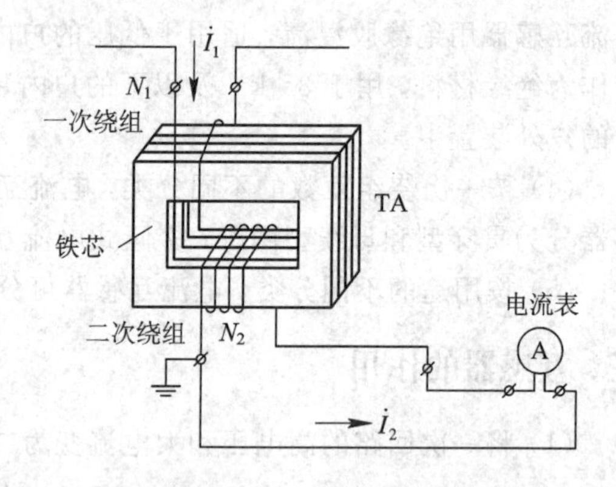

图 7-2 电流互感器的工作原理

当一次电流未超过额定电流时，励磁电流远小于一次电流，因此 I_0 可忽略不计。此时，一次电流和二次电流的大小存在如下关系：

$$\dot{I}_1 N_1 = -\dot{I}_2 N_2 \qquad (7-2)$$

可见，在理想情况下电流互感器绕组中的电流与匝数成反比，且二次电流的相量与一次电流的相量相差180°。额定一次电流 I_{1N} 与额定二次电流 I_{2N} 之比称为电流互感器的额定电流比，用 K_n 表示，即

$$K_n = \frac{I_{1N}}{I_{2N}} = \frac{N_2}{N_1} \qquad (7-3)$$

在运行过程中，电流互感器的二次绕组不能为开路，否则二次电流为零，一次电流完全成为励磁电流，二次绕组将产生很高的电动势，这样对工作人员和二次设备都有很大的危险。因此，在实际应用中，电流互感器的二次侧不允许安装熔断器。

目前，很多测量用电流互感器的二次绕组都会引出中间抽头，以改变二次绕组的匝数，得到不同的额定电流比。对于110 kV及以上的电流互感器，为了适应一次电流的变化

和减少产品规格，常将一次绕组分成几组，如两组或四组，通过切换可以将其连接方式变为串联或并联，以获得不同的额定电流比。

二、电流互感器测量误差和影响误差的运行因素

1. 电流互感器的测量误差

电流互感器的误差由电流误差和角差两部分组成。

1）电流误差

利用电流互感器来测量一次侧的电流，由式(7-3)可知：

$$I_1 = K_n \cdot I_2 \tag{7-4}$$

但此公式是基于励磁电流忽略不计的情况，实际上需要考虑励磁电流的存在，由上式得到的 I_1 小于实际的一次电流，该误差称为电流误差，表达式如下：

$$f_i = \frac{K_n I_2 - I_1}{I_1} \times 100\% \tag{7-5}$$

2）相角误差(角差)

旋转了 180°的二次电流相量 $-\dot{I}_2$ 和一次电流相量 $\dot{I}_1$ 间的夹角称为电流互感器的角差 δ_i。当 $-\dot{I}_2$ 超前于 $\dot{I}_1$ 时，角差 δ_i 为正值，反之为负值。正常运行时的电流互感器角差很小，一般在 2°以下。电流互感器的误差还与二次负载绕组、一次电流的大小等有关。

2. 减小误差的措施

(1) 在生产电流互感器时，可以采用高磁导率的铁芯，尽量加大横截面积和减小磁路长度，还应适当增加二次绕组的匝数。

(2) 在使用方面，要根据一次电路的电流，合理选用电流互感器，以满足测量准确度和保护正确度等级的要求。在一次电流较小的电路中，应尽量选用多匝式电流互感器。

(3) 测量用电流互感器可采用匝数补偿法。匝数补偿能减小电流误差，不能减小角误差。但是匝数补偿不能提高 10%误差倍数，因此，保护型电流互感器不采用此法。

三、电流互感器的准确度级和额定容量

1. 准确度级

电流互感器的测量误差可以用其准确度级来表示。准确度级是指在规定的二次负荷变化范围内，一次电流为额定值时的最大电流误差。测量用准确度级分为 0.1、0.2、0.5、1.0、3、5，每个准确度级规定了相应的最大允许误差限值(电流误差和角差)。0.1 级、0.2 级、0.5 级、1 级、3 级、5 级代表电流误差，如 0.5 级表示在额定工况下，电流互感器的传递误差不大于 0.5%。保护用的电流互感器按用途可分为稳态保护用(P)和暂态保护用(TP)两类。稳态保护用电流互感器的准确度级为 5P 和 10P，如 5P20 表示在 20 倍额定电流下误差是 5%。用于保护的电流互感器在短路情况下，要求互感器最大误差限值不超过±10%。

一般 0.1 级、0.2 级主要用于实验室精密测量和供电容量超过一定值(月供电量超过 100 万 kW·h)的线路或用户；0.5 级的可用于收费用的电能表；0.5～1 级的用于发电厂、变电所的盘式仪表和技术监测用的电能表；3 级和 5 级的电流互感器用于一般的测量和某些继电保护上；5P 和 10P 级的用于继电保护，在旧型号产品中用 B、C、D 级表示。

表 7-1　电流互感器的准确度级和误差限值

准确度级	一次电流占额定电流的百分数/%	误差限值	
		电流误差/±%	角误差/(′)
0.1	5	0.4	15
	20	0.2	8
	100	0.1	5
	120	0.1	5
0.2	5	0.75	30
	20	0.35	15
	100	0.2	10
	120	0.2	10
0.5	5	1.5	90
	20	0.75	45
	100	0.5	30
	120	0.5	30
1	5	3.0	180
	20	1.5	90
	100	1.0	60
	120	1.0	60
3	50	3.0	无规定
	120	3.0	
5	50	5.0	无规定
	120	5.0	
5P	50	1.0	60
	120	1.0	60
10P	50	3.0	60
	120	3.0	60

2. 保护用电流互感器的10%误差曲线

保护用的电流互感器在正常负荷范围内的准确度级要求低于测量用的电流互感器，一般只要求3～10级，但在短路情况下，保护级的电流误差不应大于10%。当一次电流为额定电流的n倍时，误差达到10%，则n称为10%电流倍数。n的数值与二次负载阻抗有关，二者之间的关系曲线如图7-3所示，称为电流互感器的10%误差曲线，一般由厂家提供。使用时可以在曲线上查出相应的二次负荷阻抗值，只要实际的负荷阻抗小于该值，即能保证电流互感器的误差在10%以内。

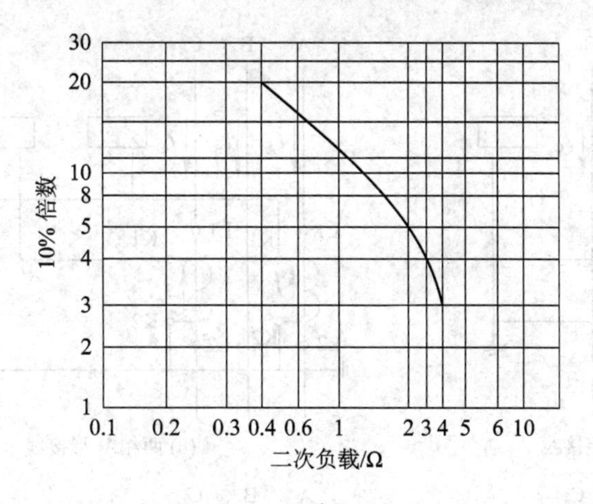

图 7-3　10%误差曲线

3. 额定容量 S_{2N}

电流互感器的额定容量 S_{2N} 就是其额定二次电流 I_{2N} 通过二次阻抗 Z_{2N} 的视在功率，即等于额定二次电流的平方与其额定负载阻抗的乘积。所以额定容量不等于额定电压和额定电流的乘积。由于电流互感器的额定二次电流为标准值(5A 或 1A)，其容量主要是根据电流互感器使用的二次负载来决定，公式如下：

$$S_{2N} = I_{2N}^2 Z_{2N} \tag{7-6}$$

对于同一台电流互感器而言，在不同准确度级的情况下，具有不同的额定容量。

四、电流互感器的接线方式及其注意事项

电流互感器在连接时，要注意其端子的极性。若极性接错，则会导致测量仪表不能正确测量，某些保护继电器会发生误动作。按照规定，我国互感器和变压器的绕组端子均采用"减极性"标号法。减极性的定义是，当电流同时从一次绕组和二次绕组的同极性端流入时，铁芯中产生的磁通方向相同。用"减极性"法所确定的"同名端"，实际上就是"同极性端"，即在同一瞬间，两个同名端同为高电位或同为低电位。按规定，电流互感器的一次绕组端子标以 L1、L2，二次绕组端子标以 K1、K2，L1 与 K1 为同名端，L2 与 K2 为同名端。如果一次电流从 L1 流向 L2，则二次电流应从 K2 流向 K1，如图 7-4 所示。

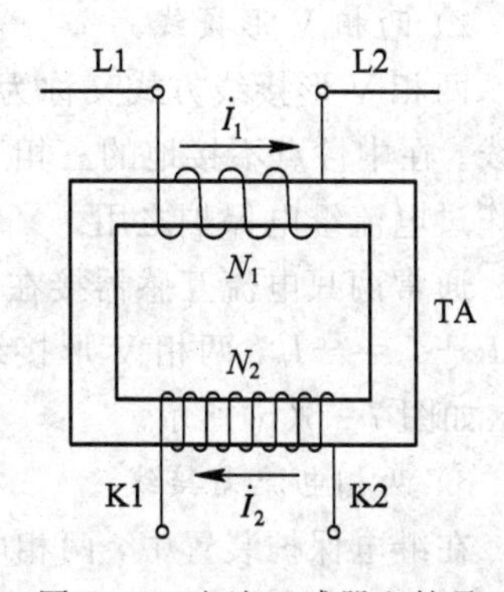

图 7-4　电流互感器和符号

1. 电流互感器的接线方式

电流互感器的常见接法有以下 4 种。

1）单相接线

采用单相接线方式，电流线圈通过的电流是反映一次电路相应相的电流，通常用于负荷平衡的三相电路，如低压动力线路中，供测量电流、电能或接过负荷保护装置之用，如图 7-5(a)所示。

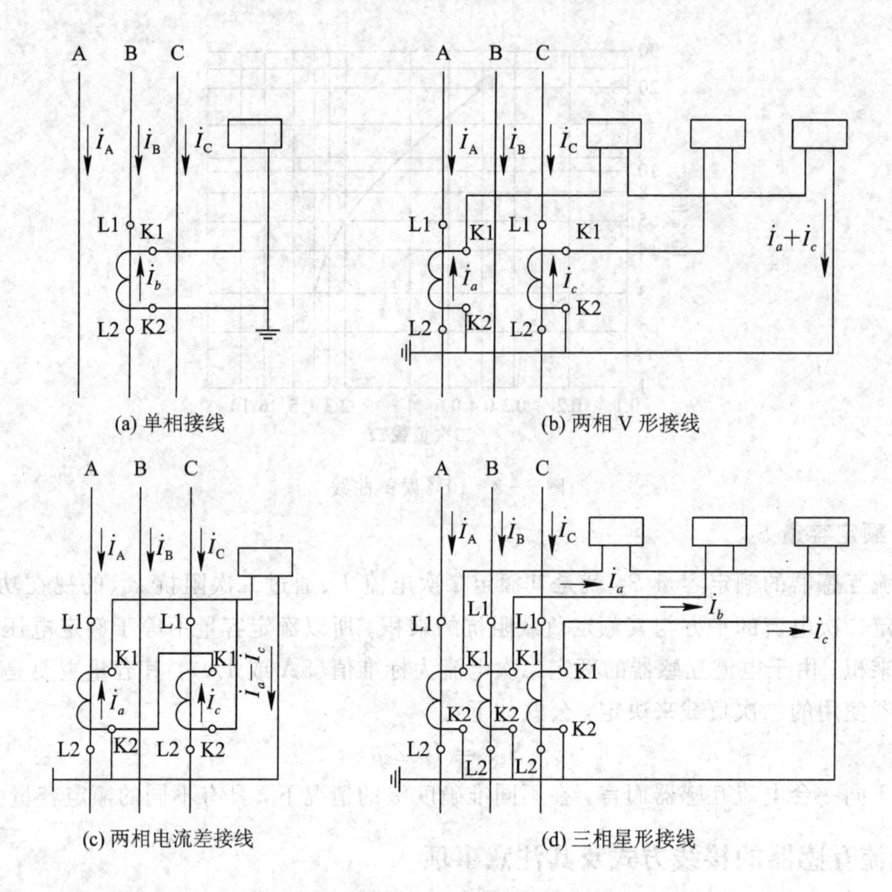

图 7-5　电流互感器的接线方式

2）两相V形接线

两相V形接线方式又称为两相不完全星形接线，在继电保护装置中称为两相两继电器接线。在中性点不接地的三相三线制电路中，两相V形接线广泛用于测量三相电流、电能及作过电流继电保护之用。

通常两只电流互感器接在A、C两相，其二次侧公共回路上的电流正好等于B相电流，即 $\dot{I}_a+\dot{I}_c=-\dot{I}_b$，两相V形接线的公共线上的电流反映的是未接电流互感器那一相的相电流，如图7-5(b)所示。

3）两相电流差接线

在继电保护装置中，两相电流差接线又称为两相一继电器接线。该接线方式用于中性点不接地的三相三线制电路中，作过电流继电保护之用。该接线方式电流互感器二次侧公共线上的电流为 $\dot{I}_a-\dot{I}_c$，其量值为相电流的$\sqrt{3}$倍，如图7-5(c)所示。

4）三相星形接线

三相星形接线方式中的三个电流线圈正好反映各相的电流。该接线方式广泛用于负载一般不平衡的三相四线制系统中，也可用于负载可能不平衡的三相三线制系统中，作三相电流、电能测量及过电流继电保护之用，如图7-5(d)所示。

2. 电流互感器接线时的注意事项

(1) 要正确接线。将电流互感器的一次侧与被测电路串联，二次侧与电流表串联。

(2) 电流互感器的二次侧在运行中绝对不允许开路。因为二次侧开路时，电流为零，而一次侧电流由线路决定，电流没变，会失去二次侧电流的去磁作用，一次电流均用来励磁，会导致磁通势变大。二次绕组中感应电动势与磁通的变化率成正比，因此二次绕组将在磁通过零时，会感应出很高的尖顶波电势，其大小可达数千伏甚至上万伏，会危及人身安全和仪表、继电器的绝缘。因此，在电流互感器的二次侧回路中严禁加装熔断器。

(3) 电流互感器的铁芯和二次侧的一端必须可靠接地。

(4) 接在同一互感器上的仪表不能太多。

五、电流互感器的结构原理和类型原理

1. 电流互感器的结构原理

按一次绕组匝数分类，电流互感器可分为单匝式和多匝式。单匝式电流互感器分为贯穿型和母线型两种，多匝式电流互感器可分为线圈式、“8”字形和“U”字形。

单匝式电流互感器结构简单、尺寸小、价格低，但其内部电动力较小，且当一次电流较小时，I_1N_1 和 I_0N_1 相差不大，故其误差较大。

“8”字形绕组结构的电流互感器，其一次绕组为圆形并套住带环形铁芯的二次绕组，构成两个互相套着的环，形如“8”字。如图 7-6 所示，由于“8”字线圈电场不均匀，故仅用于 35～110 kV 电压级电流互感器。

“U”字形电流互感器的一次绕组呈“U”形，主绝缘全部包在一次绕组上。绝缘共 10 层，层间有电容屏，外屏接地，形成圆筒式电容串结构。由于其电场分布均匀且便于实现机械化包扎绝缘，目前在 110 kV 及以上的高压电流互感器中得到了广泛应用。

2. 电流互感器的结构类型

(1) 套管式电流互感器。单匝式电流互感器的一次绕组由单根铜管或铜杆构成，二次绕组均匀地绕在铁芯上，以减少漏磁。制成的二次绕组套在绝缘套外面，例如变压器套管电流互感器、穿墙套管电流互感器、断路器套管电流互感器等都是这类结构，如图 7-6(a) 所示。

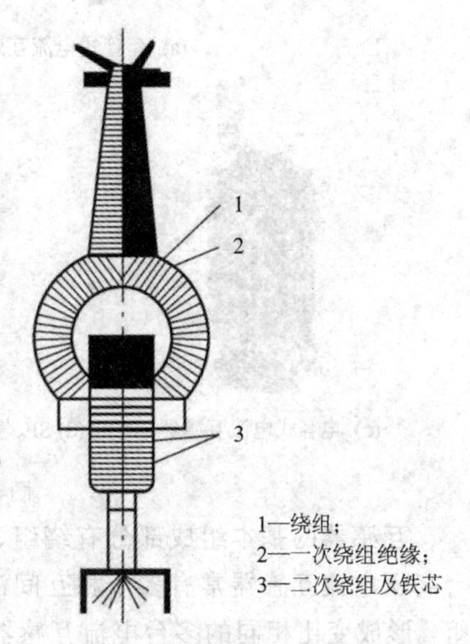

图 7-6 110 kV“8”字形绕组电流互感器绕组结构

(2) 充油式电流互感器。35～110 kV 电流互感器多数采用充油式。LCWD1-35 型电流互感器有两个环形铁芯，铁芯外面绕二次绕组(一个 0.5 级和一个 P 级)，一次绕组穿过铁芯与二次绕组构成“8”字形的链状，如图 7-6 所示。一、二次绕组外面各用多层皱纹纸包缠后相互绝缘，整个“8”字链形绕组放置在充满变压器油的绝缘套中。

(3) 电容式电流互感器。电容式电流互感器采用全封闭结构，由油箱、绝缘套、器身、油枕及膨胀器等部件组成。膨胀器又是互感器的防爆装置。全密封结构有两大优点：①与空气隔绝，能延缓油的老化过程；②油因热胀冷缩在进行呼吸过程中不会将空气吸入，避免了互感器因受潮

进水而引发爆炸事故。

(4) SF_6气体绝缘倒立式电流互感器。SF_6气体绝缘倒立式电流互感器适用于110 kV、50 Hz电力系统中作电流、电能测量及继电保护用。该产品主要由躯壳、高强度瓷套、底座、一次导电杆、二次绕组等部分组成。产品顶部装有压力释放装置，以避免突发性事故的发生，底座上设有SF_6阀门及密度继电器和二次接线板等。这种电流互感器的特点是电场分布均匀，局部放电量低。采用倒立式结构，气体绝缘，抗动稳定、热稳定电流能力大。其采用新型负荷套管和绝缘性能极好的SF_6作绝缘，性能可靠，维护简单，且易向更高电压等级发展。

(5) 穿墙式环氧电流互感器。LDZB7－35型电流互感器为穿墙式环氧电流互感器，一次绕组是导电杆，二次绕组缠绕在环形铁芯上，导电杆穿入二次绕组内，全部包封在环氧树脂浇注体内。环氧绝缘电流互感器结构简单，运行维护量小，适用于频率50 Hz或60 Hz、额定电压10 kV的电力系统中，用于电能计量、电流测量和继电保护。

几种常见的电流互感器如图7－7所示。

(a) 套管式电流互感器　(b) LCWD1-35型电流互感器

(c) 电容式电流互感器　(d) SF_6气体绝缘倒立式电流互感器　(e) 穿墙式环氧电流互感器

图7－7　常见的电流互感器

互感器的基本组成部分有绕组、铁芯、绝缘物和外壳。为了节约材料和降低成本，一台高压电流互感器常有多个相互间没有磁联系的独立的铁芯环和二次绕组，并共用一次绕组，形成变比相同的多台电流互感器。对于110 kV及以上的电流互感器，为了适应一次电流的变化和减少产品规格，常将一次绕组分成多组，通过切换接线改变一次绕组的串联、并联，获得多种电流比。

3. 电流互感器的型号

电流互感器的型号用文字符号、拼音字母及数字来标注，具体含义如表7－2所示。

表 7-2　电流互感器的型号标注及其含义

<table>
<tr><th>型号序列</th><th>序列含义</th><th>代　　号</th></tr>
<tr><td rowspan="8">[1][2][3][4][5][6]-[7]/[8]</td><td>1：设备名称</td><td>L：电流互感器</td></tr>
<tr><td>2：形式</td><td>一次绕组型：
M：母线式；D：贯穿单匝式
F：贯穿复匝式
安装形式：
Q：线圈式；A：穿墙式
B：支持式；Z：支柱式
R：装入式</td></tr>
<tr><td>3：绝缘形式</td><td>Z：浇注绝缘；C：瓷绝缘
J：树脂浇注；K：塑料外壳</td></tr>
<tr><td>4：结构形式</td><td>W：户外式；M：母线式
G：改进式；Q：加强式</td></tr>
<tr><td>5：结构形式与用途</td><td>结构形式：
Q：加强式；L：铝线
J：加大容量
用途：
B：保护用；D：差动保护用
J：接地保护用；X：小体积柜用</td></tr>
<tr><td>6：设计序号</td><td></td></tr>
<tr><td>7：额定电压(kV)</td><td></td></tr>
<tr><td>8：额定电流(kA)</td><td></td></tr>
</table>

例如：LQJ-10 是线圈式树脂浇注绝缘，额定电压为 10 kV 的电流互感器；LZX-10 是浇注绝缘小体积柜用，额定电压为 10 kV 的电流互感器。

任务三　电压互感器

【任务描述】

电压互感器和变压器较类似，都是用来变换电压的。但是变压器变换电压的目的是输送电能，容量很大，一般都是以千伏安或兆伏安为计算单位的；而电压互感器变换电压的目的，主要是用来给测量仪表和继电保护装置供电，或者用来测量线路的电压、功率和电能，或者用来在线路发生故障时保护线路中的贵重设备、电机和变压器，因此电压互感器的容量很小，一般都只有几十伏安，最大也不超过 1000 VA。

【任务分析】

本任务介绍电压互感器的工作原理、结构原理和接线方式，同时还介绍了电压互感器的技术参数、电压互感器的接线方式及电压互感器的结构类型。

按照工作原理的不同，电压互感器可分为电磁感应式和电容分压式两类，下面分别介绍。

一、电磁式电压互感器

1. 电磁式电压互感器的工作原理

实际生产中常用的是电磁感应式变压器，它的工作原理与普通电力变压器相同。电磁式电压互感器的一次绕组匝数很多，而二次绕组匝数很少，相当于一个降压变压器。工作时，一次绕组并联在被测电路中，而二次绕组并联仪表、继电器的电压线圈。由于仪表、继电器电压线圈的负载阻抗大，电流很小，所以电压互感器在正常运行时，其二次侧接近于空载状态。电压互感器二次绕组的额定电压U_{2N}统一规定为100 V或$100/\sqrt{3}$ V，所以电压互感器容量较小，只有几十到几百伏安。

电压互感器的一次电压U_1与其二次电压U_2之间有下列关系：

$$K_U=\frac{U_{1N}}{U_{2N}}=\frac{N_1}{N_2} \tag{7-7}$$

式中：N_1——电压互感器一次绕组匝数；

N_2——电压互感器二次绕组匝数；

K_U——电压互感器的变压比，一般表示其额定一、二次电压比，例如10000 V/100 V。

2. 测量误差

电压互感器由一次绕组、二次绕组、铁芯和绝缘组成。当在一次绕组上施加电压U_1时，一次绕组中会产生励磁电流I_0。由于一次绕组存在电阻和漏抗，I_0在激磁导纳上产生了电压降，因此形成了电压互感器的空载误差；当二次绕组接有负载时，产生的负载电流在二次绕组的内阻抗及一次绕组中感应一个负载电流分量，这时在一次绕组内阻抗上产生的电压降形成了电压互感器的负载误差。可见，电压互感器的误差主要与激磁导纳、一次绕组和二次绕组内阻抗以及负载导纳有关。

电压互感器的测量误差与电流互感器相同，也分为电压误差和角误差(相位差)。理想的电压互感器，一次电压与二次电压之比应等于匝数之比，一次电压与二次电压的相位差应恰好相差180°。电压误差取决于下式：

$$\Delta U\%=\frac{K_U U_2-U_1}{U_1}\times 100\% \tag{7-8}$$

角误差是指二次电压相量$\dot{U}_2$旋转180°后与一次电压相量$\dot{U}_1$之间的夹角。当$-\dot{U}_2$超前于一次电压$\dot{U}_1$时，角误差为正，反之为负。

二、电容式电压互感器

电容式电压互感器的原理图如图7-8所示。

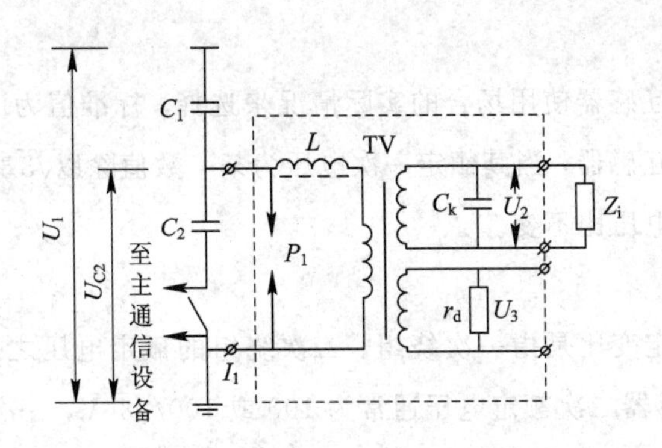

图 7－8　电容式电压互感器原理图

1. 工作原理

在 110 kV 及以上的电力系统中要采用电容式电压互感器，特别是在超高压系统中都采用电容式电压互感器。电容式电压互感器实质上是一个电容分压器，在被测装置的相和地之间接有电容 C_1 和 C_2，按反比分压，C_2 上的电压为：$U_{C2}=\dfrac{C_1}{C_1+C_2}\cdot U_1=KU_1$。由于 U_{C2} 与一次电压 U_1 成比例变化，故可测出相对电压。

2. 测量误差

当 C_2 两端与负载接通时，由于 C_1、C_2 有内阻抗压降，使 U_{C2} 小于电容分压值，负载越大，误差越大。内阻抗为

$$Z_i=\frac{1}{j\omega(C_1+C_2)} \tag{7-9}$$

为了减少 Z_i，可在回路中加入一补偿电抗 L，如图 7－8 中所示，则内阻抗为

$$Z_i=j\omega L+\frac{1}{j\omega(C_1+C_2)} \tag{7-10}$$

当 $\omega L=1/[\omega(C_1+C_2)]$时，输出电压 U_{C2} 与负载无关。实际上由于电容器有损耗，电抗器也有内阻，因此负载变化时，还是会有误差产生。为了进一步减少负载电流的影响，将测量仪表经中间变压器 TV 升压后与分压器相连。

当互感器二次侧发生短路时，由于回路中的电阻 r 和剩余电抗(X_L-X_C)均很小，短路电流可达到额定电流的几十倍，此电流在补偿电抗 L 和电容 C_2 上产生很高的共振过电压。为了防止过电压引起的绝缘击穿，可在电容 C_2 两端并联放电间隙 P_1。

电容式电压互感器由电容(C_1+C_2)和非线性电抗 L(TV 的励磁绕组)构成，当受到二次侧短路或断路等冲击时，由于非线性电抗的饱和，可能激发产生高次谐波铁磁谐振过电压，为了抑制谐振的产生，常在互感器二次侧接入阻尼电阻 r_d。

三、电压互感器的技术参数

1. 额定一次电压

作为电压互感器性能基准的一次电压值，供三相系统相间连接的单相电压互感器，其额定一次电压应为国家标准额定线电压；对于接在三相系统相与地间的单相电压互感器，其额定一次电压应为上述值的 $1/\sqrt{3}$，即相电压。

2. 额定二次电压

额定二次电压按互感器使用场合的实际情况来选择，标准值为100 V；供三相系统中相与地之间用的单相互感器，当其额定一次电压为某一数值除以$\sqrt{3}$时，额定二次电压必须除以$\sqrt{3}$，以保持额定电压比不变。

3. 额定变比

电压互感器的额定变比是指一次绕组、二次绕组的额定电压之比，也称额定电压比，用K_U表示。电压互感器二次额定电压通常为100或$100/\sqrt{3}$ V，一次额定电压就是电源电压。

4. 准确度级

电压互感器的准确度级是指在规定的一次电压和二次负荷变化范围内，负荷的功率因数为额定值时，电压误差的最大值。测量用电压互感器的测量精度有0.2、0.5、1、3四个准确度级。0.2级、0.5级、1级的适用范围同电流互感器，3级的用于部分测量仪表和继电保护装置。保护用电压互感器用P表示，常用的有3P和6P两个等级，如表7-3所示。

表7-3 电压互感器的准确度级和误差限值

准确度级	误差限值		一次电压变化范围	频率、功率因数及二次负载变化范围
	电压误差/±%	角误差/(′)		
0.2	0.2	10	$(0.8\sim1.2)U_{1N}$	$(0.25\sim1)S_{2N}$；$\cos\varphi_2=0.8$；$f=f_N$
0.5	0.5	20		
1.0	1.0	40		
3.0	3.0	无规定		
3P	3.0	120	$(0.05\sim1)U_{1N}$	
6P	6.0	240		

5. 额定容量 S_{2N}

电压互感器的额定容量是指最高准确度级下的容量。电压互感器在这个负载容量下工作时，所产生的误差不会超过这一准确度级规定的范围。由于电压互感器的误差与二次负载有关，因此每个准确度级都对应着一个额定容量。例如，JDZ-10型电压互感器在各准确度级下的额定容量分别为80 VA(0.5级)、120 VA(1级)、300 VA(3级)，则该电压互感器的额定容量为80 VA。在使用中，当负载超过该准确度级所规定的容量时，准确度级下降。同时，电压互感器按最高电压下长期工作允许的发热条件出发，还规定最大容量，上述电压互感器的最大容量为500 VA，一般不会使负载达到此最大容量。

四、电压互感器的接线方式

单相电压互感器一次侧端子为U、X，二次侧为u、x；三相电压互感器一次侧端子为U、V、W，二次侧为u、v、w、0。电压互感器具有首端标志u的端子应和仪表的相线端连接，末端x接地并与仪表中性线端连接。

1. 一台单相电压互感器的接线

一台单相电压互感器的接线如图 7－9 所示。这种接线方式只能测量某两相之间的线电压，可以用来连接电压表、频率表及电压继电器等。为安全起见，二次侧的 x 端须接地。

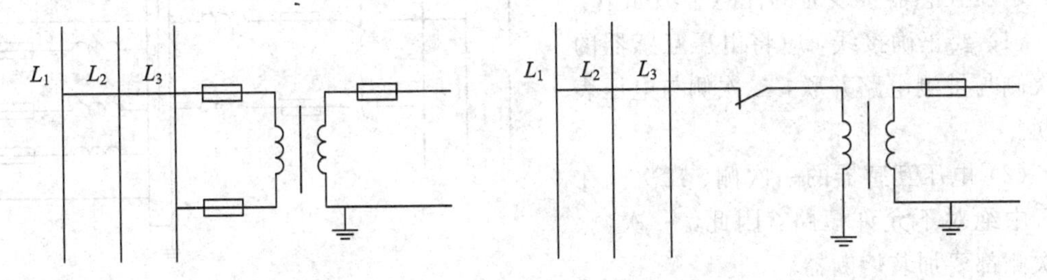

图 7－9　一个单相电压互感器的接线

2. 两台单相电压互感器 V/v 接线

两台单相电压互感器 V/v 接线如图 7－10 所示。该接线方式广泛用于 20 kV 及以下中性点不接地或经消弧线圈接地的电网中，可以用来测量三个线电压，二次侧也可以连接线电压表、三相电能表、功率表等。它的优点是接线简单，由于一次侧没有接地点，可减少系统中的对地励磁电流，避免产生过电压。但这种接线只能得到线电压或相对于系统中性点的相电压，因此使用有局限性，它不能测量相对地电压，不能起绝缘监察作用和作为接地保护使用。为安全起见，通常将二次侧的 v 点接地。

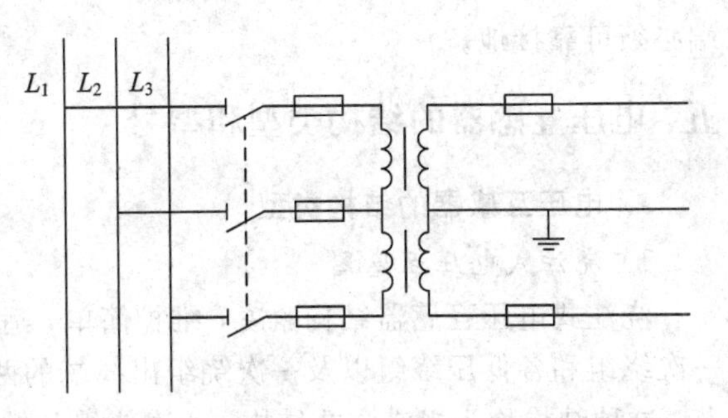

图 7－10　两个单相电压互感器 V/v 接线

3. 三相三柱式电压互感器 Y/y 接线

图 7－11 所示是用三台单相电压互感器构成一台三相电压互感器，也可以用一台三铁芯柱式三相电压互感器，将其高低压绕组分别接成星形。Y/y 接法多用于小电流接地的高压三相系统，可以测量线电压。这种接线方法的缺点是：

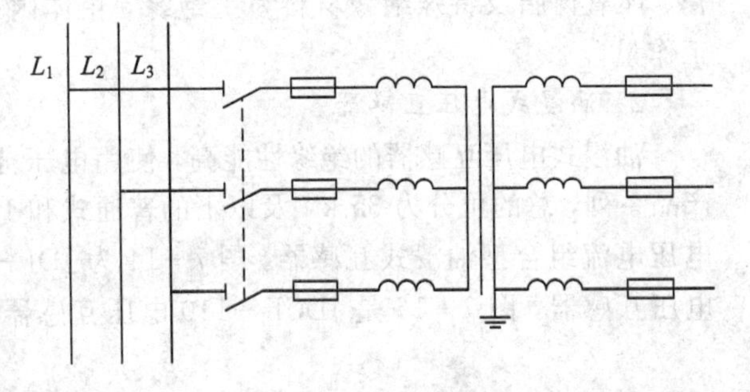

图 7－11　三相三柱式电压互感器 Y/y 接线

(1) 当三相负载不平衡时，会引起较大的误差；

(2) 当一次高压侧有单相接地故障时，它的高压侧中性点不允许接地，否则，可能烧坏电压互感器，所以高压侧中性点无引出线，也就不能测量对地电压。

4. 三个单相三绕组电压互感器或一个三相五柱式三绕组电压互感器接成 YY△型

三相五柱式三绕组电压互感器 YY△接线方式如图 7－12 所示，其一次绕组和主二次绕组接成星形，并且中性点接地，辅助二次绕组接成开口三角形。这种接法可以测量线电压和相对地电压，辅助二次绕组可以接入交流电网绝缘监视用的继电器和信号指示器，以实现单相接地的继电保护。系统正常运行时，开口三角形两端电压接近于零，当系统发生一相接地时，开口三角形两端出现近100 V零序电压，使电压继电器吸合，发出接地预告信号。

电压互感器接线时的注意事项如下：

(1) 要正确接线，应将电压互感器的一次侧与被测电路并联，二次侧与电压表并联。

(2) 电压互感器的一次侧、二次侧在运行中绝对不允许短路，因此，一次侧、二次侧都要加装熔断器。

(3) 电压互感器的铁芯和二次侧的一端必须可靠接地。

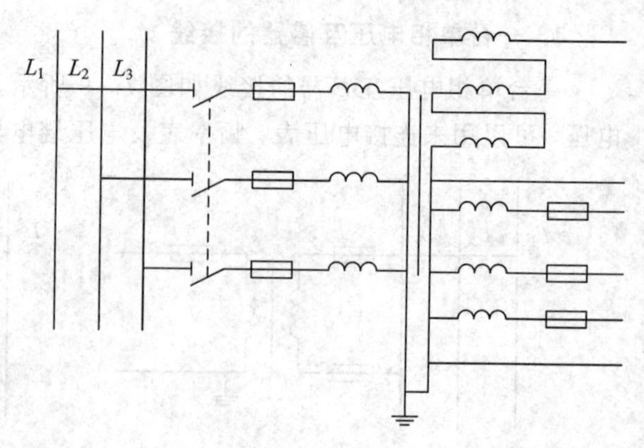

图 7-12　三相五柱式三绕组电压互感器 YY△接线

五、电压互感器的结构类型和型号

1. 电压互感器的结构类型

1）浇注式电压互感器

浇注式电压互感器结构紧凑，维护简单，适用于3～35 kV电压等级的户内配电装置。一次绕组和各低压绕组以及一次绕组出线端的两个套管均浇注成一个整体，然后再装配铁芯，这种结构称为半浇注式结构。一次绕组和铁芯均浇注成一体的叫全浇注式。

JDZJ-10型单相电压互感器外形如图7-13所示，其铁芯为三柱式，一次绕组、二次绕组为同心圆筒式，连同引出线用环氧树脂浇注成型；铁芯外露，由经热处理的冷轧硅钢片取向叠装而成，为半封闭式结构。JDZJ-10型为接地单相电压互感器，该互感器以电瓷、环氧树脂及特殊绝缘材料为主绝缘，箱体内不充油，故不存在渗漏问题，减少了维护工作量。

2）油浸式电压互感器

油浸式电压互感器的绝缘性能高，使用电压范围广，3～110 kV及以上各级电压均有其产品系列，总的可分为35 kV及以下的普通式和110 kV级以上的串励式以及10～35 kV的电压电流组合型油浸式互感器。图7-14为JDJ-10型电压互感器，图7-15是JSJ-10型电压互感器，图7-16是JDCF-110电压互感器。

图 7-13　JDZJ-10型单相电压互感器外形

图 7-14　JDJ-10型接地单相电压互感器

图 7-15　JSJ-10 型电压互感器

图 7-16　JDCF-110 电压互感器

3）电容式电压互感器

随着电力系统输电电压的增高，电磁式电压互感器的体积、质量越来越大，成本也随之增加。电容式电压互感器与电磁式电压互感器相比，具有结构简单、体积小、质量轻、占地少、成本低等优点，而且电压越高效果越显著。电容式电压互感器的运行维护也较方便，且其中的分压电容还可兼作载波通信的耦合电容，因此广泛用于110～550 kV 中性点直接接地系统中。图 7-17 为 TYD-35～220 型电容式电压互感器外形图。

图 7-17　TYD-35～220 型电容式电压互感器

2. 电压互感器的型号

电压互感器的型号用文字符号、拼音字母及数字来标注，具体含义如表 7-4 所示。

表 7-4　电压互感器的型号

型号序列	序列含义	代　号
123 45-6	1：设备名称	J：电压互感器
	2：相数	D：单相；S：三相
	3：绝缘方式	J：油浸式；G：干式；Z：浇注式；C：瓷箱式
	4：结构形式	B：带补偿绕组；W：五柱三绕组；J：接地保护
	5：设计序号	
	6：额定电压(kV)	

例如：JDJ-10 是单相双绕组油浸式电压互感器，额定电压为 10 kV；JDJW-10 是单相油浸式五柱三绕组电压互感器，额定电压为 10 kV。

任务四　互感器的运行与维护

【任务描述】

互感器在电力系统中主要用作测量和为保护装置传递信息功能，它的安全运行不仅对设备本身有影响，而且会直接影响到电网的安全、经济运行，互感器的特殊功能使它的安全运行显得极为重要。为保证互感器的安全、可靠运行，应做到正确使用，把好新产品投运关，做好日常巡视检查和加强技术监督等工作。

【任务分析】

通过本任务的学习，学生可了解电流互感器使用时接线极性应正确，外壳、二次绕组的一端必须接地；运行中的电流互感器二次回路严禁开路；对电流互感器投入运行前和运行时必须进行多个项目的检查，必须知道电流互感器常见的异常现象，并及时处理事故；电压互感器在使用中严防二次侧短路，电压互感器投入运行前和运行时必须进行全面检查，必须知道电压互感器常见的异常现象，并及时处理事故。

一、电流互感器使用注意事项

电流互感器除在接线时要注意接线极性正确外，还需要注意外壳和二次绕组的一端必须接地；在电流互感器的一次绕组有电流流过时，二次绕组绝对不允许开路，因为运行中的电流互感器所需工作磁势很小，其二次绕组磁势对一次绕组的磁势起到去磁作用，而一旦二次侧回路开路，一次侧电流所产生的磁势不再被去磁的二次磁势所抵消而全部用作激磁，如果此时一次电流较大，会在二次侧感应出很高的电压，对工作人员的安全构成严重的威胁，还可能造成二次回路绝缘击穿，甚至烧毁二次设备，引发火灾。同时，较大的激磁磁势作用在铁芯中，使铁芯过度饱和而严重发热，会导致互感器烧坏。所以，在运行中的电流互感器二次回路严禁开路。电流互感器二次绕组一端接地，是防止在一次绕组绝缘损坏时，高电压使二次绕组的绝缘损坏而带高压，危及人身及其他二次设备的安全。如果需要接入仪表测试电流或功率、更换表计或其他装置，应先将二次电流回路进线一侧短路并接地，确保在工作过程中无开路。此外，电流回路的导线或电缆芯线必须用截面不小于 2.5 mm^2 的铜线，以保持必要的机械强度和可靠性。

(1) 电流互感器投入运行前应进行如下检查：

① 检查绝缘电阻是否合格。

② 检查二次回路有无开路现象。

③ 检查二次绕组接地线是否完好无损伤，接地牢固。

④ 检查外表是否清洁，瓷套管有无破损、有无裂纹，周围有无杂物。

⑤ 检查充油式电流互感器的油位、油色是否正常，有无渗油、漏油现象。

⑥ 检查连接螺栓是否紧固。

(2) 电流互感器在运行时应定期对其以下内容进行巡视检查：

① 检查瓷质部分。瓷质部分应清洁，无破损、无裂纹、无放电痕迹。

② 检查油位。油位和油色应正常，油色应透明不发黑，无渗油、漏油现象。

③ 检查声音等。电流互感器在运行时应无声音，且无焦臭味。

④ 检查引线接头。一次侧引线接头应牢固，压接螺丝无松动、无过热现象。

⑤ 检查接地。二次绕组接地线应接地牢固、无松动、无断裂现象。对电容式电流互感器的末屏应接地。

⑥ 检查端子箱。端子箱应清洁、不受潮，二次端子接触良好，没有开路、放电或打火现象。

⑦ 检查仪表指示。二次侧仪表指示应正常。

(3) 在带电的电流互感器二次回路工作时应采取以下安全措施：

① 严禁将电流互感器二次侧开路。

② 短路电流互感器的二次绕组必须使用短路片和短路线，短路连接应妥善可靠，严禁使导线缠绕。

③ 严禁在电流互感器与短路端子之间的回路和导线上进行任何工作。

④ 工作时必须认真仔细、谨慎，不得将回路中永久接地点断开。

⑤ 工作时必须有专人监护，要使用绝缘工具，并站在绝缘垫上。

二、电压互感器使用注意事项

电压互感器在使用中一定要注意严防二次侧短路，因为电压互感器是一个内阻极小的电压源，正常运行时负载阻抗很大，相当于开路状态，二次侧仅有很小的负载电流。当二次侧短路时，负载阻抗为零，将产生很大的短路电流，使电压互感器烧坏。所以在带电的电压互感器二次回路上工作要注意以下两点：① 严格防止电压互感器二次回路短路或接地，工作时应使用绝缘工具，戴手套；② 二次侧接临时负载时，必须装有专用的隔离开关或熔断器。

(1) 电压互感器投入运行前应对其进行全面检查，其检查的具体项目如下：

① 送电前，应将有关工作票收回，拆除全部临时检修安全措施，恢复固定安全措施，并测量其绝缘电阻是否合格。

② 定相。大修后的电压互感器(包括二次回路变动)或新安装的电压互感器投入运行前应定相。所谓定相，就是将两个电压互感器的一次侧接在同一电源上，测定它们的二次侧电压相位是否相同。若相位不正确，则造成的后果是：① 破坏同期的正确性；② 倒母线时，两母线的电压互感器会短时并列运行，此时二次侧会产生很大的环流，导致二次侧熔断器熔断，使保护装置误动或拒动。

③ 检查一次侧中性点接地和二次绕组一点接地是否良好。

④ 检查一次侧、二次侧熔断器及二次侧快速空气开关是否完好和接触正常。

⑤ 检查外观是否清洁，绝缘子、套管有无破损或裂纹，周围有无杂物，充油式电压互感器的油位、油色是否正常，有无渗油、漏油现象；各接触部分连接是否良好。

(2)投入运行后的电压互感器要定期对其进行巡视检查，巡视检查的主要内容如下：

① 检查绝缘子。绝缘子表面是否清洁，有无破损、裂纹及放电现象。

③ 检查油位。油位是否正常，油色是否透明不发黑，有无渗油、漏油现象。

③ 检查内部。内部声音是否正常，有无“吱吱”放电声，有无剧烈电磁振动声或其他异常响声，有无焦臭味。

④ 检查密封情况。密封装置是否良好，各部位螺丝是否牢固，有无松动。

⑤ 检查一次侧引线接头。接头连接是否良好，有无松动及过热现象；高压熔断器限流电阻是否良好；二次回路的电缆及导线有无腐蚀和损伤，二次接线有无短路现象。

⑥ 检查接地。电压互感器一次侧中性点及二次绕组接地是否良好。

⑦ 检查端子箱。端子箱是否清洁或受潮。

⑧ 检查仪表指示。二次侧仪表应指示正常。

三、电流互感器异常及事故处理

1. 运行时的常见故障

(1) 现象：运行过热，有异常焦臭味，甚至冒烟。原因：二次开路或一次负荷电流过大。

(2) 现象：内部有放电声，声音异常或引线与外壳间有火花放电现象。原因：绝缘老化、受潮引起漏电或电流互感器表面绝缘半导体涂料脱落。

(3) 现象：主绝缘对地击穿。原因：绝缘老化、受潮，系统过电压。

(4) 现象：一次绕组或二次绕组匝间、层间短路。原因：绝缘受潮、老化，二次开路产生高压，使二次匝间绝缘损坏。

(5) 现象：电容式电流互感器运行中发生爆炸。原因：正常情况下一次绕组主导电杆与外包铝箔电容屏的首屏相连，末屏接地。运行过程中，由于末屏接地线断开，末屏对地会产生很高的悬浮电位，从而使一次绕组主绝缘对地绝缘薄弱点产生局部放电。电弧将使互感器内的油电离气化，产生高压气体，造成电流互感器爆炸。

(6) 现象：充油式电流互感器油位急剧上升或下降。原因：油位急剧上升是由于内部存在短路或绝缘过热，使油膨胀引起；油位急剧下降可能是严重渗油、漏油引起的。

2. 二次开路

二次开路的现象：铁芯发热，有异常气味或冒烟；铁芯振动较大，有异常噪声；二次导线连接端子螺丝松动处可能有火花放电现象和放电响声，并可能伴随有有关表针指示的摆动现象；相关电流表、有功功率表、电能表指示减小或为零；差动保护“回路断线”光字牌亮。

其原因主要为：

(1) 安装处有振动存在，因振动使二次导线端子松脱开路。

(2) 保护或控制屏上电流互感器的接线端子连接片因带电测试时误断开或未压好而造成的二次开路。

(3) 二次导线因机械损伤断线。

处理方法：

(1) 停用有关保护，防止保护误动。

(2) 值班人员穿绝缘靴、戴绝缘手套，将电流互感器的二次接线端子短接。若是内部故障，则应进行停电处理。

(3) 二次开路电压很高，若限于安全距离人员不能靠近，则必须进行停电处理。

(4) 若是二次接线端子螺丝松动造成的二次开路，在降低负荷和采取必要安全措施的情况下(有人监护、有足够安全距离、使用有绝缘柄的工具)，可以不停电拧紧松动螺丝。

(5) 若内部冒烟或着火，需要使用断路器断开该电流互感器电路。

四、电压互感器异常及事故处理

1. 电压互感器常见故障及分析

(1) 铁芯片间绝缘损坏。现象：运行中温度升高。原因：铁芯片间绝缘不良、使用环境恶劣或长期在高温下运行，促使铁芯片间绝缘老化。

(2) 接地片与铁芯接触不良。现象：铁芯与油箱间有放电声。原因：接地片没插紧，安装螺丝没拧紧。

(3) 铁芯松动。现象：运行中有不正常的振动或噪声。原因：铁芯夹件未夹紧，铁芯片间松动。

(4) 绕组匝间短路。现象：温度升高，有放电声，高压熔断器熔断，二次侧电压表指示忽高忽低。原因：系统过电压，长期过载运行，绝缘老化，制造工艺不良。

(5) 绕组断线。现象：断线处可能会产生电弧，有放电声，断线相的电压表指示降低或为零。原因：焊接工艺不良，机械强度不够或引出线不合格造成绕组引线断线。

(6) 绕组对地绝缘击穿。现象：高压侧熔断器连续熔断，可能有放电声。原因：绕组绝缘老化或绕组内有导电杂物，绝缘油受潮，过电压击穿，严重缺油等。

(7) 绕组相间短路。现象：高压侧熔断器熔断，油温剧增，甚至有喷油冒烟现象。原因：绕组绝缘老化，绝缘油受潮，严重缺油。

(8) 套管内放电闪络。现象：高压侧熔断器熔断，套管闪络放电。原因：套管受外力作用发生机械损伤，套管间有异物，套管严重污染，绝缘不良。

2. 电压互感器回路断线

电压互感器回路断线的现象："电压回路断线"光字牌亮、警铃响；电压表指示为零或三相电压不一致，有功功率表指示失常，电能表停转；低电压继电器动作，可能有接地信号发出(高压熔断器熔断时)；绝缘监视电压表较正常值偏低，正常相电压表指示正常。

原因：高、低压熔断器熔断或接触不良；电压互感器二次回路切换开关及重动继电器辅助触点接触不良；二次侧快速自动空气开关脱扣跳闸或因二次侧短路自动跳闸；二次回路接线头松动或断线。

处理方法：

(1) 停用所带的继电保护与自动装置，以防止误动。

(2) 若因二次回路故障使仪表指示不正确，可根据其他仪表指示，监视设备的运行，且不可改变设备的运行方式，以免发生误操作。

(3) 检查高压熔断器、低压熔断器是否熔断。若高压熔断器熔断，应查明原因予以更换；若低压熔断器熔断，应立即更换。

(4) 检查二次电压回路的接点有无松动、断线现象，切换回路有无接触不良，二次侧自动空气开关是否脱扣。可试送一次，试送不成功再进行处理。

3. 高压熔断器、低压熔断器熔断

高、低压熔断器熔断的现象是：对应的电压互感器"电压回路断线"光字牌亮，警铃响；电压表指示偏低或无指示，有功功率表、无功功率表指示降低或为零，低电压保护可能误动作。

原因：高、低压熔断器熔断或接触不良。

处理方法：

(1) 复归信号。

(2) 检查高、低压熔断器是否熔断。

(3) 若高压熔断器熔断，应拉开高压侧隔离开关并取下低压侧熔断器，经验电、放电后，再更换高压熔断器。测量电压互感器的绝缘并确认良好后，方可送电。

(4) 若低压熔断器熔断，应立即更换。更换熔丝后若再次熔断，应查明原因，严禁将熔丝容量加大。

4. 电压互感器本体故障

运行中的电压互感器有下列故障现象之一时，应立即停用：

(1) 高压熔断器连续熔断 2～3 次。原因：高压绕组有短路故障。

(2) 内部有放电声或其他噪声。原因：内部有故障。

(3) 电压互感器冒烟或有焦臭味。原因：连接部位松动或其高压侧绝缘损伤。

(4) 绕组或引线与外壳间有火花放电。原因：绕组内部绝缘损坏或连接部位接触不良。

(5) 电压互感器漏油。原因：密封件老化，或内部故障产生高温，油膨胀产生漏油。

(6) 运行温度过高。原因：内部故障所致，如匝间短路、铁芯短路等产生高温。

在停用电压互感器时，若电压互感器内部有异常响声、冒烟、跑油等故障，且高压熔断器又未熔断，则应该用断路器将故障的电压互感器切断，禁止使用隔离开关或取下熔断器的方法停用故障的电压互感器。

项目小结

本项目主要介绍了电流互感器和电压互感器，包括电流互感器和电压互感器的工作原理、分类和主要的误差(包括电流误差和角差)，以及各自在不同情况下的接线方式等。

思考与练习

1. 电压互感器按照工作原理来分类有哪些？按照绝缘介质来分类有哪些？

2. 电流互感器按照工作原理来分类有哪些？按照绝缘介质来分类有哪些？

3. 电流互感器的误差主要有哪些？这些误差会受到哪些因素的影响？

4. 运行中的电流互感器二次侧为什么不允许开路？如何防止运行中的电流互感器二次侧开路？

5. 运行中的电压互感器为什么不能短路？

6. 常见的电流互感器的接线方式有哪些？

7. 常见的电压互感器的接线方式有哪些？

8. 电流互感器和电压互感器的巡视项目有哪些？

项目八　电气主接线

【项目分析】

电气主接线主要是指在发电厂、变电所、电力系统中，为满足预定的功率传送和运行等要求而设计的、表明高压电气设备之间相互连接关系的传送电能的电路。电路中的高压电气设备包括发电机、变压器、母线、断路器、隔离开关、线路等。它们的连接方式对供电可靠性、运行灵活性及经济合理性等起着决定性作用。

【培养目标】

了解主接线的基本要求；掌握主接线的概念以及主接线中主要设备的图形和文字符号；掌握单母线接线和双母线接线的不同形式的接线方法、运行方式、优缺点和适用场合；掌握单元接线、桥形接线和角形接线的接线方法、运行方式、优缺点和适用场合；掌握各种类型发电厂和变电所主接线的特点；了解发电厂和变电所主接线的设计原则和步骤。

任务一　电气主接线概述

【任务描述】

本任务介绍的电气主接线是由多种电气设备通过连接线、按其功能要求组成的接受和分配电能的电路。电气主接线表明各种一次设备的数量、作用和相互之间的连接方式以及与电力系统的连接情况。电气主接线图是用规定的文字和图形符号来描绘电气主接线的专用图。电气主接线一般绘成单线图(即用单相接线表示三相系统)，但对三相接线不完全相同的局部系统则应绘制成三线图。

【任务分析】

本任务要求学生了解电气主接线是用各种图形符号和文字按顺序连接的，各种图形符号和文字符号都有其特定的含义。电气主接线中常用的断路器、隔离开关、母线、变压器、互感器、熔断器都有其各自的用途，发挥它们各自的特殊作用。另外，电气主接线也必须满足基本要求。

一、电气主接线与电气主接线图

1. 电气主接线

电气主接线(或电气主系统)是发电厂、变电所的一次接线，由直接用来生产、汇集、变换和分配电能的一次设备构成，是由一次设备(如各种电力变压器、开关设备、母线、电流互感器以及电压互感器等)按照一定的要求和顺序连成的接受和分配电能的回路。电气主接线表明各种一次设备的数量、作用和相互之间的连接方式以及与电力系统的连接情况。图 8-1 为变电所的电气主接线，其接线形式对电气设备的选择、配电装置的布置等均有较大影响，是运行人员进行各种倒闸操作和事故处理的重要依据，对变电所、配电所以及电力系统的安全、可靠、优质和经济运行指标起着决定性作用。

图 8-1　变电所的电气主接线

只有了解、熟悉和掌握变电所、配电所的电气主接线，才能进一步了解电路中各种设备的用途、性能、维护检查项目和运行操作步骤等。所以，电气主接线是电力设计、运行、检修部门以及有关技术人员必须深入掌握的主要内容。

2. 电气主接线图

电气主接线图就是用规定的设备文字和图形符号将各电气设备按连接顺序排列，详细表示电气设备的组成和连接关系的接线图。一般在研究主接线方案和运行方式时，为了清晰、方便地掌握接线情况，通常将三相电路图描绘成单线图，只有在局部系统需要表明三相电路不对称连接时，才将局部系统绘制成三线图。若有中性线(或接地线)可用虚线表示，使主接线清晰易看。如图 8-2 所示为 220 kV 电气主接线图。电气主接线图不仅能表明电能输送和分配的关系，也可据此制成主接线模拟图屏，以表示电气部分的运行方式，可供运行操作人员进行模拟操作。

电气设备使用的标准图形符号和文字符号如表 8-1 所示。

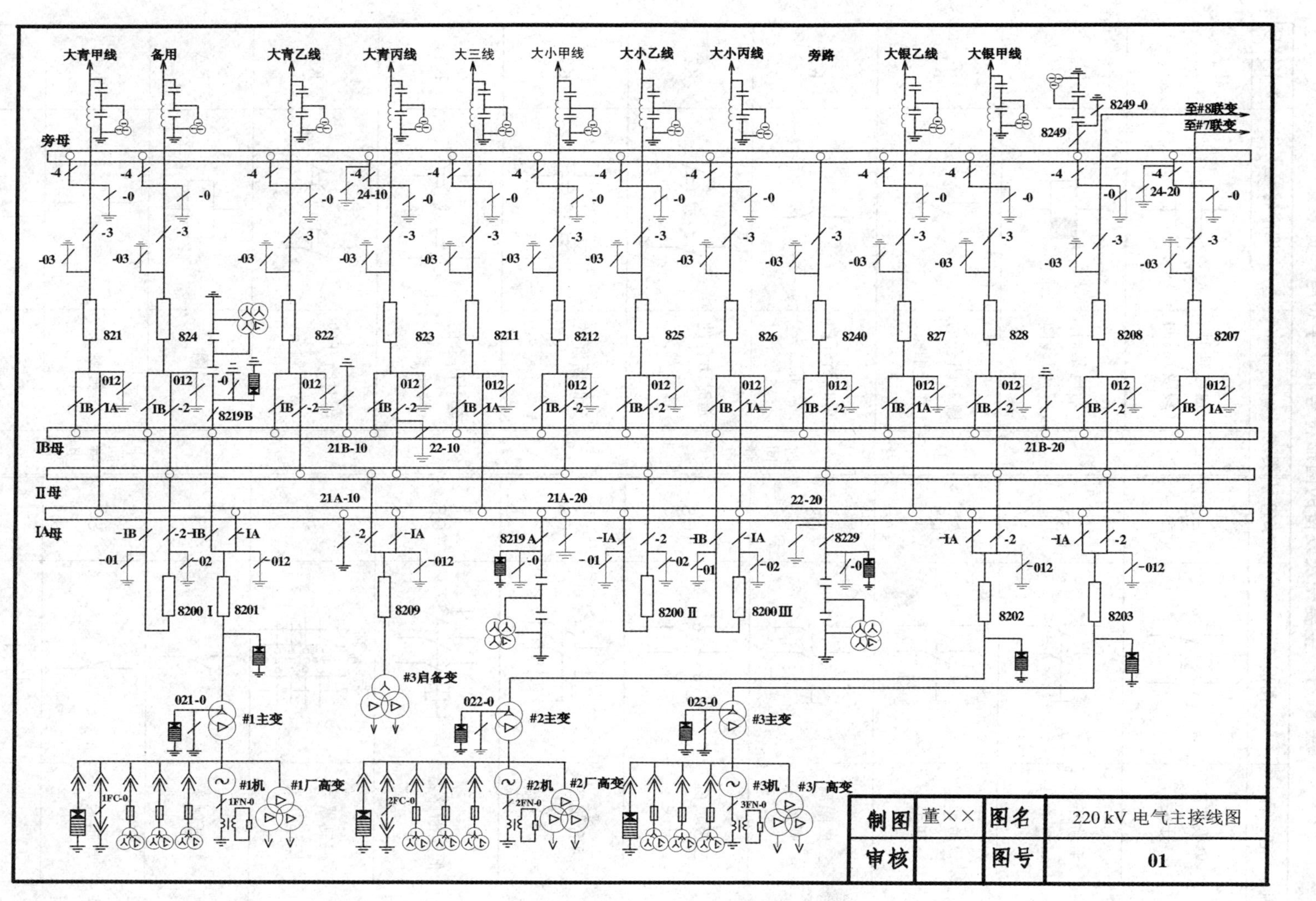

图 8-2　220 kV 电气主接线图

表 8-1　主要一次设备的图形符号和文字符号一览表

类别	名　称	图形符号	文字符号	类别	名　称	图形符号	文字符号
开关	单极控制开关	 或	SA	时间继电器	通电延时(缓吸)线圈	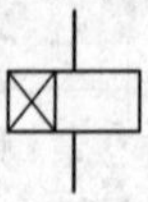	KT
	手动开关一般符号	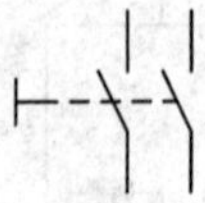	SA		断电延时(缓放)线圈	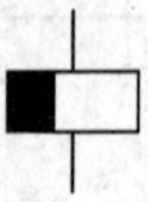	KT
	三极控制开关	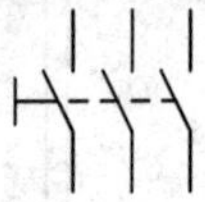	QS		瞬时闭合的常开触头		KT
	三极隔离开关	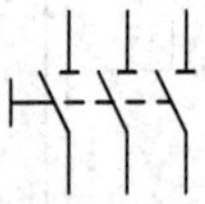	QS		瞬时断开的常闭触头	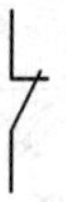	KT
	三极负荷开关	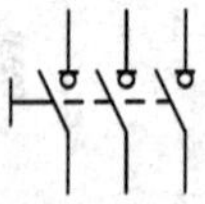	QS		延时闭合的常开触头	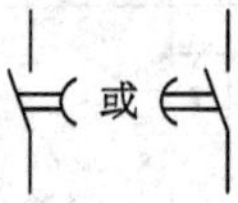 或	KT
	组合旋钮开关	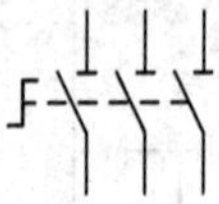	QS		延时断开的常闭触头	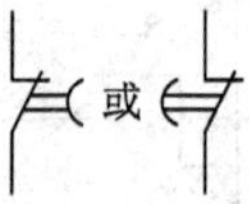 或	KT
	低压断路器	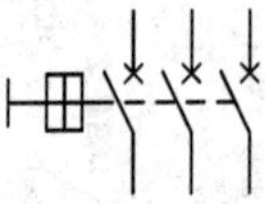	QF		延时闭合的常闭触头	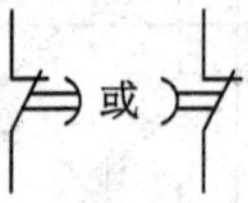 或	KT
	控制器或操作开关	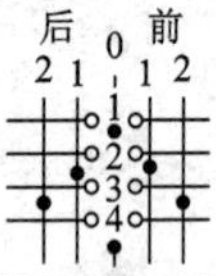 后 前 2 1 0 1 2 1 2 3 4	SA		延时断开的常开触头	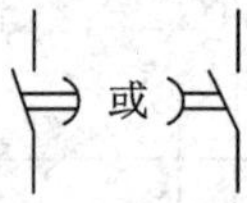 或	KT
位置开关	常开触头		SQ	中间继电器	线圈	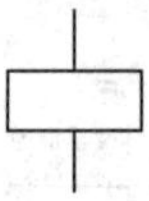	KA
	常闭触头		SQ		常开触头		KA
	复合触头		SQ		常闭触头	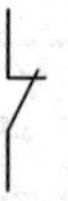	KA

续表一

类别	名 称	图形符号	文字符号	类别	名 称	图形符号	文字符号
按钮	常开按钮		SB	电磁操作器	电磁铁的一般符号	或	YA
	常闭按钮		SB		电磁吸盘		YH
	复合按钮		SB		电磁离合器		YC
	急停按钮		SB		电磁制动器		YB
	钥匙操作式按钮		SB		电磁阀		YV
接触器	线圈操作器件		KM	电流继电器	过电流线圈		KA
	常开主触头		KM		欠电流线圈		KA
	常开辅助触头		KM		常开触头		KA
	常闭辅助触头		KM		常闭触头		KA
热继电器	热元件		FR	非电量控制的继电器	速度继电器常开触头		KS
	常闭触头		FR		压力继电器常开触头		KP

续表二

类别	名　称	图形符号	文字符号
电压继电器	过电压线圈	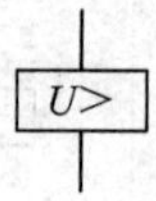 $U>$	KV 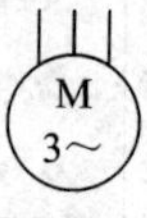
	欠电压线圈	$U<$	KV
	常开触头		KV
接插器	插头和插座	或	X 插头 XP 插座 XS
熔断器	熔断器		FU
发电机	发电机	G	G
	直流测速发电机	TG	TG
发电机	单相变压器		TC
	三相变压器		TM

类别	名　称	图形符号	文字符号
电动机	三相笼型异步电动机	M 3～	M
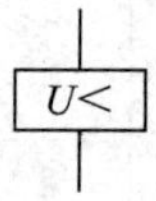	三相绕线转子异步电动机	 M 3～	M
	他励直流电动机	 M	M
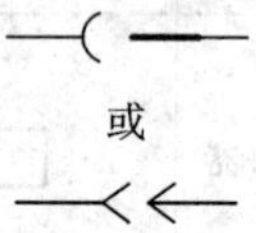	并励直流电动机	 M	M
	串励直流电动机	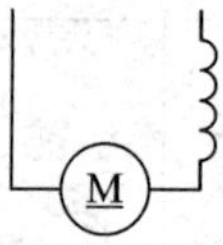 M	M
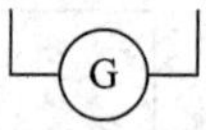 灯	信号灯（指示灯）		HL
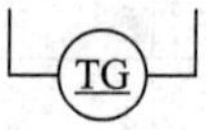	照明灯		EL
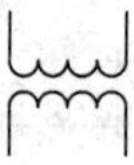 互感器	电压互感器	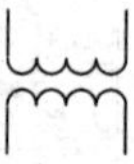	TV
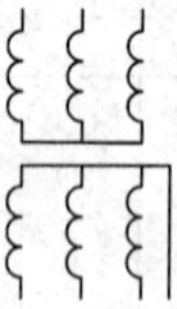	电流互感器	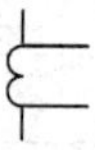	TA
电抗器	电抗器	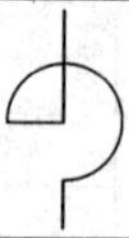	FL

二、电气主接线中的主要元件及其作用

1. 断路器

断路器的作用是在正常情况下，用来接通或断开电路的负荷电流；在有故障情况下，用来快速切断短路电流，切除故障电路，从而达到保护设备、限制故障范围的作用，是电气系统的主要设备。

2. 隔离开关

隔离开关的作用是保证高压电气设备检修工作的安全。由于无灭弧装置，因此隔离开关仅用来分合只有电压没有电流的电路。实际经验证明，隔离开关也可用来断开或接通小电流电路，如分合电压互感器和避雷器、变压器中性点接地刀闸等规程规定的其他设备。

3. 母线

母线的作用主要是汇集和分配电能。

4. 变压器

变压器的作用是将一种等级的交流电变换成同一频率不同电压等级电压的一种电气设备。

5. 互感器

互感器是将电路中的大电流变成小电流、高电压变成低电压的电气设备，作为测量仪表和继电器的交流电源，可实现对电气系统各设备的保护、测量、控制等功能。互感器可分为电流互感器和电压互感器两种。

6. 熔断器

熔断器是一种最简单的保护电器，串接在电路中，其作用是当电路发生短路和过负荷时，熔体熔断并自动断开电路，使其他电气设备得到保护。

三、电气主接线的基本要求

电气主接线的设计应符合国家标准及有关技术规范的要求，充分保证人身和设备的安全。如高、低压断路器的电源侧和可能反馈电能的另一侧需装设隔离开关，变电所和配电所的高压母线和架空线路的末端需装设避雷器。

因此，电气主接线方案的确定应综合考虑安全性、可靠性、灵活性和经济性等各方面的要求，下面具体介绍在选择电气主接线时应满足的基本要求。

(1) 保证必要的供电可靠性和电能质量。保证必要的供电可靠性和电能质量是电气主接线的最基本要求，这是由电能生产的特点决定的，即电能不能大量储存，发电、输电和用电必须在同一瞬间瞬时完成，任何一个环节出现故障都会造成供电中断。

这里所说的供电可靠性是指当主电路发生故障或电气设备检修时，主接线在结构上能将检修所带来的不利影响限制在一定范围内，以提供可靠的供电能力和电能质量。

另外，供电可靠性不是绝对的，对于不重要的用户，太高的可靠性将会造成浪费。所以，分析主接线的可靠性时，要综合考虑发电厂与变电所在电力系统中的地位和作用、负荷的性质、设备的可靠性和运行实践等因素。目前，对主接线可靠性的评估不仅可以进行定性分析，而且可以进行定量的可靠性计算。一般从以下方面对主接线的可靠性进行定性分析：

① 断路器检修时是否影响对用户的供电。

② 设备或线路发生故障或进行检修时，停电线路数量的多少(停电范围的大小)、停电时间的长短以及能否保证对重要用户的供电。

③ 是否存在使发电厂、变电所全部停止工作的可能性。

④ 大机组超高压电气主接线应满足可靠性的特殊要求。

(2) 具有一定的运行灵活性。电气主接线的灵活性是指适应各种运行要求的接线方式，不仅便于检修，而且切换操作简便，又能适应负荷的发展，有扩充、改建的可能。具体体现在：

① 调度灵活性。能够根据系统正常运行的需要，方便、灵活地切除或投入线路、变压器或无功补偿装置等，满足系统在正常、事故、检修等运行方式下的系统调度要求。

② 检修灵活性。应能方便地停运线路、变压器、开关设备等，以进行安全检修或更换，而不致影响电网的运行和对其他用户的供电要求。

③ 扩建灵活性。在正常运行情况下能灵活地改变运行方式，保证可靠、经济地供电；在电气设备进行检修及发生故障时，能尽快地退出检修设备、排除故障，使停电时间最短，影响范围最小，并且在检修设备时能保证检修人员的安全。

(3) 技术上先进，经济上合理。电气主接线在满足前两个条件的基础上还应满足技术上先进、经济上合理的要求。

① 节约投资。

a. 主接线应力求简单清晰，节省一次电气设备的投资。

b. 使继电保护和二次回路不过于复杂，节省二次设备和控制电缆的投资。

c. 能限制短路电流，以便选择价格合理的电气设备或轻型电器等。

d. 一次设计，分期投资建设、投产。

② 占地面积小。在选择接线方式时，要考虑设备布置的占地面积，力求减少占地，节省配电装置征地的费用。

③ 年运行费用较小。年运行费用包括电能损耗费、折旧费及大修费、日常小修的维护费等。电能损耗主要是由变压器引起的，因此要经济、合理地选择变压器的形式(双绕组、三绕组、自耦变压器)、容量、台数，要避免两次变压而增加电能损失。

四、电气主系统中开关电器的配置原则

电气回路中的开关电器主要是指断路器和隔离开关。

(1) 断路器的配置。断路器主要用于接通或切断电流且在故障情况下切除短路故障。由于断路器具有很强的灭弧能力，因此，在各电气回路中(除电压互感器回路外)均配置了断路器，用来作为接通或切断电路的控制电器和在故障情况下切除短路故障的保护电器。

(2) 隔离开关的配置。隔离开关主要用于在线路或高压配电装置检修时，需要有明显可见的断口，以保证检修人员及设备的安全。因此，在电气回路中，在断路器可能出现电源的一侧或两侧均应配置隔离开关。若馈线的用户侧没有电源，断路器通往用户的一侧可以不装设隔离开关；若电源是发电机，则发电机与出口断路器之间可以不装隔离开关。但有时为了便于对发电机单独进行调整和试验，也可以装设隔离开关或设置可拆卸点。

(3) 接地开关的配置。为了安全、可靠及方便地接地，可安装接地开关(又称接地刀闸)替代接地线。当电压在 110 kV 及以上时，断路器两侧的隔离开关和线路隔离开关的线路侧均应配置接地开关。对 35 kV 及以上的母线，在每段母线上亦应设置 1～2 组接地开关，以保证电器和母线在检修时的安全。

(4) 断路器和隔离开关的操作顺序为：接通电路时，先合上断路器两侧的隔离开关，

再合断路器；切断电路时，先断开断路器，再拉开两侧的隔离开关。

(5) 严禁在未断开断路器的情况下，拉合隔离开关。

(6) 为了防止误操作，除严格按照操作规程实行操作票制度外，还应在隔离开关和相应的断路器之间加装电磁闭锁、机械闭锁或电脑钥匙等闭锁装置。

任务二 电气主接线的基本接线形式

【任务描述】

常用的主接线方式有单母线接线、单母线分段接线、单母线分段带旁路母线接线、双母线接线、双母线带旁路母线接线、双母线分段接线、双母线分段带旁路母线接线、内桥接线、外桥接线、一台半断路器接线、单元接线和角形接线等。电气主接线的选择正确与否对电力系统的安全、经济运行，电力系统的稳定和调度的灵活性，电气设备的选择、配电装置的布置、继电保护及控制方式的拟定等都有重大的影响。

【任务分析】

发电厂、变电所的电气主接线的形式，常常由于建设条件、一次能源的种类、系统状况、负荷需求等多种因素而有所不同。但是，各种电气主接线通常又都是由若干最基本的接线形式组合而成的，深入地了解和分析它们，对于电气主接线的设计和运行都是十分重要的。

母线是接受和分配电能的装置，是电气主接线和配电装置的重要环节，当同一电压等级配电装置中的进出线数目较多时，常常设置母线，以便实现电能的汇集与分配。所以，电气主接线一般按照有无母线进行分类，即分为有母线和无母线两大类。

1. 有母线的主接线形式

有母线的主接线形式包括单母线和双母线。单母线分为单母线无分段、单母线有分段、单母线分段带旁路母线形式；双母线分为普通双母线、双母线分段、二分之三断路器(又称一台半断路器)、双母线带旁路母线等多种形式。

2. 无母线的主接线形式

无母线的主接线形式主要有变压器母线组接线、单元接线、桥形接线和角形接线等。

一、单母线接线

单母线接线是指各电源和出线都接在同一条公共母线上，对于发电厂供电电源是发电机或变压器，对于变电所供电电源是变压器或高压进线回路，单母线接线又分为单母线不分段接线、单母线分段接线、单母线带旁路母线接线、单母线分段带旁路接线等几种形式。

1. 单母线不分段接线

图 8-3 所示为不分段的单母线接线，各电源和出线都接在同一条公共母线 WB 上。母线既可以保证电源并列工作，又能使任一条出线可以从任一电源获得电能。每条回路中都

装有断路器和隔离开关，紧靠母线侧的隔离开关(图中 QSB)称作母线隔离开关，靠近线路侧的隔离开关(图中 QSL)称为线路隔离开关。使用断路器和隔离开关可以方便地将电路接入母线或从母线上断开。

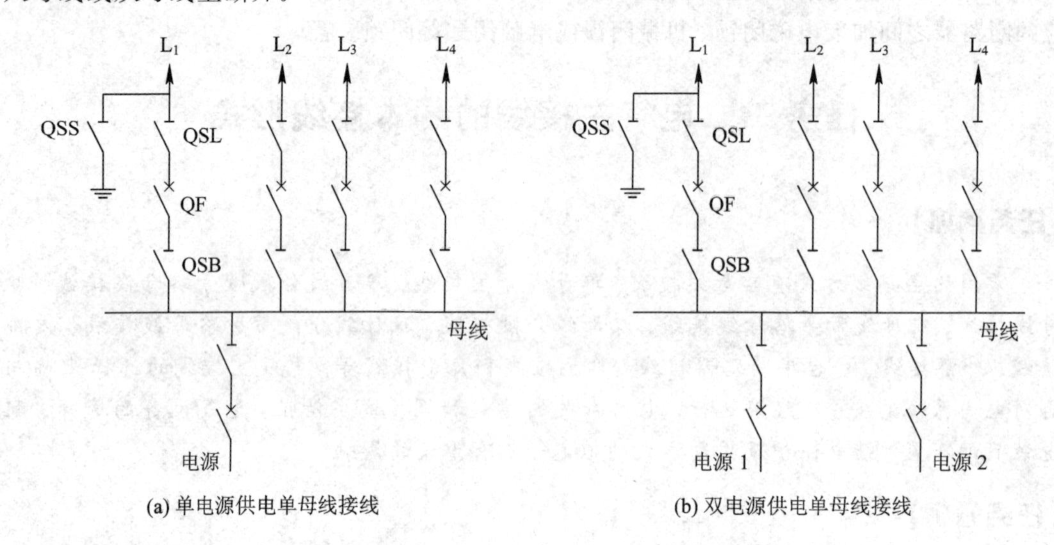

图 8-3　不分段的单母线接线

典型操作示例如下：

(1) 当检修断路器 QF 时，可先断开 QF，再依次拉开两侧的隔离开关 QSL、QSB，然后在 QF 两侧挂上接地线，以保证检修人员的安全。图中 QSS 是接地开关，其作用同接地线。

(2) 当 QF 恢复送电时，应先合上 QSB、QSL，然后再闭合 QF。过程中要注意 QSB 和 QSL 的操作顺序。

单母线接线的优点是该种接线方式结构简单、层次清晰，且需要投入的设备少、投资小、运行操作方便，有利于扩建和采用成套配电装置。

单母线接线的缺点主要有以下几点：

(1) 母线或母线隔离开关检修时，连接在母线上的所有回路都将停止工作。

(2) 当母线或母线隔离开关上发生短路故障或断路器靠近母线侧的绝缘套管损坏时，所有断路器都将自动断开，造成全部停电。

(3) 检修任一电源或出线断路器时，该回路必须停电。

因此，该接线只适用于小容量和用户对供电可靠性要求不高的发电厂和变电所。为了克服以上缺点，可采用将母线分段和加旁路母线的措施。

单母线接线方式下，不同电压等级对出线回路的要求也有所不同。一般地，6～10 kV 出线回路一般不超过 5 回，35～66 kV 出线回路不超过 3 回，110～220 kV 出线回路不超过2 回。

2. 单母线分段接线

当出线回路数增多时，可采用单母线分段接线，如图 8-4 所示。此种分段接线可分别采用断路器或隔离开关将母线进行分段，具体接线图分别如图 8-4(a)、(b)所示。母线分段后，可提高供电的可靠性和灵活性。

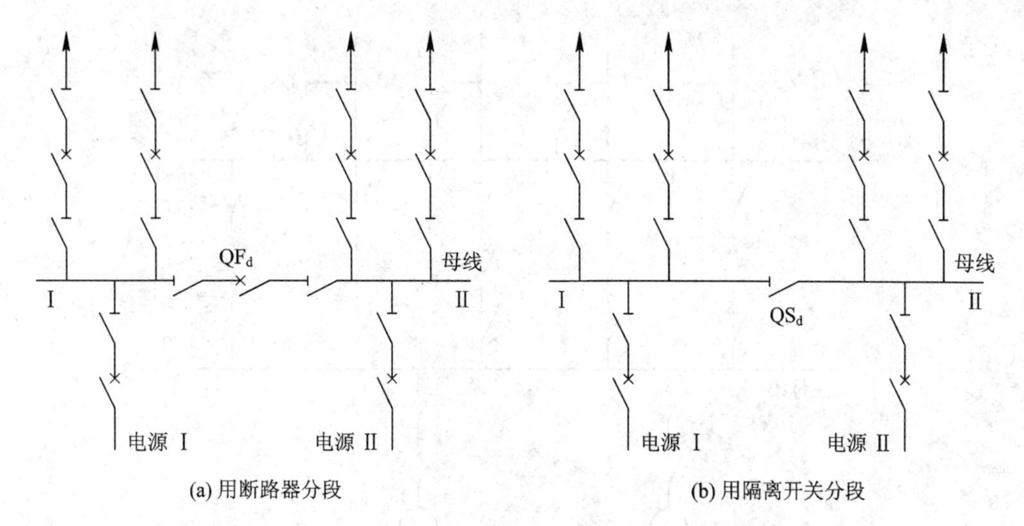

(a) 用断路器分段 (b) 用隔离开关分段

图 8-4 单母线分段接线

在系统正常运行时，分段断路器或隔离开关可以接通也可以断开运行。当分段断路器 QF_d 接通运行时，任一段母线发生短路故障时，在继电保护作用下，分段断路器 QF_d 和接在故障段上的电源回路断路器便自动断开。这时非故障段母线可以继续运行，缩小了母线故障的停电范围。当分段断路器断开运行时，分段断路器除装有继电保护装置外，还应装有备用电源自动投入装置，分段断路器断开运行，有利于限制短路电流。

根据电源的数目和功率，母线可分为 2～3 段。段数分得越多，故障时停电范围越小，但使用的断路器数量越多，其配电装置和运行也就越复杂，所需要的费用也就越高。

单母线分段接线的优点：该接线方式由双电源供电，故供电可靠性高，同时具有接线简单、操作方便、投资少等优点。当一段母线发生故障时，分段断路器或隔离开关将故障切除，保证正常母线不间断供电，不致使重要的用户停电，提高了供电的可靠性。

单母线分段接线的缺点：当一段母线或母线隔离开关发生故障或进行检修时，必须断开接在该分段上的全部电源和出线，这样就减少了系统的发电量，并使该段单回路供电的用户停电；任一出线断路器检修时，该回路必须停止工作。

虽然单母线分段接线较单母线接线提高了供电可靠性和灵活性，但当电源容量较大和出现数目较多，尤其是单回路供电的用户较多时，其缺点更加突出。因此，一般认为单母线分段接线应用在 6～10 kV，出线在 6 回及以上，每段所接容量不宜超过 25 MW；用于 35～66 kV 时，出线回路不宜超过 8 回；用于 110～220 kV 时，出线回路不宜超过 4 回。

当可靠性要求不高或者工程分期实施时，为了降低设备费用，可使用一组或两组隔离开关进行分段，任一段母线发生故障时，将会造成两段母线同时停电，在判别故障后，拉开分段隔离开关，完好段即可恢复供电。

3. 单母线带旁路母线接线

如图 8-5 所示，在工作母线外侧增设一组旁路母线，并经旁路隔离开关引接到各线路的外侧。另设一组旁路断路器 QF_p(两侧带隔离开关)跨接于工作母线与旁路母线之间。

当任一回路的断路器需要停电检修时，该回路可经旁路隔离开关 QS_p 绕道旁路母线，再经旁路断路器 QF_p 及两侧的隔离开关从工作母线取得电源。此路径即为“旁路回路”或简

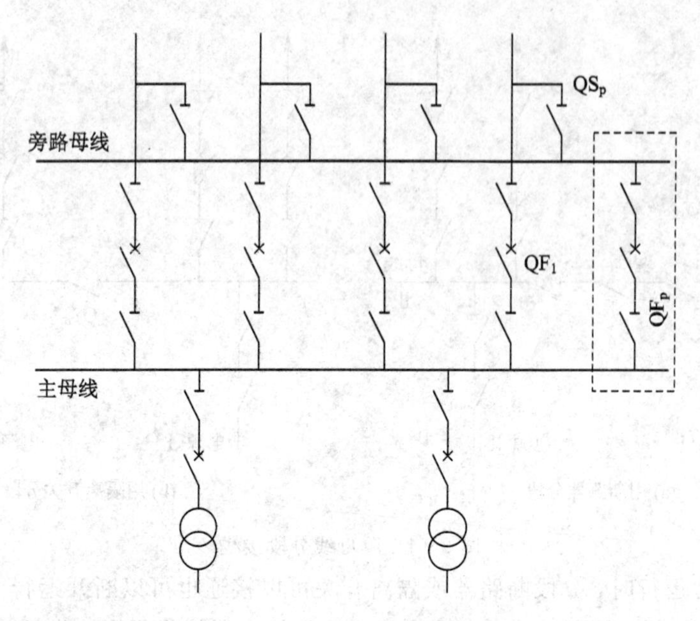

图 8-5 单母线带旁路母线接线

称"旁路"，而旁路断路器即为各线路断路器的公共备用断路器。注意，旁路断路器在同一时间里只能替代一个线路断路器的工作。

平时旁路断路器和旁路隔离开关均处于分闸位置，旁路母线不带电。当需检修某线路断路器时，首先要合上旁路断路器两侧的隔离开关，然后合上旁路断路器向旁路母线空载升压，检查旁路母线无故障后，再合上该线路的旁路隔离开关(等电位操作)。此后，断开该出线断路器及其两侧的隔离开关，这样就由旁路断路器代替了该出线断路器的工作。

单母线带旁路母线接线方式的最大优点是供电可靠性高。断路器在进行故障检修时，可不停电进行检修，供电可靠，运行灵活，适用于向重要用户供电，对出线回路较多的变电所尤为适用，该接线方式仅适用于110 kV及以下电压等级的母线。但是，当母线出现故障或进行检修时，仍会造成整个主母线停止工作。为解决该问题，可以采用单母线分段带旁路母线接线。

4. 单母线分段带旁路母线接线

如果要求在任一出线断路器检修时不中断对该回路的供电，可以采用如图8-6所示的单母线分段带旁路的接线方式。

单母线分段带旁路母线接线方式兼顾了旁路母线和母线分段两方面的优点，增设了一组旁路母线WP以及各出线回路中相应的旁路隔离开关QF_p，分段断路器QS_d兼作旁路断路器QF_p，并设有分段隔离开关QS_d。

正常工作时，靠近旁路母线侧的隔离开关QS_3、QS_4断开，隔离开关QS_1、QS_2和断路器QF_d处于合闸位置(此时QS_d是断开的)，主接线系统按单母线分段方式运行。当需要检修某一出线断路器(如1WL回路的1QF)时，可通过倒闸操作，将分段断路器作为旁路断路器使用，即由QS_1、QF_p、QS_4从母线Ⅰ接至旁路母线，或经QS_2、QF_p、QS_3从母线Ⅱ接至旁路母线，再经过$1QS_p$构成向1WL供电的旁路。此时，分段隔离开关QS_d是接通的，可以保持两段母线并列运行。

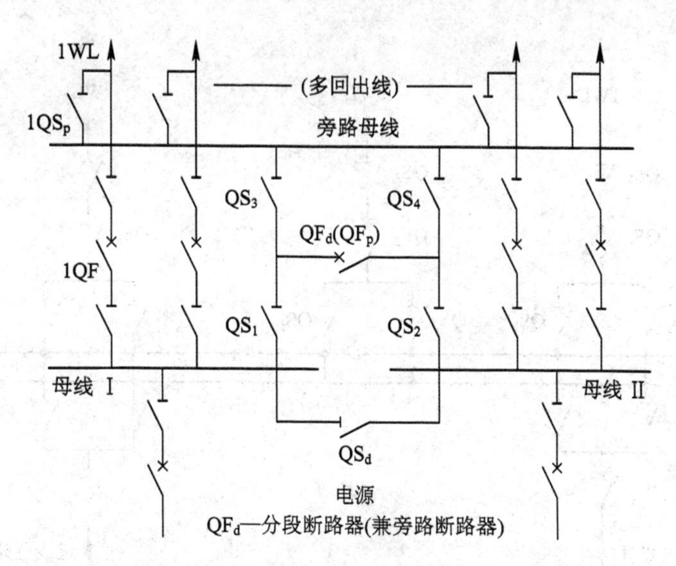

图 8-6 单母线分段带旁路母线接线

以检修 1QF 为例，简述其倒闸操作过程。

(1) 向旁路母线充电，检查其是否完好。合上 QS_d，断开 QF_p 和 QS_2；合上 QS_4，再合上 QF_p，使旁路母线空载升压，若旁路母线完好，QF_p 不会自动跳闸。

(2) 接通 1WL 的旁路回路，合上 $1QS_p$。这时有两条并列的向 1WL 供电的通电回路。

(3) 将线路 1WL 切换至旁路母线上运行。断开断路器 1QF 及其两侧的隔离开关，并在靠近断路器一侧进行可靠接地。这时，断路器 1QF 退出运行，可进行检修，但线路 1WL 继续正常供电。

为了降低成本，单母线分段带旁路母线接线可不专设旁路断路器，而用母线分段断路器兼作旁路断路器，常用的接线如图 8-7 所示。其供电可靠性高，一般用在 35～110 kV 的变电所母线。

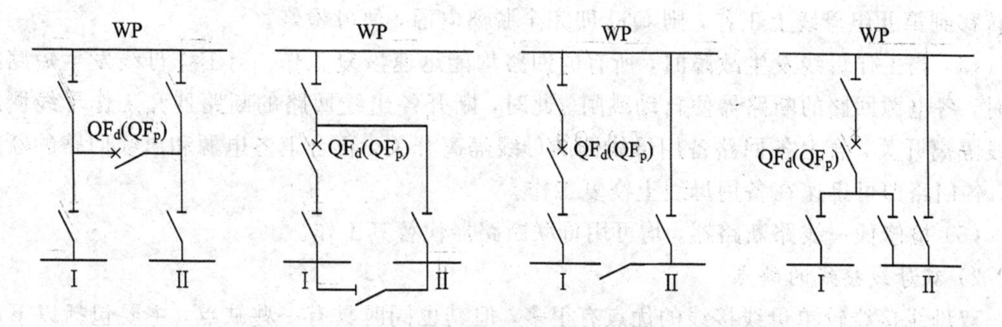

图 8-7 分段断路器兼作旁路断路器的其他接线形式

二、双母线接线

1. 双母线不分段接线

图 8-8 所示为双母线不分段接线，设有Ⅰ和Ⅱ两组母线，一组为工作母线，一组为备用母线。每一电源和每一出线都经一台断路器和两组隔离开关分别与两组母线相连，任一组母线都可以作为工作母线或备用母线。两组母线之间通过母线联络断路器(简称母联断

路器)连接。

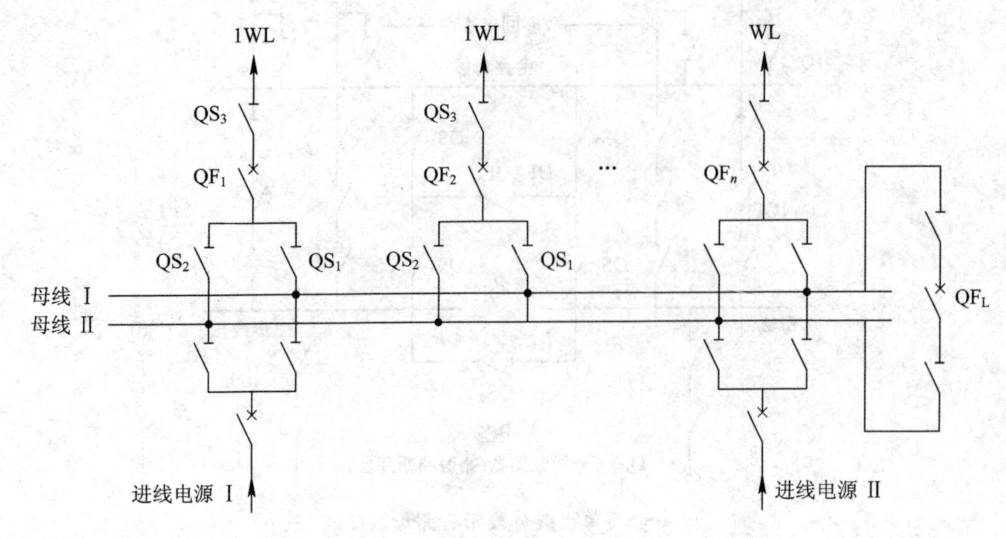

图 8-8　双母线不分段接线

1) 双母线接线的优点

(1) 运行方式灵活，便于扩建。可以采用将电源和出线均衡地分配在两组母线上，母联断路器合闸的双母线具有单母线分段的运行特点；也可以采用任一组母线工作、另一组母线备用的母联断路器分闸的单母线运行方式。这时，所有回路与工作母线连接的隔离开关均合闸，与备用母线连接的隔离开关均断开。

(2) 检修母线时，电源和出线都可以继续工作。通过两组母线隔离开关的倒闸操作，可以轮流检修任意一组母线而不至供电中断。

(3) 检修任一回路母线隔离开关时，只需断开该回路。例如，当需要检修母线隔离开关 QS_1 时，首先断开出线 1WL 的断路器 QF_1 及其两侧的隔离开关，然后将电源及其余出线转移到第Ⅱ组母线上工作，则 QS_1 即完全脱离电源，便可检修。

(4) 当工作母线发生故障时，所有的回路均能迅速恢复工作。当工作母线发生短路故障时，各电源回路的断路器便自动跳闸。此时，断开各出线回路的断路器和工作母线侧的母线隔离开关，合上各回路备用母线侧的母线隔离开关，再合上各电源和出线回路的断路器，各回路即可迅速在备用母线上恢复工作。

(5) 检修任一线路断路器，均可用母联断路器代替其工作。

2) 双母线接线的缺点

双母线接线较单母线接线的优点有很多，但其也同时具有一些缺点，主要包括以下四个方面：

(1) 当母线发生故障或进行检修时，需使用隔离开关进行倒闸操作，容易造成误操作。

(2) 当工作母线发生故障时，将造成短时间(切换母线时间)全部进出线停电。

(3) 在任一线路断路器进行检修时，该回路仍需停电或短时停电(用母联断路器代替线路断路器之前)。

(4) 使用的母线隔离开关数量较多，这样增加了母线的长度，使得配电装置结构复杂，投资和占地面积增大。

3）双母线接线的应用场合

这种接线在大、中型发电厂和变电所中得到广泛的应用。一般用于引出线和电源较多、输送和穿越功率较大、可靠性和灵活性要求较高的场合，如：

(1) 6～10 kV 配电装置，当短路容量大、有出线电抗器时。

(2) 35～66 kV 配电装置，当出线超过 8 回及以上或连接电源较多、负荷较大时。

(3) 110 kV 配电装置，当出线超过 6 回及以上时。

(4) 220 kV 配电装置，当出线超过 4 回及以上时。

为弥补双母线接线的缺点，提高接线的可靠性，可进行双母线分段和双母线带旁路两种方式来改进。

2. 双母线分段接线

图 8-9 所示为工作母线分段的双母线接线。用分段断路器将工作母线Ⅰ分段，每段用母联断路器与备用母线Ⅱ相连。这种接线方式具有单母线分段和双母线接线的特点，有较高的供电可靠性与运行灵活性，但所使用的电气设备较多，使投资增大。另外，当检修某回路出线断路器时，要使该回路停电，或短时停电后再用“跨条”恢复供电。双母线分段接线常用于大中型发电厂的发电机电压配电装置中。

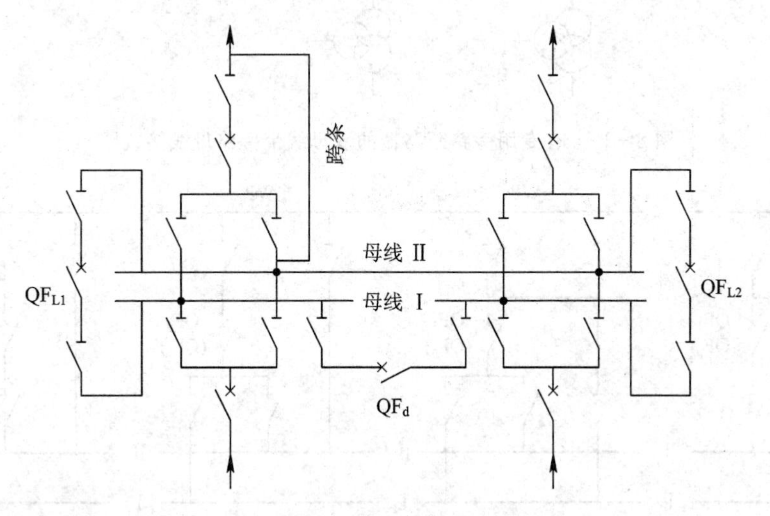

图 8-9 双母线分段接线

3. 带旁路母线的双母线接线

采用带旁路母线的双母线接线是为了不停电检修任一回路断路器。

图 8-10 所示为带旁路母线的双母线接线。图中 WP 为旁路母线，QF_p 为专用的旁路断路器。当变压器高压侧断路器要求不停电检修时，主接线包括图中的虚线部分。有关旁路母线的工作特点前已述及，在此不再赘述。

带旁路母线的双母线接线方式，其供电可靠性和运行的灵活性都很高，但所用设备较多，占地面积大，经济性较差。因此，一般规定当 220 kV 线路有 5(或 4)回及以上出线、110 kV 线路有 7(或 6)回及以上时，可采用有专用旁路断路器的带旁路母线的双母线接线。

当出线回路数较少时，为了减少断路器的数目，可不设专用的旁路断路器，而用母联断路器兼作旁路断路器，其接线如图 8-11 所示。

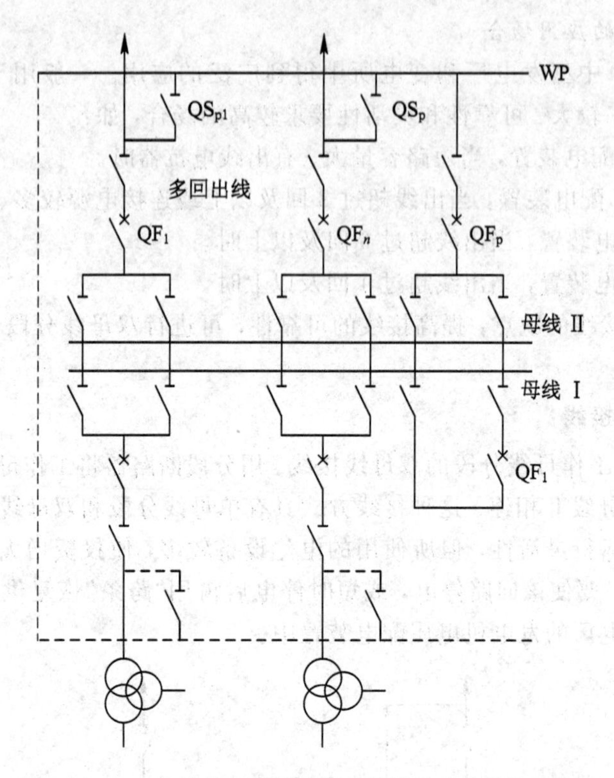

图 8-10 有专用旁路断路器的双母线带旁路母线接线图

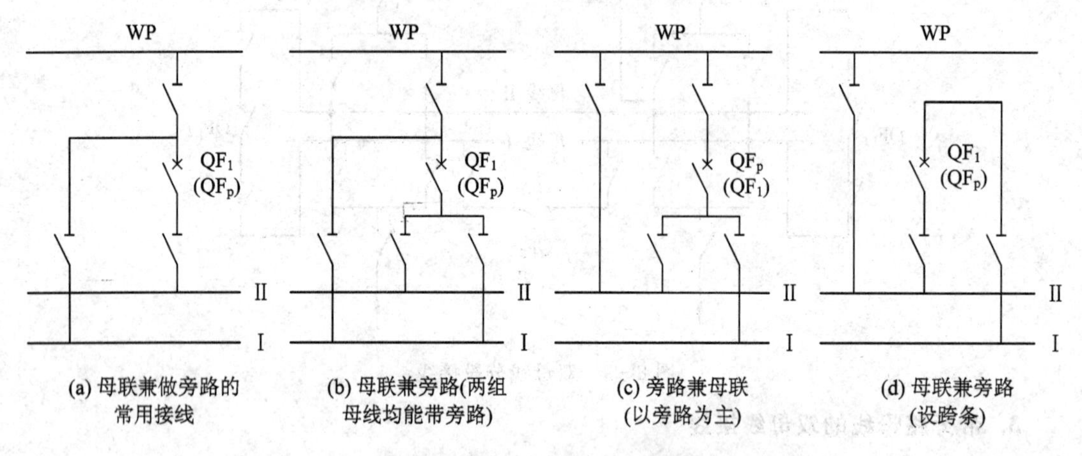

图 8-11 用母联断路器兼作旁路断路器的几种接线形式

4. 二分之三断路器接线

如图 8-12 所示，两组母线之间接有若干串断路器，每一串有 3 台断路器，中间一台称作联络断路器，每两台之间接入一条回路，共有两条回路。平均每条回路装设一台半(3/2)断路器，故称一台半断路器接线，又为二分之三断路器接线。

二分之三断路器接线的主要优点是可靠性高、运行灵活性好、操作检修方便。其主要缺点是投资大、继电保护装置较复杂。

在一台半断路器接线中，一般应采用交叉配置的原则，即同名回路应接在不同串内，电源回路宜与出线回路配合成串。此外，同名回路还宜接在不同侧的母线上。

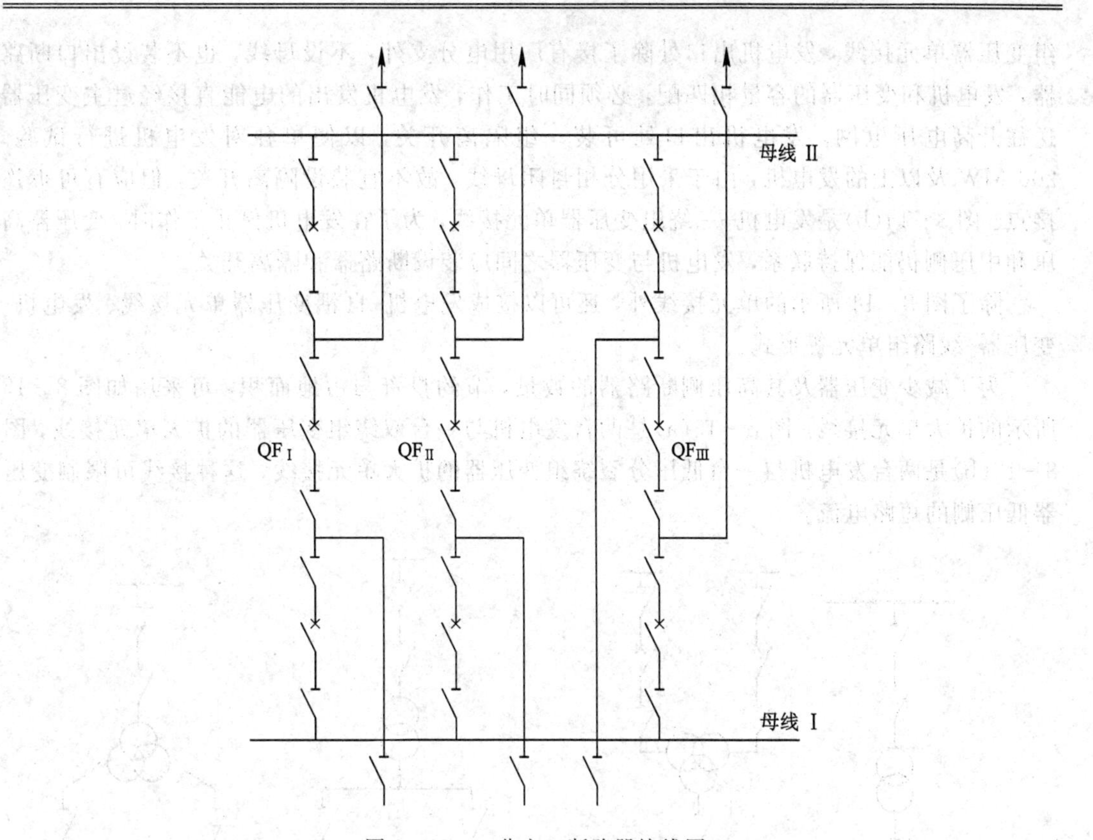

图 8-12　二分之三断路器接线图

三、无母线接线

1. 变压器母线组接线

如图 8-13 所示，各出线回路由两台断路器分别接在两组母线上，而在工作可靠、故障率较低的主变压器出口不装设断路器，可直接通过隔离开关接到母线上，组成变压器母线组接线。这种接线方式调度灵活，电源和负荷可自由调配，安全可靠，有利于扩建。当变压器发生故障时，和它连接于同一母线上的断路器会跳闸，但不影响其他回路的供电。隔离开关隔离故障，使变压器退出运行后，该母线即可恢复运行。当出线回路数较多时，出线也可以采用一台半断路器的接线形式。

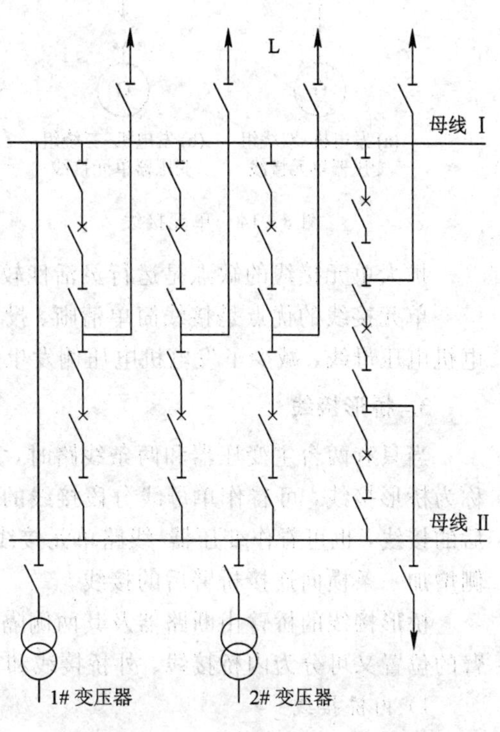

图 8-13　变压器母线组接线图

2. 单元接线

发电机与变压器直接连接成一个单元，组成发电机-变压器组，称为单元接线，如图 8-14 所示。其中，图 8-14(a)是发电机-双绕组变压器单元接线，发电机出口处除了接有厂用电分支外，不设母线，也不装设出口断路器，发电机和变压器的容量相匹配，必须同时工作，发电机发出的电能直接经过主变压器送往升高电压电网。发电机出口处可装一组隔离开关，以便单独对发电机进行试验。200 MW及以上的发电机，由于采用分相封闭母线，故不宜装设隔离开关，但应有可拆连接点。图8－14(b)是发电机-三绕组变压器单元接线，为了在发电机停止工作时，变压器高压和中压侧仍能保持联系，发电机与变压器之间应装设断路器和隔离开关。

除了图8－14所示的单元接线外，还可以接成发电机-自耦变压器单元接线、发电机-变压器-线路组单元等形式。

为了减少变压器及其高压侧断路器的数量，节约投资与占地面积，可采用如图8－15所示的扩大单元接线。图8－15(a)是两台发电机与一台双绕组变压器的扩大单元接线，图8－15(b)是两台发电机与一台低压分裂绕组变压器的扩大单元接线，这种接线可限制变压器低压侧的短路电流。

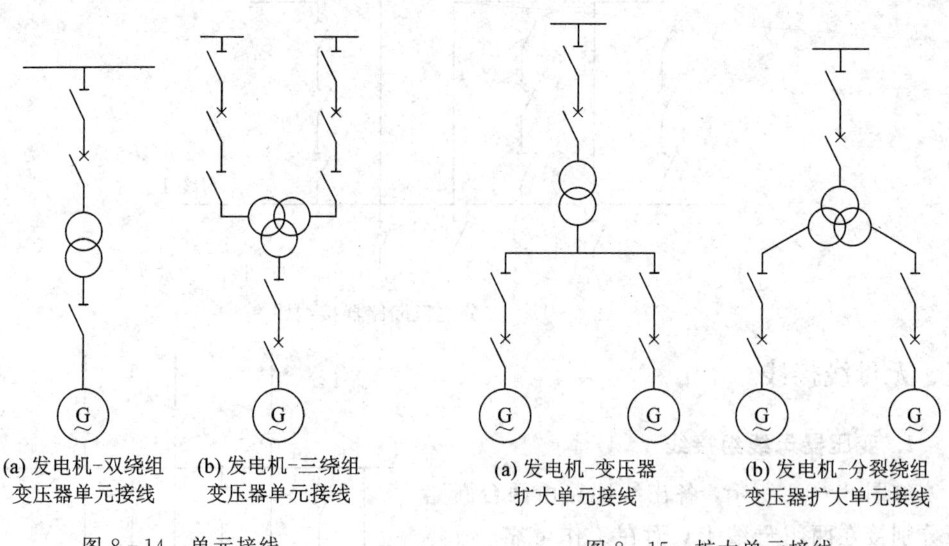

(a) 发电机-双绕组变压器单元接线　(b) 发电机-三绕组变压器单元接线

图8－14　单元接线

(a) 发电机-变压器扩大单元接线　(b) 发电机-分裂绕组变压器扩大单元接线

图8－15　扩大单元接线

扩大单元接线的缺点是运行灵活性较差。

单元接线的优点是接线简单清晰、投资小、占地少、操作方便、经济性好；由于不设发电机电压母线，减少了发电机电压侧发生短路故障的概率。

3. 桥形接线

当只有两台主变压器和两条线路时，可以采用如图8－16所示的接线方式。这种接线称为桥形接线，可看作单母线分段接线的变形，即去掉线路侧断路器或主变压器侧断路器后的接线，也可看作变压器-线路单元接线的变形，即在两组变压器-线路单元接线的高压侧增加一条横向连接桥臂后的接线。

桥形接线的桥臂由断路器及其两侧隔离开关组成，正常运行时处于接通状态。根据桥臂的位置又可分为内桥接线、外桥接线和双断路器桥形接线三种形式。

1）内桥接线

内桥接线如图8－16(a)所示，桥臂置于线路断路器的内侧。其特点如下：

(1) 线路发生故障时，仅故障线路的断路器跳闸，其余三条支路可继续工作，并保持

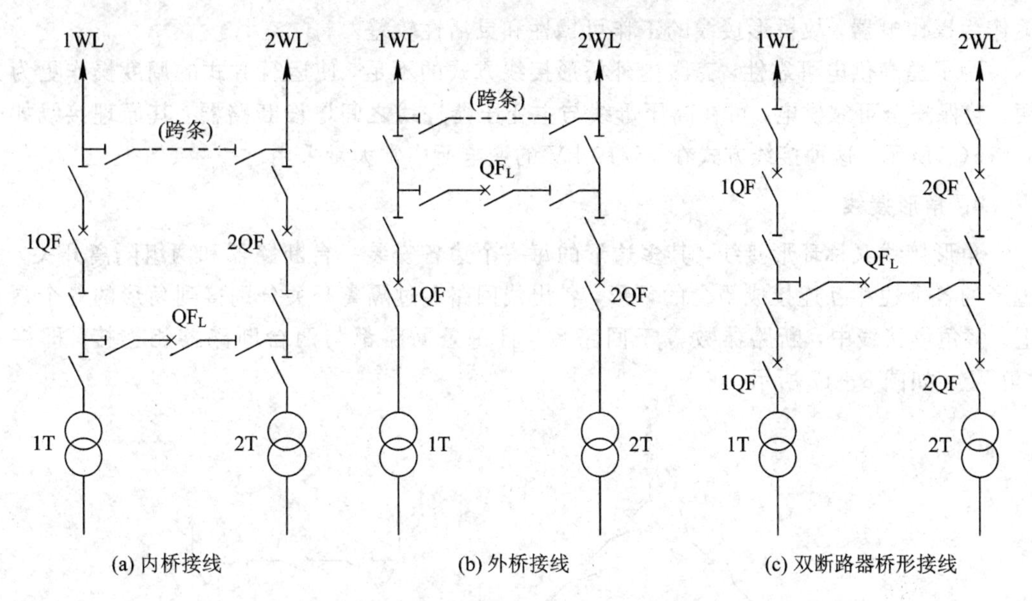

图 8-16 桥形接线(QF_L——联络断路器)

相互间的联系。

(2) 变压器发生故障时，联络断路器及与故障变压器同侧的线路断路器均自动跳闸，使没有发生故障的线路供电受到影响，需经倒闸操作后，方可恢复对该线路的供电(如 1T 故障时，1WL 会受到影响)。

(3) 线路运行时变压器操作复杂。如需切除变压器 1T，应首先断开断路器 1QF 和联络断路器 QF_L，再断开变压器侧的隔离开关，使变压器停电。然后再重新合上断路器 1QF 和联络断路器 QF_L，这样才能恢复线路 1WL 的供电。

内桥接线方式适用于输电线路较长、线路故障率较高、穿越功率少和变压器不需要经常改变运行方式的场合。

2) 外桥接线

外桥接线如图 8-16(b)所示，桥臂置于线路断路器的外侧。其特点如下：

(1) 变压器发生故障时，仅故障变压器支路的断路器跳闸，其余支路可继续工作，并保持相互间的联系。

(2) 线路发生故障时，联络断路器及与故障线路同侧的变压器支路的断路器均自动跳闸，需经倒闸操作后，方可恢复被切除变压器的工作。

(3) 线路投入与切除时，操作复杂，会影响变压器的运行。

外桥接线适用于线路较短、故障率较低、主变压器需按经济运行要求经常投切以及电力系统有较大的穿越功率通过桥臂回路的场合。

在桥形接线中，为了检修断路器时不影响其他回路的运行，减少系统开环机会，可以考虑增加跨条，见图 8-16 中的虚线部分，正常运行时跨条断开。

3) 双断路器接线

桥式接线属于无母线的接线形式，简单清晰、设备少、造价低、易于发展过渡到单母线分段或双母线接线。但因内桥接线中变压器的投入与切除会影响到线路的正常运行，外桥接线中线路的投入与切除也会影响到变压器的运行，而且更改运行方式时需利用隔离开关作为操作电器，故桥形接线的工作可靠性和灵活性较差。

为了提高供电可靠性，克服内外桥形接线方式的不足，使运行方式的调度操作更为方便，确保安全可靠供电，可在高压母线与主变压器进线之间增设断路器，其原理接线如图8-16(c)所示，这种接线方式在35/10 kV的变电所中常大量采用。

4. 角形接线

角形接线又称环形接线，其多边形的每一个边各安装一台断路器和两组隔离开关，多边形的各个边相互连接成闭合的环形，各出线回路通过隔离开关分别接到角形的各个顶点上。多角形接线中，断路器数等于回路数，且每条回路都与两台断路器相连接，即接在“角”上，如图8-17所示。

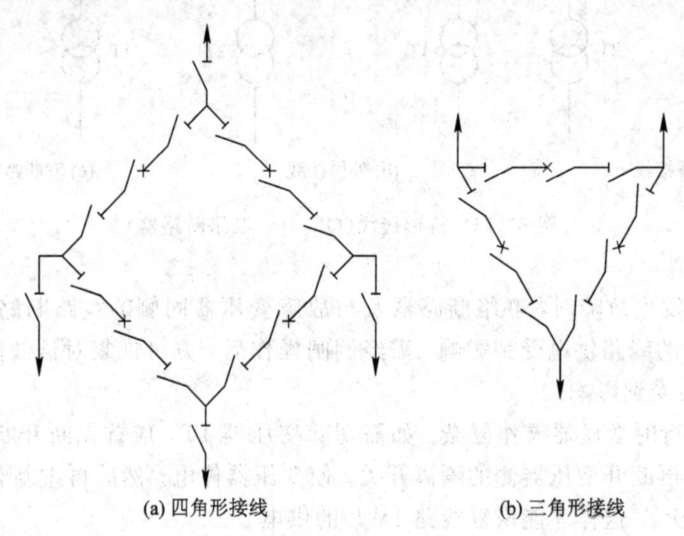

图8-17 多角形接线

1）角形接线的主要优点

(1) 经济性较好。这种接线方式平均每个回路只需装设一台断路器，投资较少。

(2) 工作可靠性与灵活性较高，易于实现远程自动操作。角形接线属于无汇流母线的接线，不存在母线故障的问题。每个回路均可由两台断路器供电，可不停电检修任一断路器，而任一回路发生故障时，不影响其他回路的运行。所有的隔离开关不用作操作电器。

2）角形接线的主要缺点

(1) 任何一台断路器检修时，多角形接线都将开环运行，供电可靠性明显降低。此时不与该断路器所在边直接相连的其他任何设备若发生故障，都可能造成两个及其以上的回路停电，多角形接线将分割成两个相互独立的部分，功率平衡也将遭到破坏，甚至造成停电事故。为了提高可靠性，减少设备发生故障时的影响范围，应将电源与馈线回路按照对角原则相互交替布置。

(2) 角形接线在开环和闭环两种运行状态时，各支路所通过的电流变化可能会很大，使得相应的继电保护整定比较复杂，电器设备的选择比较困难。

(3) 角形接线闭合成环，其配电装置扩建较难。

经验表明，在110 kV及以上配电装置中，当出线回数不多，且发展比较明确时，可以采用多角形接线，一般以采用三角形或四角形为宜，最多不要超过六角形。

任务三 发电厂电气主接线

【任务描述】

发电厂电气主接线是电力系统的主要组成部分，表明了发电机、变压器、线路和断路器等电气设备的数量、连接方式及可能的运行方式，用以完成发电、变电、输配电的任务。发电厂电气主接线的设计直接关系全厂电气设备的选择、配电装置的布置、继电保护和自动装置的确定，关系着电力系统的安全、稳定、灵活和经济运行。

【任务分析】

掌握火力发电厂及水力发电厂的电气主接线特点及主接线的形式，能分别说出各主接线的特点，需要关注技术经济性和应用条件的匹配。

由于发电厂的类型、容量、地理位置以及在电力系统中的地位、作用、馈线数量、输电距离的远近以及自动化程度等因素，对不同发电厂或变电所的要求各不相同，所采用的主接线形式也就有所差异。下面对不同类型发电厂的主接线特点进行介绍。

一、火力发电厂电气主接线

火力发电厂主要是以煤炭作为燃料，所产生的电能除直接供地方负荷使用外，其他都经升压后送往电力系统。因此，厂址的决定主要考虑如下因素：为了减少燃料的运输，发电厂要建在动力资源较丰富的地方，如煤矿附近的矿口电厂。这种矿口电厂通常装机容量大，设备年利用小时数高，主要用作发电，多为凝汽式火电厂，在电力系统中的地位和作用都较为重要，其电能主要经升压后送往电力系统。为了减少电能的传输损耗，发电厂宜建设在城市附近或工业负荷中心。电能大部分都用发电机电压直接馈送给地方用户，只将剩余的电能以升高电压的方式送往电力系统。这种靠近城市和工业中心的发电厂多为热电厂，它不仅生产电能，还兼有供热功能，为工业和民用提供蒸汽和热水形成热力网，可提高发电厂的热效率。由于受供热距离的限制，一般热电厂的单机容量多为中、小型机组。无论是凝汽式火电厂还是热电厂，它们的电气主接线应包括发电机电压接线形式及1～2级升高电压级接线形式的完整接线，且与系统相连接。

当发电机机端负荷比重较大，出线回路数较多时，发电机电压接线一般均采用有母线的接线形式。实践中通常当发电机容量在6 MW以下时，多采用单母线；容量在12 MW及以上时，可采用双母线或单母线分段；当容量大于25 MW以上时，可采用双母线分段接线，并在母线分段处及电缆馈线上安装母线电抗器和出线电抗器限制短路电流，以便能选择轻型断路器。在满足地方供电的情况下，对100 MW及以上的发电机组，多采用单元接线或扩大单元接线直接升高电压。这样，不仅可以节省设备，简化接线，便于运行，且能减小短路电流。尤其是当发电机组容量较大，又采用双绕组变压器构成单元接线时，还可节省发电机出口断路器的安装。

发电厂升高电压级的接线形式，应根据输送容量大小、电压等级、出线回路数以及重要性等予以具体分析、区别处理。其接线形式可以采用双母线、单母线分段等，当出线回路数较多时，还应增设旁路母线；当出线数不多时，最终接线方案可采用桥形接线、角形接线；对电压等级较高、传递容量较大、地位较重的系统，亦可选用一台半断路器接线形式。

1．热电厂电气主接线示例

图 8-18 所示为某热电厂主接线图。热电厂建设在城市附近或工业负荷中心，电能大部分都用发电机电压直接馈送给地方用户，即发电机电压有负荷，只将剩余的电能以升高

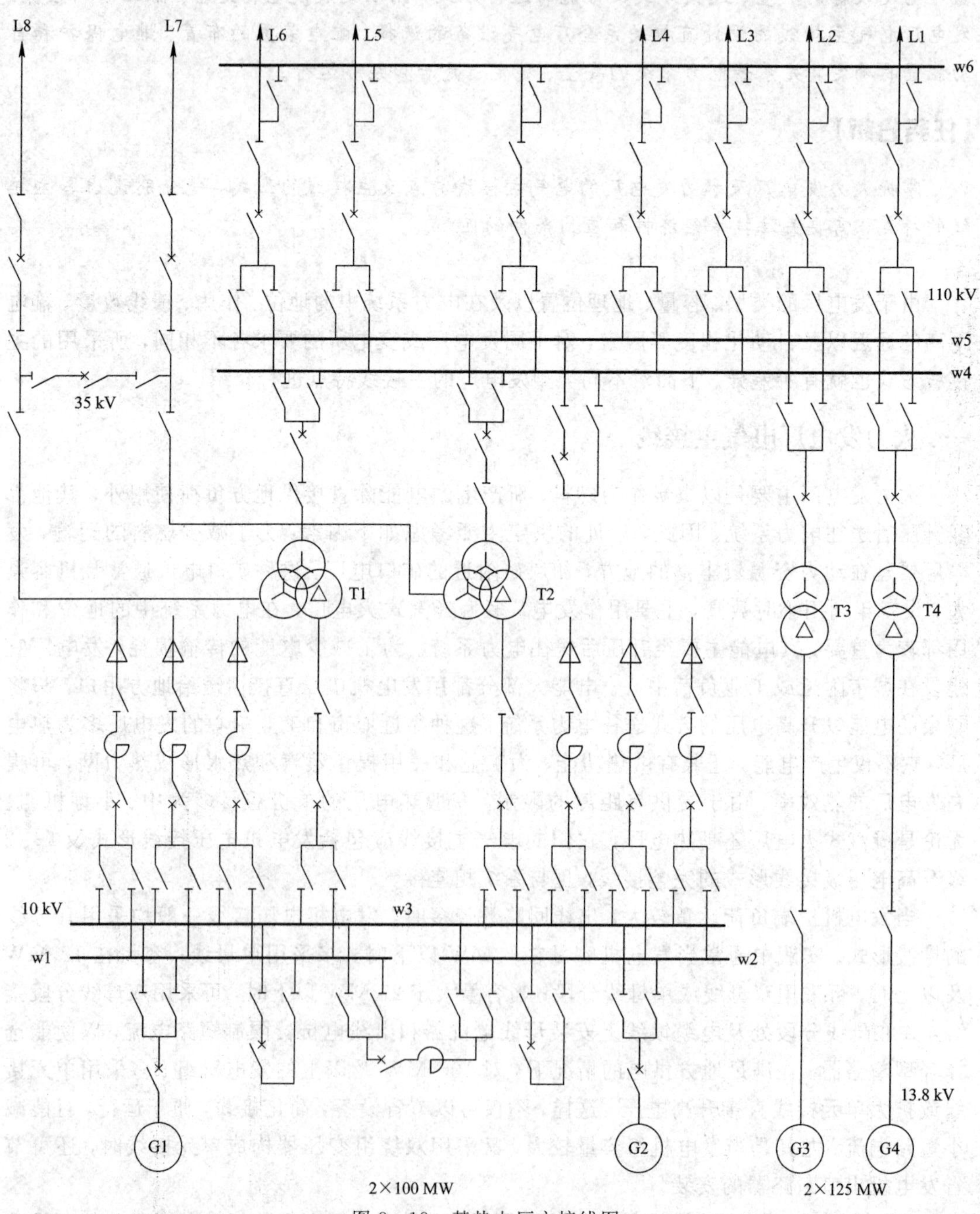

图 8-18 某热电厂主接线图

电压的方式送给电力系统。故该热电厂主接线的特点是：发电机电压采用双母线分段接线，主要供给地区负荷；为了限制短路电流，在电缆馈线回路中装有出线电抗器，在母线分段处装设有母线电抗器；10 kV 母线各段之间，通过分段断路器和母联断路器相互联系，以提高供电的可靠性和灵活性；在满足 10 kV 地区负荷供电的前提下，将 G1、G2 剩余功率通过变压器 T1、T2 升压送往高压侧；机组容量较大的 G3、G4 发电机采用双绕组变压器分别按单元接线方式连接，直接将电能送入系统，接线清晰，便于实现机、炉、电单元控制或机、炉、电集中控制，亦避免了发电机电能多次变压送入系统，从而减少了损耗；单元接线省去了发电机出口断路器，既节约成本又提高了供电可靠性；为了便于检修和调试，在发电机与变压器之间装设了隔离开关。

该热电厂升高电压单元有 35 kV 和 110 kV 两种电压等级。变压器 T1、T2 采用三绕组变压器，将 10 kV 母线上剩余电能按负荷分配送往两级高电压系统。当任一侧发生故障或检修时，其余两级电压之间仍可维持联系，保证可靠供电。35 kV 侧仅有两回出线，故采用内桥接线形式；110 kV 电压级由于较为重要，有 6 回出线，出线较多，采用双母线带旁路母线接线方式，并设有专用的断路器，其旁路母线只与各出线相接，以便不停电检修出线断路器。而进线断路器一般故障率较低，未接入旁路。通常，110 kV 电压以上母线间隔较大、发生故障概率小，况且电压高，断路器价格昂贵，所以一般只采用双母线，较少采用双母线分段接线形式，这样可以减少占地面积。正常运行时，大多采用双母线固定连接方式并联运行。

2. 凝汽式火电厂电气主接线示例

图 8-19 所示为 6 台 300 MW 大容量机组的凝汽式火力发电厂电气主接线。为了减少燃料的运输，凝汽式火力发电厂通常建在燃料资源较丰富的地方，而且装机容量大，在电力系统中的地位和作用都较为重要，其电能主要以升高的电压送往系统。故该主接线采用发电机与变压器容量配套的单元接线形式。发电机 G1、G2 分别与变压器连接成单元接线，未采用封闭母线，在发电机与变压器之间装设隔离开关。而厂用变压器分支回路装设断路器；发电机 G3、G4 、G5、G6 也分别与变压器连接成单元接线，采用分相封闭母线，主回路及厂用分支回路均未装设隔离开关和断路器；厂用高压变压器 T01～T06 采用低压分裂绕组变压器。在 T07、T08 厂用高压变压器的高压侧装设断路器，以便进行投、切和控制。

该厂升高电压级有 220 kV 和 500 kV 两级电压。500 kV 采用一台半断路器接线；220 kV 采用双母线带旁路接线，并且变压器进线回路亦接入旁路母线；两种升高电压级之间设有联络变压器 T7。联络变压器 T7 选用三绕组自耦有载调压变压器，其低压侧作为厂用电备用电源和启动电源。

二、水力发电厂的电气主接线

水力发电厂电气接线具有以下特点：

（1）水电厂以水能为资源，建在江、河、湖、泊附近，一般距负荷中心较远，而当地负荷很小甚至没有，电能大多数都是通过高压输电线送入电力系统，发电机电压负荷很小甚至没有。因此，主接线中可不设发电机电压母线，多采用发电机-变压器单元接线或扩大单元接线。单元接线能减少配电装置的占地面积，也便于水电厂的自动化调节。

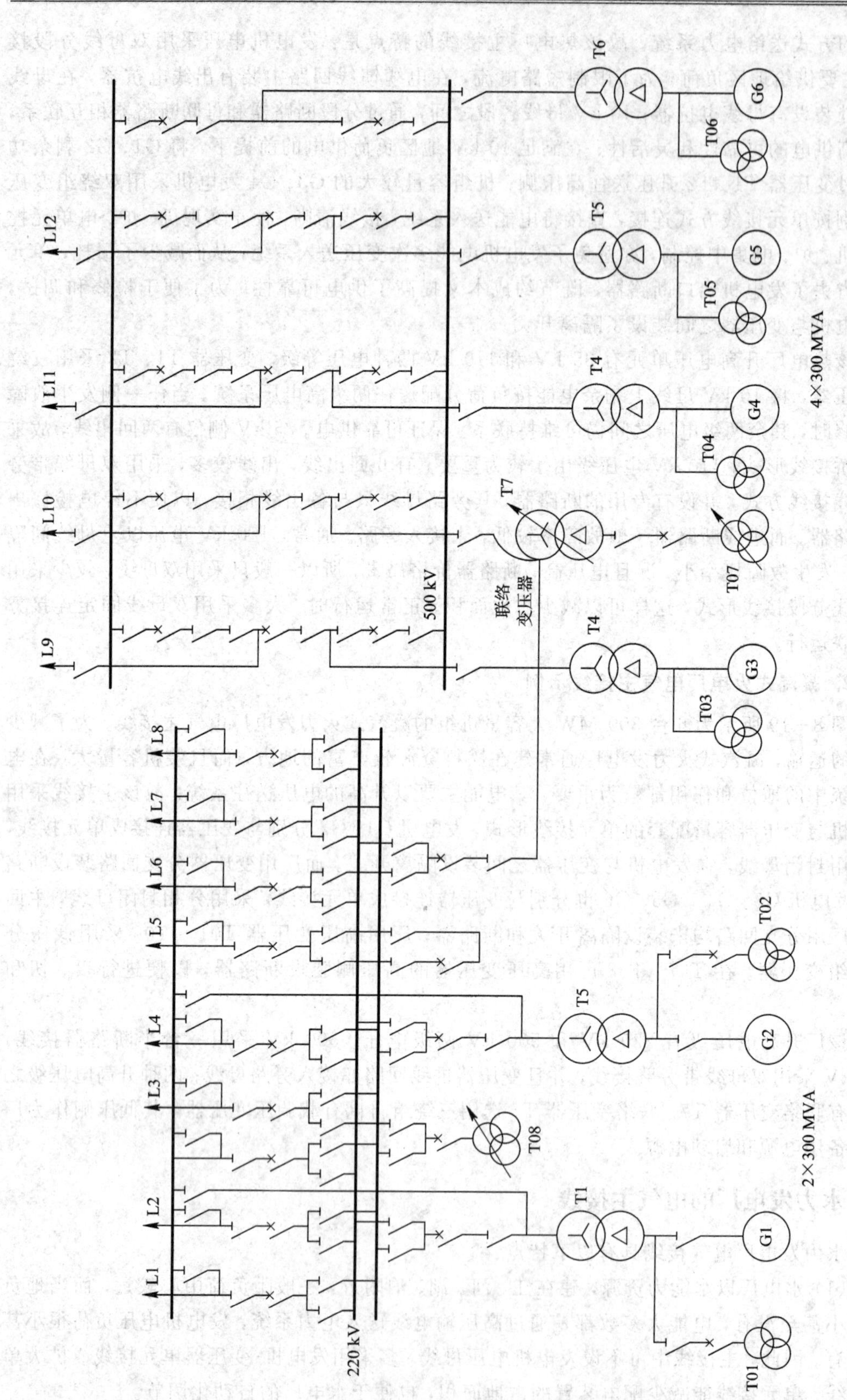

图8-19 某凝汽式火力发电厂电气主接线

(2) 水电厂多建在山区峡谷中，地形比较复杂。因此水力发电厂的电气主接线应力求简单，主变台数和高压断路器数量应尽量减少，高压配电装置应布置紧凑，占地少，以减少在峡谷中的土石方开挖量和回填量。

(3) 水电厂的装机台数和容量是根据水能利用条件一次确定的，一般不考虑将来的发展和扩建，但可能因设备供应或负荷增长情况以及水工建设工期较长等因素，为尽早发挥设备效益而常常分期施工。

(4) 水轮发电机组启动迅速、灵活方便。一般正常情况下，从启动到满负荷只需 4～5 min；事故情况下启动可能不到 1 min。而火电厂则因机、炉的特性限值，一般需要 6～8 h。因此，水电厂常被用作系统事故备用和检修备用。对具有水库调节的水电厂，通常在洪水期承担负荷，枯水期多带尖峰负荷，很多水电厂还担负系统的调频、调相等任务。因此，水电厂的负荷曲线变化较大，开停机频繁，设备年利用小时数相对火电厂较小，其接线应具有较好的灵活性。

(5) 根据水电厂的生产过程和设备特点，比较容易实现自动化和远动化(远动化是指在远离水电站的控制中心实现水电站运行的自动操作控制功能)。因此，电气主接线应尽量避免把隔离开关作为操作电器以及需有繁琐倒换操作的接线形式。

根据以上特点，水电厂的主接线常采用单元接线、扩大单元接线；当进出回路不多时，应采用桥形接线和多角形接线；当进出回路较多时，应根据电压等级、传输容量、重要程度，可采用单母线分段、双母线，双母线带旁路和一台半断路器接线形式。

2. 水力发电厂电气接线示例

1) 中等容量水电厂主接线示例

图 8-20 所示为中型水电厂电气主接线。由于没有发电机电压负荷，所以该水电厂采用发电机-变压器扩大单元接线。水电厂扩建的可能性较小，其 110 kV 高压侧采用四角形接线，隔离开关仅作检修时隔离电压之用，不作操作电器，易于实现自动化。

2) 大容量水电厂电气主接线示例

图 8-21 所示为一大型水电厂主接线。该电厂有 6 台机组，没有发电机电压负荷，G5、G6 以单元接线形式直接将电能送往 220 kV 的电力系统。G1～G4 发电机采用低压分裂绕组变压器连接成扩大单元接线，这样不仅简化了接线，而且限制了发电机电压短路电流。升高电压 220 kV 侧采用双母线带旁路接线，500 kV 侧为一台半断路器接线，并以自耦变压器作为两级电压间的联络变压器，其低压绕组兼作厂用的备用电源和启动电源。

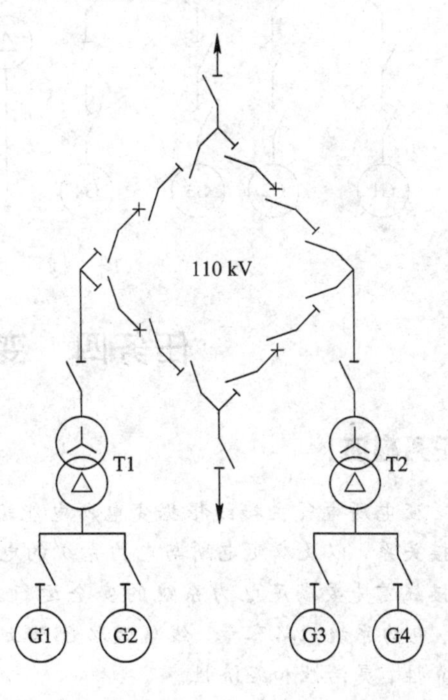

图 8-20　中型水电厂电气主接线

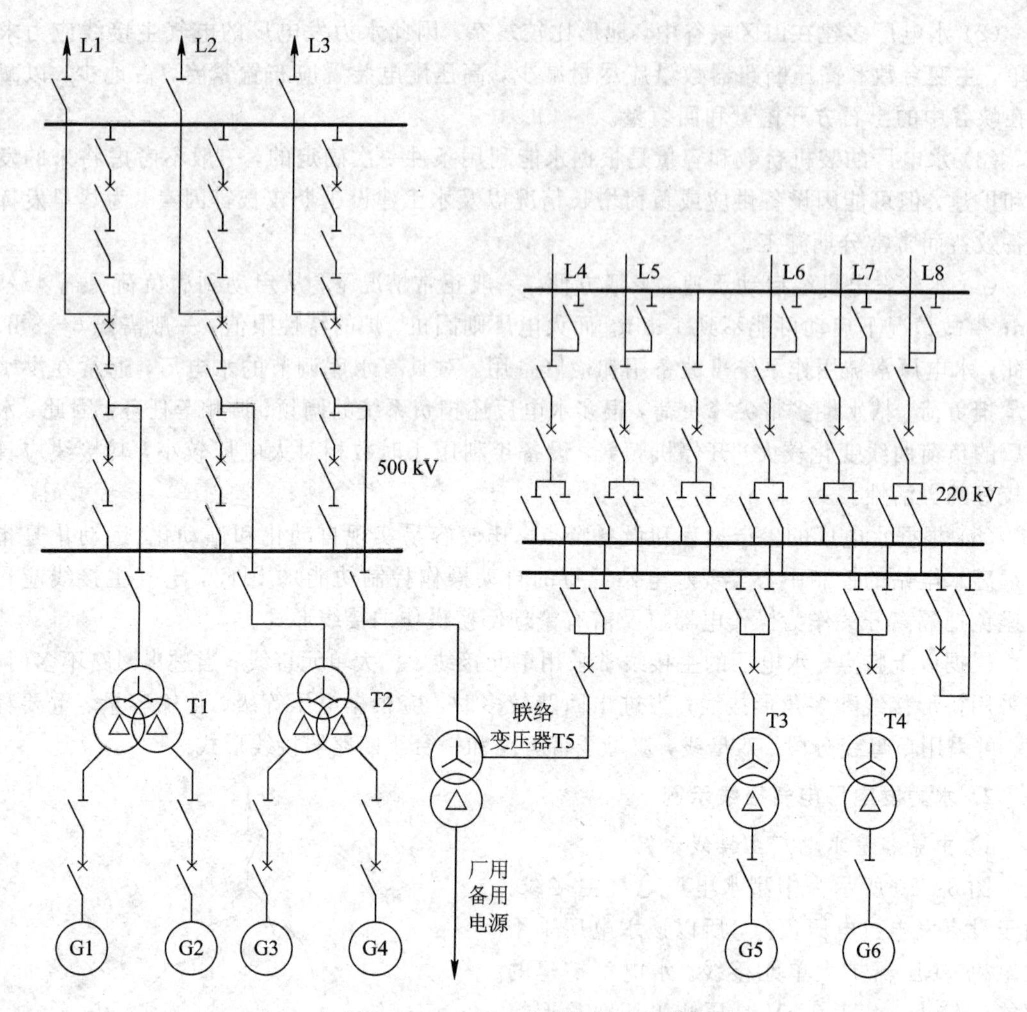

图 8－21　大型水电厂电气主接线

任务四　变电所电气主接线

【任务描述】

变电所电气主接线根据变电所电能输送和分配的要求，表示主要电气设备相互之间的连接关系，以及本变电所与电力系统的电气连接关系，通常以单线图来表示。变电所电气主接线首先要满足电力系统的安全运行与经济调度的要求，然后根据规划容量、供电负荷、电力系统短路容量、线路回路数以及电气设备特点等条件来进行确定，并具有相应的可靠性、灵活性和经济性。

【任务分析】

掌握变电所电气主接线的设计依据，能够分析地区变电所和枢纽变电所的主接线形式及其特点。

变电所主接线的设计要求基本上和发电厂相同，即根据变电所在电力系统中的地位、负荷性质、出线回路数、设备特点、周围环境及变电所的规划容量等条件和具体情况来确定，应满足供电可靠、运行灵活、操作方便、节约投资和便于扩建等要求。

1. 变电所的类型

电力系统中的变电所可以分为三类：

（1）枢纽变电所：最高电压级变电所。一般电力系统中的大型电厂与之连接，实施电力系统主要发电功率的分配，并作为与其他远方电力系统的联络站。

（2）区域变电所：承担大面积的区域供电，其电压等级仅次于枢纽变电所。

（3）配电变电所：区域变电所下只承担一个小区域的供电。

根据变电所的类别和要求，可分别采用相应的接线方式。通常主接线的高压侧应尽可能采用断路器数目较少的接线方式，以节省投资，减少占地面积。根据出线数的不同，可采用桥形、单母线、双母线及角形等接线形式。如果电压为超高压等级，且是重要的枢纽变电所，宜采用双母线分段带旁路接线或采用一台半断路器接线。变电所的低压侧通常采用单母线分段或双母线接线，以便于扩建。6～10 kV 馈线应选轻型断路器，如 SN10 型或 ZN13 型，若不能满足开断电流及动稳定要求应采用限流措施。在变电所中最简单的限制短路电流的方法是使变压器低压侧分列运行，如图 8－22 中的 QF 断开，即按硬分段方式运行。一般尽可能不装母线电抗器，因其体积大、价格高且限流效果较差。若分列运行仍不能满足要求，则可装设分裂电抗器或出线电抗器。

2. 变电所电气主接线示例

1）地区变电所电气主接线示例

图 8－22 为地区变电所主接线。110 kV 高压侧采用单母线分段，10 kV 侧亦为单母线分段，为了选择轻型的设备，可采用平时两段母线分列运行来限制短路电流。为了使出线能选用轻型断路器，在电缆馈线中可以装设线路电抗器，并按两台变压器并列工作条件选择。

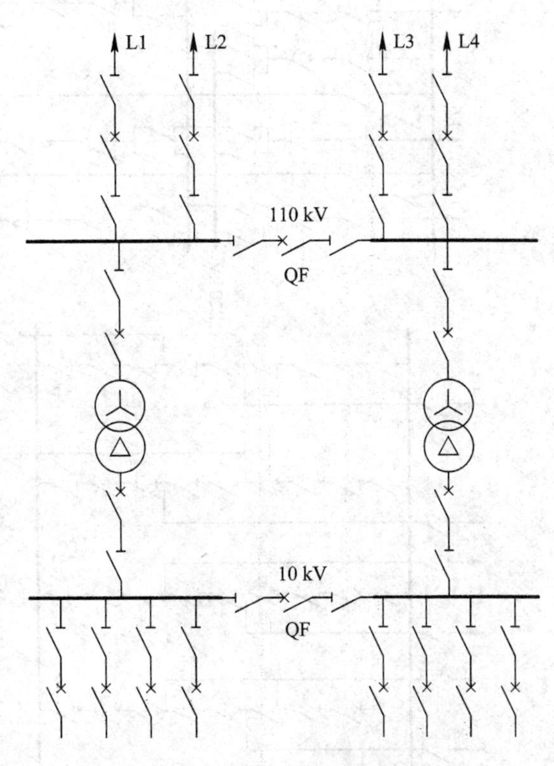

图 8－22　110 kV 地区变电所电气主接线

2）枢纽变电所电气主接线示例

图 8－23 所示为大容量枢纽变电所电气主接线。该系统采用两台三绕组自耦变压器和两台三绕组变压器连接两种升高的电压系统。110 kV 和 220 kV 侧采用双母线带旁路接线形式，并设专用旁路断路器。500 kV 侧为一台半断路器接线，且采用交叉接线形式，虽然在配电装置布置上比不交叉多用一个间隔，增加了占地面积，但供电可靠性明显得到了提高。35 kV 低压侧用于连接静止补偿装置。

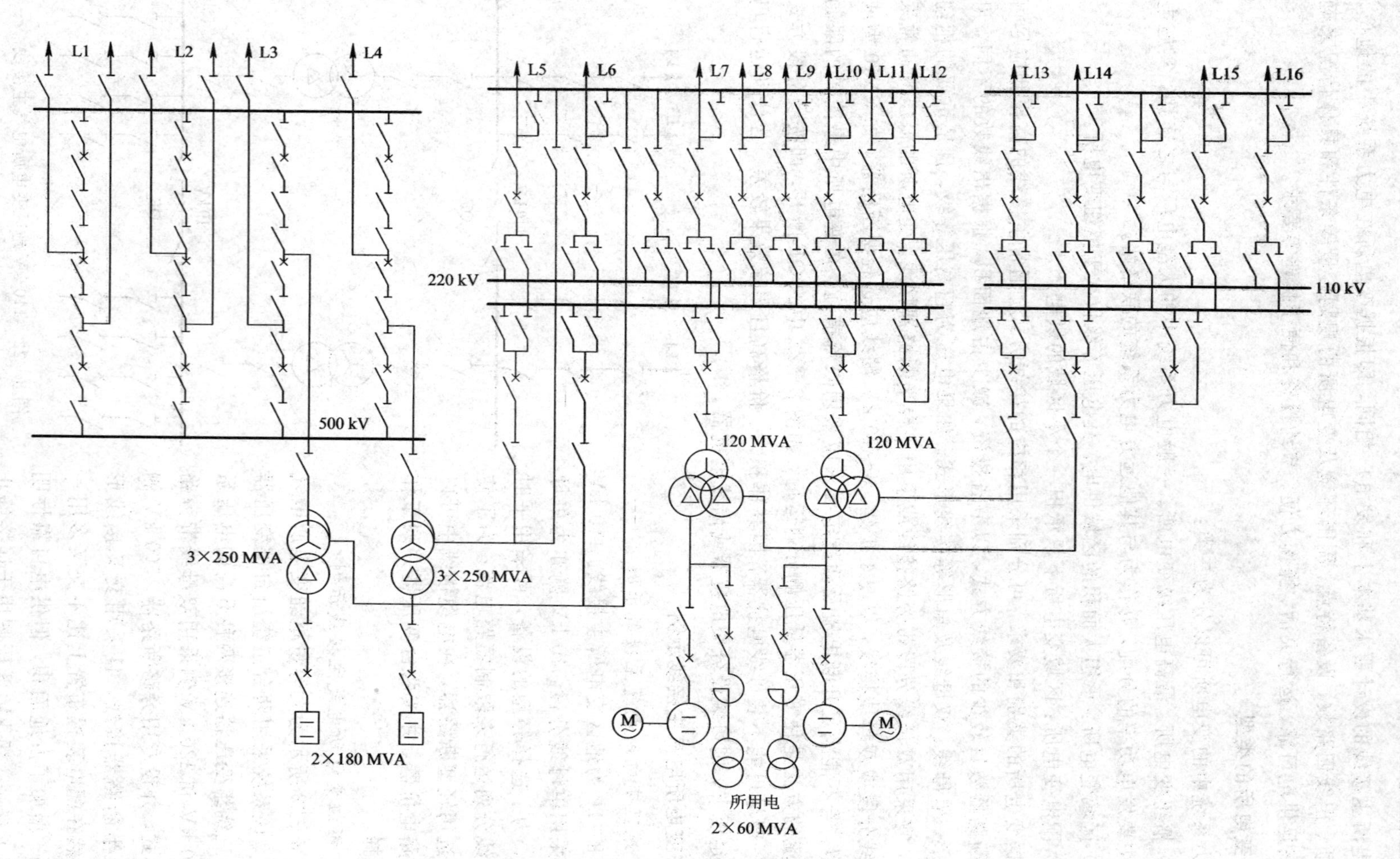

图8-23 500 kV枢纽变电所电气主接线

任务五 电气主接线的设计

【任务描述】

电气主接线是发电厂、变电所电气设计的首要部分，也是构成电力系统的重要环节。主接线的确定对电力系统及发电厂、变电所本身运行的可靠性、灵活性和经济性密切相关，并对电气设备的选择和布置、继电保护和控制方式等都有较大的影响。因此，必须处理好这些因素各方面的关系，综合分析有关影响因素，经过技术、经济比较，合理确定主接线方案。

【任务分析】

掌握电气主接线设计的流程和方法原则，能根据实际情况正确分析电气主接线的性能，进行技术经济比较。

1. 电气主接线的设计原则

电气主接线设计的基本原则是以设计任务书为依据，以国家经济建设的方针、政策、技术规定、标准为准绳，结合工程实际情况，在保证供电可靠、运行灵活、维护方便等基本要求下，力争节约投资，降低造价，并尽可能采用先进技术，坚持供电可靠、技术先进、安全使用、经济美观的原则。

2. 电气主接线设计程序

电气主接线的设计伴随着发电厂或变电所的整体设计，即按照工程基本建设程序，历经可行性研究阶段、初步设计阶段、施工图设计阶段等三个阶段。可行性研究阶段属于设计前期工作阶段，主要包括初步可行性研究、项目建议书编制、可行性研究、设计任务书编制等内容，初步设计和施工图设计属于设计工作阶段，最后为施工运行阶段。

3. 电气主接线设计依据

电气主接线的设计依据是设计任务书，主要包括以下内容：

(1) 确定发电厂、变电所在电力系统中的地位和作用。电力系统的发电厂有大型主力发电厂、中小型地区发电厂及企业自备电厂三种类型。电力系统的变电所有系统枢纽变电所、中间变电所、地区重要变电所、一般变电所和企业专用变电所等五种类型。

(2) 明确发电厂、变电所的分期和最终建设容量。

(3) 确定负荷的性质。对于Ⅰ类负荷必须有两个独立的电源供电，而且失去任一电源，都能保证全部Ⅰ类负荷不中断供电。对于Ⅱ类负荷一般要有两个独立的电源供电，且当失去任一电源，须能保证全部Ⅱ类负荷的供电。对于Ⅲ类负荷一般只需一个电源供电。

(4) 确定电力系统备用容量的大小以及系统对电气主接线提供的具体资料。

(5) 明确环境条件，如当地的气温、湿度、覆冰、污秽、风向、水文、地质、海拔高度等，这些因素对主接线中电气设备的选择和配电装置的实施均有影响。

4. 电气主接线与技术经济比较

1) 电气主接线方案的初步拟定

根据设计任务书的要求，在原始资料分析的基础上，可拟定出若干个电气主接线方案，以不遗漏最优方案为原则。按照电气主接线的基本要求，从技术上对拟出的方案进行分析、比较，淘汰明显不合理的方案，最终保留2～3个技术上相当，又能满足任务书要求的方案，最后再进行经济性比较。对于重要发电厂或变电所的电气主接线还应进行可靠性的定量计算。

2) 经济比较计算

(1) 综合总投资计算。方案的综合总投资为

$$Z = Z_0\left(1+\frac{a}{100}\right) \tag{8-1}$$

式中：Z_0——主体设备投资，包括变压器、配电装置以及明显的大额费用，如拆迁、征地等费用；

a——不明显的附加费用比例系数，如现场安装费用、基础加工、辅助设备的费用等，对110 kV可取90，对35 kV取100。

(2) 年运行费用计算。年运行费用主要包括变压器的电能损耗费及设备的检修、维护和折旧等费用，按投资百分率计算，即

$$F = a\Delta A + F_j + F_z \tag{8-2}$$

式中：F_j——检修维护费，一般取(0.022～0.042)Z；

F_z——折旧费，取0.058Z；

α——电能电价，可参考各地区实际电价；

ΔA——变压器电能损失。

(3) 经济比较的方法。在几个主接线方案中，综合总投资Z和年运行费用F均为最小的方案，应优先选用。若某方案的Z大而F小，或反之，则应进一步进行经济比较，比较的方法有静态比较法和动态比较法两种。在中小工程中常使用静态比较法(此方法不计资金的利息)。这里介绍常用的抵偿年限法。

设第一方案的综合总投资大，年运行费少；第二方案的综合总投资小，年运行费多，则

$$T = \frac{Z_1 - Z_2}{F_1 - F_2} \tag{8-3}$$

如果T小于5年，则采用投资大的第一方案；若T大于5年，则应选择投资小的第二方案为宜。

项目小结

电气主接线是发电厂和变电所的主体，是由一次设备按一定的要求和顺序连接成的电路，它直接影响着发电厂和变电所的安全可靠和经济运行。电气主接线应满足供电的安全可靠、灵活性和经济性。

电气主接线可分为有母线和无母线两大类。有母线的主接线形式包括单母线接线、单

母线分段接线、单母线分段带旁路母线接线、双母线接线、双母线带旁路母线接线、双母线分段接线、双母线分段带旁路母线接线、一台半断路器接线。无母线的主接线形式包括内桥接线、外桥接线、单元接线和角形接线。不同的主接线有各自的优缺点以及相应的适用范围。电气主接线的选择正确与否对电力系统的安全、经济运行，对电力系统的稳定和调度的灵活性，以及对电气设备的选择、配电装置的布置、继电保护及控制方式的拟定等都有重大的影响。

发电厂和变电所主接线方案的设计应综合考虑各种因素，按照国家的有关政策，根据具体情况经过技术经济比较后确定。电气主接线的初步设计一般有分析原始资料、拟定接线方案、短路电流计算、设备配置选择、绘制设计图纸等环节。

思考与练习

1. 什么是电气主接线？对它有哪些基本要求？
2. 隔离开关与断路器的主要区别是什么？它们的操作程序应如何正确配合？
3. 主接线和旁路母线各起什么作用？
4. 一台半断路器接线与双母线带旁路接线相比较，两种接线各有何利弊？
5. 在发电机-变压器单元接线中，如何确定是否装设发电机出口断路器？
6. 在桥形接线方式中，内、外桥接线各适用什么场合？
7. 角形接线有何特点？
8. 选择主变压器时应考虑哪些因素？其容量、台数、形式等应根据哪些原则来选择？
9. 电气主接线的设计依据有哪些？
10. 对电气主接线进行经济比较应考虑哪些因素？

项目九　电力变压器的运行与维护

【项目分析】

电力变压器作为电力系统变电所内的核心设备，起着联络电网、改变电压、分配电能的作用，其正确的运行与维护是保证电力系统安全的重要措施。

【培养目标】

熟悉变压器额定容量和负荷能力的概念，掌握变压器正常过负荷能力分析；掌握变压器并列运行的条件；熟悉变压器的运行与维护；熟悉变压器异常允许运行的特点及相应的处理办法。

任务一　变压器的基本结构与分类

【任务描述】

本任务要求学生熟悉变压器的结构和作用，理解变压器的工作原理，了解变压器的分类和额定参数。

【任务分析】

本任务使学生了解变压器的基本结构、分类与铭牌。

一、变压器的基本结构

变压器种类繁多，结构又各有特点，但基本结构是相通的。其中油浸式变压器在电力系统中使用最为广泛，其基本结构可分成以下五个部分。

(1) 器身：主要指铁芯和绕组，另外包括绕组绝缘、引线、分接开关等。

(2) 油箱：包括油箱本体(箱盖、箱壁、箱底)和附件(放油阀门、小车、接地螺栓、铭牌等)。

(3) 保护装置：包括储油柜(油枕)、油表、防爆管(又称安全气道)或压力释放阀、呼吸器(又称吸湿器)、净油器、测温元件、气体继电器等。

(4) 冷却装置：散热器等。

(5) 出线装置：高压套管、低压套管等。

下面对变压器主要部件进行详细介绍。

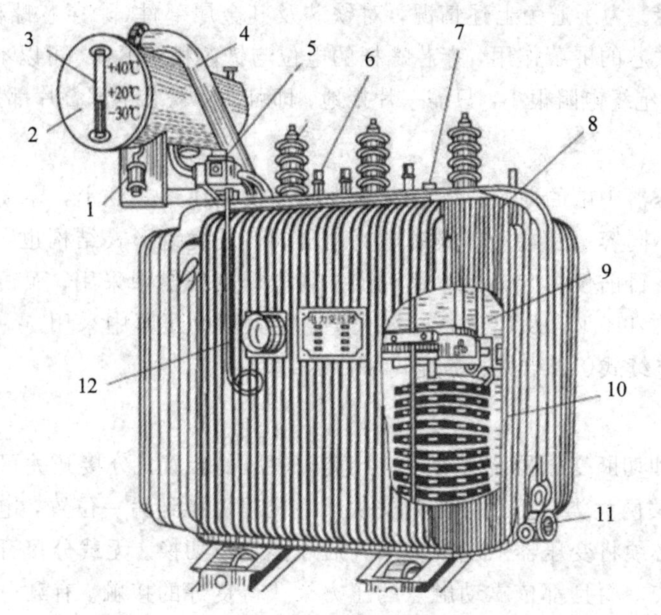

1—吸湿器；
2—储油柜；
3—油标；
4—安全气道；
5—气体继电器；
6—低压套管；
7—高压套管；
8—分接开关；
9—油箱；
10—铁芯；
11—绕组及绝缘；
12—放油阀门

图 9-1　油浸式电力变压器结构示意图

1. 铁芯

铁芯是变压器的主磁路，又是变压器的机械骨架。铁芯由铁芯柱和铁轭两部分构成。铁芯柱上套有绕组，铁轭将铁芯柱连接起来形成闭合磁路。由于变压器铁芯中的磁通为交变磁通，为了减小涡流损耗，变压器的铁芯用硅钢片(带)经剪切成为一定的尺寸的铁芯片，按一定的叠压系数叠压而成。硅钢片的厚度为 0.35 mm 或 0.5 mm，两面涂厚度为 0.01～0.13 mm 的绝缘漆膜。硅钢片有热轧和冷轧两种，冷轧硅钢片又分为有取向和无取向两类。通常变压器铁芯采用有取向的冷轧硅钢片，这种硅钢片沿辗轧方向有较高的导磁性能和较小的损耗。

变压器的铁芯平面如图 9-2 所示，图(a)为单相变压器，图(b)为三相变压器。铁芯结构可分为两部分：C 为套线圈的部分，称为铁芯柱；Y 为用以闭合磁路部分，称为铁轭。单相变压器有两个铁芯柱，三相变压器有三个铁芯柱。

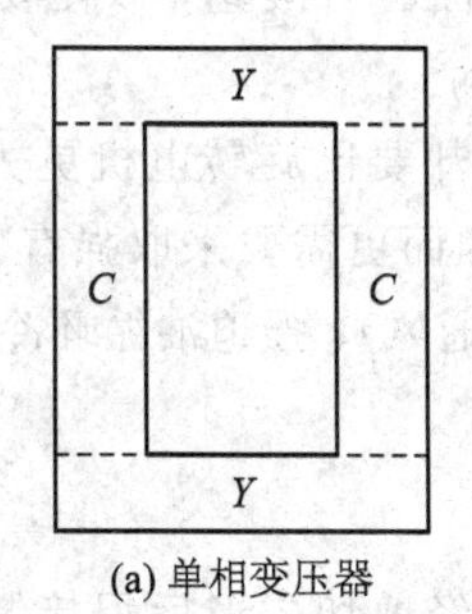

(a) 单相变压器

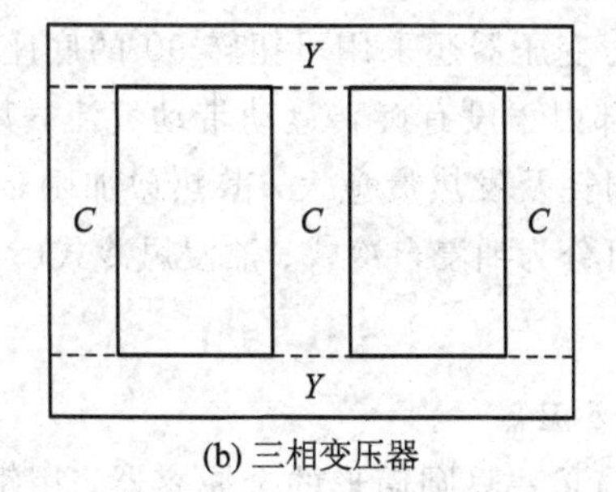

(b) 三相变压器

图 9-2　变压器的铁芯平面

铁芯要求必须一点接地，因为变压器在运行时或在高压试验中，铁芯及其金属部件都处于强电场中的不同位置，由静电感应的电位也各不相同，使得铁芯和各金属部件之间或对接地体产生电位差，在电位不同的金属部件之间形成断续的火花放电。这种放电会使变压器油分解，损坏固体绝缘。为了避免上述情况，对铁芯及其金属部件(除穿芯螺杆外)都必须进行可靠接地。由于铁芯的屏蔽作用，穿芯螺杆的电位与铁芯相差不多，可以不必再接地。由于铁芯硅钢片之间的绝缘电阻很小，只需一片接地，即可认为铁芯全部叠片都接地。

2. 线圈

线圈又称绕组，是变压器中电的通路。绕组用铜线或铝线绕在铁芯柱上，导线外边采用纸绝缘或纱包绝缘等。不同容量及电压等级的电力变压器，其绕组形式结构也不同。对于层式绕组类的箔式绕组，目前仅在 S8 及 S9 系列低损耗电力变压器中采用；而饼式绕组类的内屏蔽式绕组也只有在 110 kV 及以上高电压大型、特大型变压器中采用。一般电力变压器中常采用圆筒式、连续式、纠结式、螺旋式四种绕组。

3. 分接开关

分接开关是用来连接和切断变压器绕组分接头，实现调压的装置。分接开关可分为无载分接开关及有载分接开关两大类。无载分接开关从某一位置切换到另一位置，电路都有一个被断开的过程，因此必须将变压器从电网上断开后才能进行切换。无载分接开关的共同点是都有静触点和动触点，而且都依靠动触点的压力来获得良好的接触。有载分接开关是在不切断电源，变压器带负载运行下调压的开关。该类开关调压级数较多，既能稳定电网在各负载中心的电压，又可提高供电质量，所以重要供电场所的变压器应该选用有载分接开关实现调压任务。

4. 绝缘套管和引线

套管和引线是变压器一、二次绕组与外部线路的连接部件。引线通过套管引到油箱外顶部，套管既可固定引线，又起引线对地的绝缘作用。用在变压器上的套管要有足够的电气绝缘强度和机械强度，并具有良好的热稳定性。

5. 油箱和冷却装置

油浸变压器的器身浸在充满变压器油的油箱里。油箱和底座是油浸变压器的支持部件和外壳，它们支持着器身和所有附件；器身全浸在箱内的变压器油中。油箱是用钢板加工制成的容器，要求机械强度高、变形小、焊接处不渗漏，油箱里装有绝缘和冷却用的变压器油。油箱底部用槽钢等钢铁材料做成底座，底座下面装有滚轮，以便安装和短距离推运变压器，大型电力变压器还采用可扭转 90°的底座结构。

在变压器内部由于没有旋转运动带动气流，其冷却要比旋转电机更为困难。变压器的容量愈大，相应损耗及发热量愈大，散热愈加困难。因而更需要采取强有力的冷却措施。变压器的冷却方式可分为油浸自冷式、油浸风冷式(人工通风)、强迫油循环冷却式三种类型。

6. 保护装置

1) 储油柜和吸湿器

储油柜(油枕)是一只圆筒形的金属容器，用钢板经剪切成形后焊接制成，并通过管道和油箱内绝缘油连通，其构造如图 9 - 3 所示。油枕的一端或两端是可拆卸的圆形钢板端盖。储油柜是用来减轻和防止变压器油氧化和受潮的装置。

吸湿器是防止变压器油受潮的部件之一。吸湿器是一个圆形容器，通过连接管上端法兰与油枕下侧的呼吸管法兰相接，玻璃罩内装有变色硅胶作为吸潮指示剂。如发现硅胶变成淡红色，说明硅胶已失去吸潮能力，可在 140℃温度下烘焙 8 小时，便会恢复蓝色，可以再重新使用。

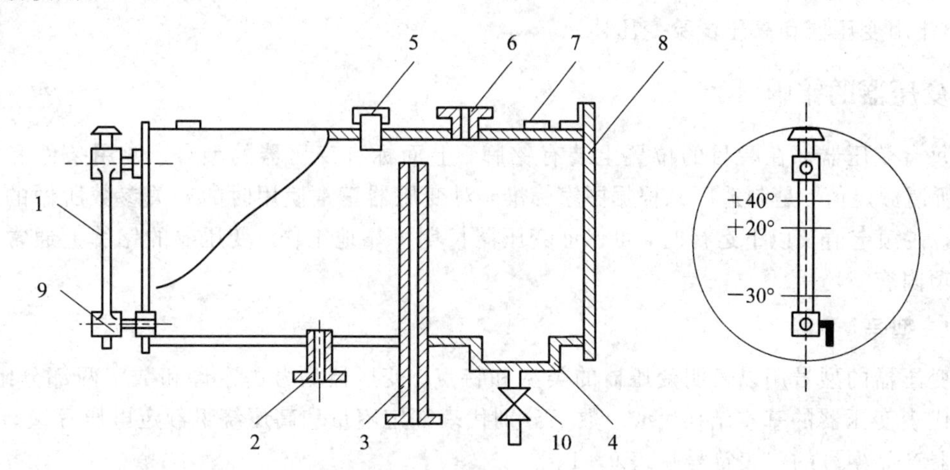

1—油位计；2—与气体继电器连接的法兰；3—呼吸管；4—集污盒；
5—注油孔；6—与防爆管连通的法兰；7—吊攀；8—端盖；9、10—阀门

图 9－3　油枕的构造

2）净油器

净油器曾叫温差滤油器，是用钢板焊成圆桶形的小油罐，罐内装有硅胶类的吸湿剂。当油温变化而上下流动时，经过净油器达到吸取油中水分、渣滓、酸、氧化物的作用。

3）气体继电器

继电器安装在油箱与储油柜的连接管之间，是变压器内部故障的保护装置(通常又叫瓦斯继电器)。当内部发生故障时，气体继电器可向运行人员发出信号或自动切断电源，保护变压器。

4）防爆管

防爆管又叫安全气道，其主体是一个长的钢质圆筒，顶端装有防爆膜。当变压器内部发生故障时，气体骤增，能使油及气体冲破防爆膜而喷出，防止油箱破裂或爆炸。

5）温度计

温度计是用以测量变压器上层油温度而设置的，一般温度计有多种，如水银温度计、信号温度计、电阻温度计、压力式温度计等。

二、变压器的分类

变压器有不同的使用条件、安装场所、电压等级、容量级别、结构形式和冷却方式，所以应按不同的原则进行分类。

(1) 变压器按照铁芯结构分类可分为心式变压器和壳式变压器。心式变压器的绕组是圆筒形的，壳式变压器的绕组是扁平矩形的。目前绝大多数变压器生产厂家多生产心式变压器。

(2) 按绕组数分类，变压器可分为双绕组变压器和三绕组变压器。

(3) 按照相数分类，变压器可分为单相变压器和三相变压器。

(4) 按磁路系统分类，变压器可分为芯式变压器和组式变压器。

(5) 按冷却方式分类，变压器可分为干式变压器、油浸式变压器。油浸式变压器包括

油浸自冷变压器、油浸风冷变压器、油浸强迫油循环变压器。

(6) 按用途分类，变压器分可分为电力变压器、调压变压器、仪表互感器和其他变压器(整流用变压器和高压试验变压器)。

三、变压器的铭牌

每台变压器都在醒目的位置上装有铭牌，上面标有变压器的型号、使用条件和额定值。所谓额定值，是制造厂家根据国家标准，对变压器正常使用时的有关参数所做的限额规定。在额定值及以下运行时，可保证变压器长期可靠地工作。变压器的铭牌上通常有以下几项内容。

1. 型号

变压器的型号用以表明变压器的类型和特点。变压器型号由字母和数字两部分组成，字母代表变压器的基本结构特点，数字分别代表额定容量和高压绕组额定电压等级。电力变压器产品型号的代表符号见表 9-1。

表 9-1　变压器型号的代表符号

分　类	类　别	代表符号
绕组耦合方式	自耦	O
相　数	单相	D
	三相	S
冷却介质	油浸式	—①
	干式	G
	浇注式	C
冷却方式	油浸自冷	—
	油浸风冷	F
	油浸水冷	S
	强迫油循环风冷	FP
	强迫油循环水冷	SP
绕组数	双绕组	—
	三绕组	S
	分裂绕组	F
调压方式	无励磁调压	—
	有载调压	Z
绕组导线材质	铜导线	—
	铝导线	L
	铜—铝导线	Lb

注：①—表示缺省。

例如，型号 SL-1000/10，“S”代表“三相”，“ L”代表“铝导线”，“1000”是额定容量 kVA 数，“10”是高压绕组额定电压等级 kV 数；型号 S9-100/10 表示一台三相油浸空气自冷式双绕组电力变压器，设计序号为9，额定容量为100 kVA，高压侧额定电压为10 kV；型号SG－100/10表示一台三相干式空气自冷电力变压器，额定容量为100 kVA，高压侧额定电压为10 kV；型号SFFZ7－40000/220表示一台三相自然油循环风冷式有载调压分裂电力变压器，设计序号为7，额定容量为40 000 kVA，高压侧额定电压为220 kV。

2. 额定值

1）额定容量和过负荷能力

额定容量，是指在规定的环境温度下，变压器能获得经济而合理的效率、具有正常的预期寿命(约20～30年)时所允许长期连续运行的功率。实际上，变压器的负荷变化范围很大，不可能长期固定在额定值运行，多数时间内变压器在欠负荷状态下运行，而在短时间内又要求过负荷运行。因此，有必要规定一个短时容许的过负荷，即变压器的过负荷能力。变压器的过负荷能力，是指在一定条件下短时间内所能输出的超过额定值的功率。过负荷能力的大小和持续时间决定于：① 变压器的电流和温度不要超过规定的限值；② 在整个运行期间，变压器的绝缘老化不超过正常值，即不损害正常的预期寿命。这是因为，当变压器的负荷超过额定值时，将产生诸如变压器的绕组、绝缘部件、油、铁芯等温度升高的效应，从而使变压器的寿命缩短。

2）额定电压U_{1N}和U_{2N}

变压器在正常运行时，规定加在一次侧的电压称为变压器一次侧的额定电压U_{1N}；二次侧的额定电压U_{2N}，是指变压器一次侧加额定电压时二次侧的空载(开路)电压，单位均为V或kV。对于三相变压器，额定电压是指线电压。

3）额定电流I_{1N}和I_{2N}

I_{1N}和I_{2N}是分别根据额定容量和额定电压计算出来的一次侧电流和二次侧电流，单位为A。对于三相变压器，额定电流是指线电流。一次侧额定电流和二次侧额定电流可用下式计算，即

单相变压器：

$$I_{1N}=\frac{S_N}{U_{1N}};\quad I_{2N}=\frac{S_N}{U_{2N}}$$

三相变压器：

$$I_{1N}=\frac{S_N}{\sqrt{3}U_{1N}};\quad I_{2N}=\frac{S_N}{\sqrt{3}U_{2N}}$$

4）绕组连接组标号

变压器同侧绕组是按星形、三角形等形式连接的，现在对于一次绕组分别用符号Y、D表示，对于二次绕组分别用符号y、d表示。有中性点引出时，则分别用符号YN、DN和yn、dn表示。数字采用时钟表示法，用来表示一、二次侧线电压的相位关系，一次侧线电压相量作为分针，固定指在时钟12点的位置，二次侧的线电压相量作为时针。如“Ynd11”表示一次侧为星形带中性点连接，二次侧为三角形连接，“11”表示变压器二次侧的线电压U_{ab}滞后一次侧线电压U_{AB}330°(或超前30°)。因为当一次侧线电压相量作为分针指在时钟12点的位置时，二次侧的线电压相量在时钟的11点位置。即二次侧的线电压U_{ab}滞后一次侧线电压U_{AB} 330°(或超前30°)。

5）调压范围

当变压器接在电网上运行时，变压器二次侧电压将由于种种原因发生变化，影响用电设备的正常运行，因此变压器应具备一定的调压能力。根据变压器的工作原理，当高、低压绕组的匝数比发生变化时，变压器二次侧电压也随之变动，故常采用改变变压器匝数比即可达到调压的目的。

6）额定频率 f_N

我国规定，电力系统的频率为 50 Hz。此外，额定运行时的效率、温升等数据也是额定值。除额定值外，变压器的相数、短路电压、运行方式和冷却方式等均标注在铭牌上。

任务二　变压器的运行条件

【任务描述】

本任务讲解变压器的允许温度与温升、变压器的过负载能力和允许电压波动范围。

【任务分析】

变压器的允许温度取决于绕组的绝缘材料，绝缘材料等级不同，允许温度不同。变压器的温升是指变压器温度与周围环境温度之差，稳定温升取决于变压器损耗与散热能力。通过本任务的学习，学生可熟悉变压器运行电压、温度变化对变压器的影响。

一、允许温度与温升

变压器运行时，其绕组和铁芯产生的损耗转变成热量，一部分被变压器各部件吸收使之温度升高，另一部分则散发到介质中。当散发的热量与产生的热量相等时，变压器各部件的温度达到稳定，不再升高。变压器运行时各部件的温度是不同的，绕组温度最高，铁芯次之，变压器油的温度最低。为了便于监视运行过程中变压器各部件的温度，规定上层油温为允许温度。

变压器的允许温度主要取决于绕组的绝缘材料。我国电力变压器大部分采用 A 级绝缘材料，即浸渍处理过的有机材料，如纸、棉纱、木材等。对于 A 级绝缘材料，其允许最高温度为 105℃，由于绕组的平均温度一般比油温高 10℃，同时为了防止油质劣化，所以规定变压器上层油温最高不超过 95℃，而在正常状态下，为了使变压器油不至于过度氧化，上层油温一般不应超过 85℃。对于强迫油循环的水冷或风冷变压器，其上层油温不宜经常超过 75℃。当变压器绝缘材料的工作温度超过允许值时，其使用寿命将会缩短。

变压器的温度与周围环境温度的差称为温升。当变压器的温度达到稳定时的温升称为稳定温升。稳定温升的大小与周围环境温度无关，仅决定于变压器损耗与散热能力。所以，当变压器负载一定(即损耗不变)，而周围环境温度不同时，变压器的实际温度也不同。我国规定周围环境最高温度为 40℃。

对于采用 A 级绝缘材料的变压器，在周围环境最高温度为 40℃时，其绕组的允许温升为 95℃，而上层油温则为 55℃。所以当变压器运行时，上层油温及其温升只要不超过允许值，即可保证变压器在规定的使用年限内安全运行。

二、变压器过负载能力

在不损害变压器绝缘材料和降低变压器使用寿命的前提下，变压器在较短时间内所能输出的最大容量为变压器的过负载能力，一般以过负载倍数(变压器所能输出的最大容量与额定容量之比)来表示。

变压器过负载能力可分为正常情况下的过负载能力和事故情况下的过负载能力。

(1) 变压器在正常情况下的过负载能力。变压器正常运行时，允许过负载是因为变压器在一昼夜内的负载有高峰、有低谷。在低谷时，变压器运行的温度较低。此外，一年不同季节的环境温度不同，所以在绝缘材料及变压器寿命不受影响的前提下，在高峰负载及冬季时可过负载运行。其允许的过负载倍数及允许的持续时间应根据变压器的负荷曲线、冷却介质温度及过载前变压器所带的负载来决定。

全天满负载运行的变压器不宜过负载运行。对于冷却系统不正常、严重漏油、色谱分析异常的油浸式电力变压器不允许过负载运行。油浸自冷式和油浸风冷式变压器，过负载值(与环境温度及运行时起始负荷值有关)不得超过 30%。

(2) 变压器在事故时的过负载能力。当电力系统或用户变电所发生事故时，为保证对重要设备的连续供电，允许变压器短时过负载的能力称为事故过负载能力。

(3) 变压器允许短时短路。当变压器发生短路故障时，由于保护动作和断路器跳闸均需一定的时间，因此变压器难免受到短路电流的冲击。变压器突然短路时，其短路电流的幅值一般为额定电流的 25～30 倍，变压器铜损将达到额定电流的几百倍，故绕组温度上升极快。目前，对绕组短时过热尚无限制的标准。一般认为，对绕组为铜线的变压器温度达到 250℃是允许的，对绕组为铝线的变压器则为 200℃。而到达上述温度所需的时间大约为 5 s。此时继电保护早已动作，断路器跳闸。因此，一般设计允许短路电流为额定电流的 25 倍。

三、允许电压的波动范围

施加于变压器一次绕组的电压因电网电压的波动而波动。若电网电压小于变压器分接头电压，对变压器本身无任何损害，仅使变压器的输出功率略有降低。

变压器的电源电压一般不得超过额定值的 5%。不论变压器分接头在任何位置，只要电源电压不超过额定值的 5%，变压器都可在额定负载下运行。

变压器在投运前应作全面检查。变压器正常运行后，在电、磁的作用下会引起机械振动而发出“嗡嗡”声。而冷却器运行时发出的声音为风机声，潜油泵发出的声音也是均匀的且无杂音。

任务三　变压器的并列运行

【任务描述】

了解变压器并列运行的条件，讨论两台单相变压器的并列运行情况。

【任务分析】

通过概念描述、定性分析和定量分析，掌握变压器并列运行条件，熟悉变压器并列运行的作用及限制因素。

将两台或两台以上变压器并接起来运行，可以提高供电可靠性和经济性。变压器并列运行需具备三个条件(变比相同、短路阻抗或电压相同、绕组连接相同)，如果不具备条件而需要并列运行时，则需要校验运行造成的影响，及时采取措施避免危害的发生。通过本任务的学习，掌握变压器并列运行的相关知识。

变压器是电力网中的重要电气设备，由于连续运行的时间较长，为了使变压器安全经济运行及提高供电的可靠性和灵活性，在运行中通常将两台或两台以上变压器并列运行。

一、变压器并列运行的优点

变压器并列运行，就是将两台或两台以上变压器的一次绕组并联在同一电压的母线上，二次绕组并联在另一电压的母线上运行。并列运行与一台大容量变压器单独运行相比具有下列优点：

(1) 提高供电可靠性。当一台变压器退出运行时，其他变压器仍可正常供电。

(2) 提高运行经济性。在低负荷时，可停运部分变压器，从而减少能量损耗，提高系统的运行效率，并改善系统的功率因数，保证变压器经济运行。

(3) 减小备用容量。为了保证正常供电，必须设置备用容量，变压器并列运行可减小单台变压器容量，从而做到减小备用容量。

(4) 当变压器需要检修时，可以先并联备用变压器，再将需要检修的变压器停电检修，这样既能保证变压器的计划检修，又能保证不中断供电，提高供电的可靠性。

以上几点说明了变压器并列运行的必要性和优越性，但并列运行的台数不宜过多。

二、变压器并列运行的条件

变压器并列运行时，通常希望它们之间无平衡电流；负载分配与额定容量成正比，与短路阻抗成反比；负载电流的相位相互一致。要做到上述几点，并列运行的变压器就必须满足以下条件：

(1) 具有相等的一、二次电压，即变比相等。

(2) 额定短路电压相等、变压器的短路电压百分比 $U_d\%$(短路阻抗标幺值)应相等。

(3) 绕组连接组别相同，即要求极性相同，相位一致。

上述三个条件中，第(1)条和第(2)条往往不可能做到绝对相等，一般规定变比的偏差不得超过 ±0.5%，额定短路电压的偏差不得超过±10%。第(3)条是变压器并列运行的绝对条件。

三、并列运行的应用

在某些特殊情况下，需将两台不符合并列运行条件的变压器并列运行，这时必须校验运行造成的影响，并采取相应的措施，以免导致危险的结果。为了便于分析，下面讨论的案例是以两台单相变压器的并列运行为基础，其结论可以推广到三相变压器。

1. 变比不同的变压器并列运行

如图 9-4 所示是两台变比不同的单相变压器并列运行的接线图和等效电路图。由于变比不同，故变压器二次侧的电动势不相等，并在变压器二次绕组和一次绕组的闭合回路中会产生平衡电流 $\dot{I}_{p2}$ 和 $\dot{I}_{p1}$。

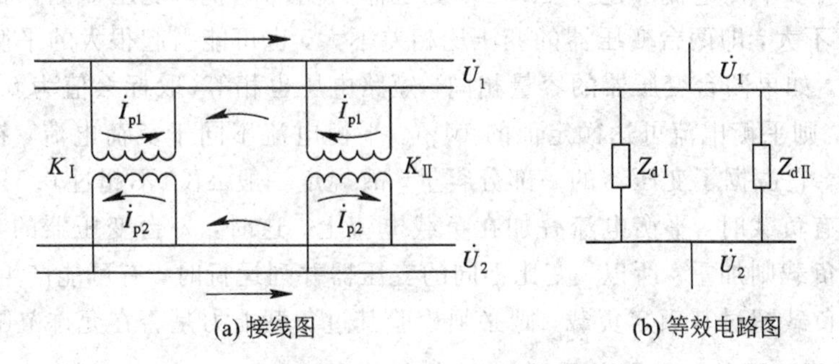

图 9-4　两台变比不同的单相变压器的并列运行

空载时，平衡电流可由等效电路求得：

$$\dot{I}_{p2}=\frac{\dot{E}_{2Ⅰ}-\dot{E}_{2Ⅱ}}{Z_{dⅠ(2)}+Z_{dⅡ(2)}}=\frac{\dfrac{\dot{E}_1}{K_{Ⅰ}}-\dfrac{\dot{E}_1}{K_{Ⅱ}}}{\dfrac{Z_{dⅠ(1)}+Z_{dⅡ(1)}}{K^2}}\approx\frac{\dot{U}_1(K_{Ⅱ}-K_{Ⅰ})}{\dfrac{Z_{dⅠ(1)}+Z_{dⅡ(1)}}{K^2}}\tag{9-1}$$

式中：$\dot{E}_{2Ⅰ}$、$\dot{E}_{2Ⅱ}$——Ⅰ、Ⅱ号变压器二次电动势；

$\dot{E}_1$——Ⅰ、Ⅱ号变压器一次侧的几何平均电动势；

$Z_{dⅠ(1)}$、$Z_{dⅡ(1)}$——Ⅰ、Ⅱ号变压器归算到一次的阻抗；

$Z_{dⅠ(2)}$、$Z_{dⅡ(2)}$——Ⅰ、Ⅱ号变压器归算到二次的阻抗；

$K_{Ⅰ}$、$K_{Ⅱ}$——Ⅰ、Ⅱ号变压器的变比；

$K=\sqrt{K_{Ⅰ}K_{Ⅱ}}$——两台变压器的几何平均变比。

因为

$$Z_{dⅠ(1)}=\frac{u_{dⅠ}^{*}U_{1NⅠ}}{I_{1NⅠ}},\ Z_{dⅡ(1)}=\frac{u_{dⅡ}^{*}U_{1NⅡ}}{I_{1NⅡ}}$$

故

$$I_{p1}=\frac{I_{p2}}{K}=\frac{U_1\Delta K^{*}}{\dfrac{u_{dⅠ}^{*}U_{1NⅠ}}{I_{1NⅠ}}+\dfrac{u_{dⅡ}^{*}U_{1NⅡ}}{I_{1NⅡ}}}$$

$$\Delta K^{*}=\frac{K_{Ⅰ}-K_{Ⅱ}}{K}$$

式中：$u_{dⅠ}^{*}$、$u_{dⅡ}^{*}$——Ⅰ、Ⅱ号变压器的短路电压标幺值；

ΔK^{*}——两台变压器变比之差对于几何平均变比的标幺值。

假设 $U_{1NⅠ}=U_{1NⅡ}=U_1$，而且

$$\alpha=\frac{I_{1NⅠ}}{I_{1NⅡ}}=\frac{S_{NⅠ}}{S_{NⅡ}}$$

则得

$$\frac{I_{\mathrm{p1}}}{I_{1\mathrm{N}\,\mathrm{I}}}=\frac{\Delta K^{*}}{u_{\mathrm{d}\,\mathrm{I}}^{*}+\alpha u_{\mathrm{d}\,\mathrm{II}}^{*}}$$

如果两台变压器的短路电压标幺值相等，即 $u_{\mathrm{d}\,\mathrm{I}}^{*}=u_{\mathrm{d}\,\mathrm{II}}^{*}=u_{\mathrm{d}}^{*}$，则

$$\frac{I_{\mathrm{p1}}}{I_{1\mathrm{N}\,\mathrm{I}}}=\frac{\Delta K^{*}}{u_{\mathrm{d}}^{*}(1+\alpha)} \tag{9-2}$$

由上式可知：平衡电流决定于 ΔK^{*} 和变压器的内部阻抗，变压器的内部阻抗通常很小，即使 ΔK^{*} 不大，即两台变压器的变压比相差不大，也可能引起很大的平衡电流。例如，在式(9-2)中，如果两台变压器的容量相同，短路电压也相等(取标幺值为 0.05)，变压比如果相差 1%，则平衡电流可达额定值的 10%。平衡电流不同于负荷电流，在没有带负荷时便已经存在，它占据了变压器的一部分容量，故规定一般 ΔK^{*} 不超过 0.5%。

当变压器有负载时，平衡电流叠加在负载电流上。这时，一台变压器的负荷减轻，另一台变压器的负载则加重。所以，变比不同的变压器并列运行时，有可能产生过负载现象，如果增大后的负载超过其额定负载，则必须校验其过负载能力是否在允许范围内。

2. 短路电压不同的变压器并列运行

若有一组变压器并列运行，它们的电流分别为 $\dot{I}_{\mathrm{I}}$、$\dot{I}_{\mathrm{II}}$、…、$\dot{I}_{n}$，短路阻抗分别为 $Z_{\mathrm{d}\,\mathrm{I}}$、$Z_{\mathrm{d}\,\mathrm{II}}$、…、$Z_{\mathrm{d}n}$，假设它们的变比相同，则变压器并列运行时的电压降也应相等，即

$$\dot{I}_{\mathrm{I}}Z_{\mathrm{d}\,\mathrm{I}}=\dot{I}_{\mathrm{II}}Z_{\mathrm{d}\,\mathrm{II}}=\cdots=\dot{I}_{n}Z_{\mathrm{d}n}$$

故

$$\dot{I}_{\mathrm{I}}/\dot{I}_{\mathrm{II}}/\cdots/\dot{I}_{n}=\frac{1}{Z_{\mathrm{d}\,\mathrm{I}}}\Big/\frac{1}{Z_{\mathrm{d}\,\mathrm{II}}}\Big/\cdots\Big/\frac{1}{Z_{\mathrm{d}n}}$$

如果阻抗角相同，则有

$$I_{\mathrm{I}}/I_{\mathrm{II}}/\cdots/I_{n}=\frac{I_{\mathrm{N}\,\mathrm{I}}}{u_{\mathrm{d}\,\mathrm{I}}^{*}}\Big/\frac{I_{\mathrm{N}\,\mathrm{II}}}{u_{\mathrm{d}\,\mathrm{II}}^{*}}\Big/\cdots\Big/\frac{I_{\mathrm{N}n}}{u_{\mathrm{d}n}^{*}}$$

所以，对第 K 台变压器有如下关系：

$$\frac{I_{K}}{\sum_{i=1}^{n}I_{i}}=\frac{\dfrac{I_{\mathrm{N}k}}{u_{\mathrm{d}k}^{*}}}{\sum_{i=1}^{n}\dfrac{I_{\mathrm{N}i}}{u_{\mathrm{d}i}^{*}}}$$

则

$$I_{K}=\frac{\sum_{i=1}^{n}I_{i}}{\sum_{i=1}^{n}\dfrac{I_{\mathrm{N}i}}{u_{\mathrm{d}i}^{*}}}\times\frac{I_{\mathrm{N}k}}{u_{\mathrm{d}k}^{*}}$$

故

$$S_{K}=\frac{\sum_{i=1}^{n}S_{i}}{\sum_{i=1}^{n}\dfrac{S_{\mathrm{N}i}}{u_{\mathrm{d}i}^{*}}}\times\frac{S_{\mathrm{N}k}}{u_{\mathrm{d}k}^{*}}=\frac{S_{\Sigma}}{\sum_{i=1}^{n}\dfrac{S_{\mathrm{N}i}}{u_{\mathrm{d}i}^{*}}}\times\frac{S_{\mathrm{N}k}}{u_{\mathrm{d}k}^{*}} \tag{9-3}$$

$$S_{\Sigma}=\sum_{i=1}^{n}S_{i}$$

式中：S_{Σ}——n 台变压器的总负载。

当只有两台变压器并列运行时，有

$$S_{\mathrm{I}} = \frac{S_{\sum} S_{\mathrm{N\,I}} u_{\mathrm{d\,II}}^{*}}{S_{\mathrm{N\,I}} u_{\mathrm{d\,II}}^{*} + S_{\mathrm{N\,II}} u_{\mathrm{d\,I}}^{*}} \tag{9-4}$$

$$\frac{S_{\mathrm{I}}}{S_{\mathrm{II}}} = \frac{S_{\mathrm{N\,I}} u_{\mathrm{d\,II}}^{*}}{S_{\mathrm{N\,II}} u_{\mathrm{d\,I}}^{*}} \tag{9-5}$$

由此可见，当数台变压器并列运行时，如果短路阻抗不同，负载并不按其额定容量成比例分配。由式(9-5)可知，负载分配与短路阻抗的大小成反比，短路阻抗小的变压器承担的负载比例大，容易出现过负载。如果改变变比，使短路阻抗大的变压器的二次电动势提高，则可减少过负载。这是因为对于短路阻抗较小的变压器，平衡电流可以减轻其过负载(平衡电流的方向与负载电流的方向相反)，而对于短路阻抗较大的变压器，平衡电流可以使其负载增加。

3. 绕组联结组别不同的变压器并列运行

绕组联结组别不同的变压器并列运行时，同名线电压间出现相角差 φ，其大小等于联结组号 N_{I} 与 N_{II} 之差乘以 30°，即

$$\varphi = (N_{\mathrm{I}} - N_{\mathrm{II}}) \times 30^{\circ} \tag{9-6}$$

例如，一台变压器的联结组别为 Yy_0，而另一台的联结组别为 Yd_{11}，则同名线电压间的位移角 $\varphi=(12-11)\times 30^{\circ}=30^{\circ}$。由于相角差的存在，并列的变压器间将出现平衡电流。产生电流的电压可由相量图求得，即

$$\Delta U = 2U\sin\frac{\varphi}{2} \tag{9-7}$$

式中，$U=U_{\mathrm{I}}=U_{\mathrm{II}}$。

所以，平衡电流为

$$I_{\mathrm{p}} = \frac{\Delta U}{Z_{\mathrm{d\,I}} + Z_{\mathrm{d\,II}}} = \frac{2\sin\frac{\varphi}{2}}{\frac{u_{\mathrm{d\,I}}^{*}}{I_{\mathrm{N\,I}}} + \frac{u_{\mathrm{d\,II}}^{*}}{I_{\mathrm{N\,II}}}} \tag{9-8}$$

当并列运行变压器的容量和短路电压都相同，而只有其绕组联结组别不同时，变压器间的平衡电流为

$$I_{\mathrm{p}} = \frac{\sin\frac{\varphi}{2}}{u_{\mathrm{d}}^{*}} I_{\mathrm{N}} \tag{9-9}$$

例如，当相角差 $\varphi=30^{\circ}$、短路电压标幺值 $u_{\mathrm{d}}^{*}=0.055$ 时，变压器的平衡电流为

$$I_{\mathrm{p}} = \frac{\sin 15^{\circ}}{0.055} I_{\mathrm{N}} = 4.7 I_{\mathrm{N}}$$

如此大的电流只有在事故情况下才允许通过，而允许通过的时间则要依照事故过负荷的规定，不得超过事故过负荷的允许时间。因此，变压器是不允许长期在同名线电压间存在相角差的情况下并列运行的。

一般情况下，如果需要将绕组联结组别不同的变压器并列运行时，应根据联结组别差异的情况，采用将各相易名或始端与末端对换等方式，将变压器的联结组别化为同一联结组别后，才能并列运行。

【例 9-1】 两台变压器，高压侧额定电压相同，低压侧额定电压不等。两台变压器的已知条件如表 9-1 所示。

表 9-1　已知条件

变　量	变压器Ⅰ	变压器Ⅱ
S(kVA)	2400	3200
U_{1N}/U_{2N}(kV)	35/6.3	35/6.0
I_{1N}/I_{2N}(A)	39.6/220	52.8/308
u_d%	5.0	5.0

试求：(1) 这两台变压器并列运行时的平衡电流；

(2) 如果变压器Ⅰ的 u_d%由 5.0 增加至 6.0，平衡电流有无变化，其值等于多少？

解　(1) 两台变压器并列运行时的平衡电流为

$$K_{\mathrm{I}} = \frac{35000}{6300} = 5.56$$

$$K_{\mathrm{II}} = \frac{35000}{6000} = 5.83$$

$$K = \sqrt{K_{\mathrm{I}} K_{\mathrm{II}}} = \sqrt{5.56 \times 5.83} = 5.69$$

$$\Delta K^* = \frac{5.83 - 5.56}{5.69} = 0.047$$

$$\alpha = \frac{I_{1N\mathrm{I}}}{I_{1N\mathrm{II}}} = \frac{39.6}{52.8} = 0.75$$

根据式(9-2)有

$$\frac{I_{p1}}{I_{1N\mathrm{I}}} = \frac{\Delta K^*}{u_d^*(1+\alpha)} = \frac{0.047}{0.05 \times (1+0.75)} = 0.54$$

一次侧平衡电流为

$$I_{p1} = 0.54 \times 39.6 = 21.38\ (\mathrm{A})$$

二次侧平衡电流为

$$I_{p2} = KI_{p1} = 5.69 \times 21.38 = 121.65\ (\mathrm{A})$$

(2) 如果变压器Ⅰ的 u_d%由 5.0 增加至 6.0，根据式(9-2)有

$$\frac{I_{p1}}{I_{1N\mathrm{I}}} = \frac{\Delta K^*}{u_{d\mathrm{I}}^* + \alpha u_{d\mathrm{II}}^*} = \frac{0.047}{0.06 + 0.75 \times 0.05} = 0.48$$

一次侧平衡电流为

$$I_{p1} = 0.48 \times 39.6 = 19.01\ (\mathrm{A})$$

二次侧平衡电流为

$$I_{p2} = KI_{p1} = 5.69 \times 19.01 = 108.16\ (\mathrm{A})$$

由上述计算可见，当变压器Ⅰ低压侧电压高于变压器Ⅱ低压侧电压时，平衡电流占到了额定电流的 54%，因此在运行中很容易出现过负载，此时增加变压器Ⅰ的 u_d%值，可有效地减少平衡电流。

任务四　变压器的运行与维护

【任务描述】

讲述变压器运行维护的基本知识。

【任务分析】

通过知识要点归纳总结，熟悉变压器的巡视检查项目，掌握变压器的运行维护知识。

电力变压器在运行中一旦发生异常情况，将影响系统的正常运行以及对用户的正常供电，甚至造成大面积的停电。变压器的投运、运行、停运，气体保护装置运行，分接开关的运行，并联运行等需遵循相关的规程进行检查和操作。变压器异常运行时会出现故障现象，需要及时处理。通过本任务的学习，学会变压器投运前的各项检查；熟悉变压器的常见故障现象，能分析故障产生的原因并能够及时处理。

一、变压器的运行监视

安装在工厂和变电所内的变压器，以及无人值班变电所内有远程监测装置的变压器，应经常监视仪表的指示，及时掌握变压器的运行情况。监视仪表的抄表次数由现场规程规定。当变压器超过额定电流运行时，应做好记录。而无人值班的变压器应在每次定期检查时记录其电压、电流、顶层油温以及曾达到的最高顶层油温等。对配电变压器应在最大负荷期间测量三相电流，并设法保持基本平衡。测量周期由现场规程规定。

(1) 变压器的日常巡视检查，可参照下列规定：

① 发电站及变电所内的变压器，每天至少巡视一次，每周至少进行一次夜间巡视。

② 无人值班变电所内，容量为 3150 kVA 及以上的变压器每 10 天至少巡视一次，3150 kVA 以下的变压器每月至少巡视一次。

③ 装于室内的 2500 kVA 及以下的配电变压器，每月至少巡视一次。

(2) 在下列情况下应对变压器进行特殊巡视检查，增加巡视检查次数：

① 新设备或经过检修、改造的变压器投运 72h 内。

② 有严重缺陷时。

③ 气象突变(如大风、大雾、大雪、冰雹等)时。

④ 雷雨季节特别是雷雨后。

⑤ 高温季节、高峰负载期间。

⑥ 变压器急救负载运行时。

(3) 变压器日常巡视检查一般包括以下内容：

① 变压器的油温和温度计应正常，储油柜的油位应与温度相对应，各部位无渗油、漏油现象。

② 套管油位应正常，套管外部无破损裂纹、无严重油污、无放电痕迹及其他异常现象。

③ 变压器声响正常。

④ 各冷却器手感温度应相近，风扇、油泵、水泵运转正常，气体继电器工作正常。

⑤ 水冷却器的油压应大于水压(制造厂另有规定者除外)。

⑥ 吸湿器完好，吸附剂干燥。

⑦ 引线接头、电缆、母线应无发热迹象。

⑧ 压力释放器或安全气道及防爆膜应完好无损。

⑨ 有载分接开关的分接位置及电源指示灯应正常。

⑩ 气体继电器内应无气体。

⑪ 各控制箱和二次端子箱应关严，无受潮现象。

⑫ 干式变压器的外部表面应无积污。

⑬ 变压器室的门、窗、照明应完好，房屋不漏水，温度正常。

⑭ 现场规程中根据变压器的结构特点补充检查的其他项目。

(4) 变压器定期检查需增加以下检查内容：

① 外壳及箱沿应无异常发热现象。

② 各部位的接地应完好，必要时应测量铁芯和夹件的接地电流。

③ 强迫油循环冷却的变压器应作冷却装置的自动切换试验。

④ 水冷却器从旋塞放水检查应无油迹。

⑤ 有载调压装置的动作情况应正常。

⑥ 各种标志应齐全明显。

⑦ 各种保护装置应齐全、良好。

⑧ 各种温度计应在检定周期内，超温信号应正确、可靠。

⑨ 消防设施应齐全完好。

⑩ 储油池和排油设施应保持良好状态。

⑪ 室内变压器通风设备应完好。

(5) 根据变压器的具体情况进行下述项目的维护：

① 清除储油柜集污器内的积水和污物。

② 冲洗被污物堵塞影响散热的冷却器。

③ 更换吸湿器和净油器内的吸附剂。

④ 清扫变压器的外部(包括套管)。

⑤ 检查和清扫各种控制箱和二次回路。

二、变压器的投运和停运

在变压器投运之前，值班人员应仔细检查，确认变压器及其保护装置在良好状态，具有带电运行条件。并注意外部有无异物，临时接地线是否已拆除，分接开关位置是否正确，各阀门开闭是否正确。变压器在低温投运时，应防止呼吸器因结冰而被堵塞。

运用中的备用变压器应随时可以投入运行，长期停运者应定期充电，同时投入冷却装置。如强迫油循环变压器充电后不带负载运行时，应轮流投入部分冷却器，其数量不超过制造厂规定空载时的运行台数。

(1) 变压器投运和停运的操作程序应在现场规程中规定，并需遵守下列各项：

① 强迫油循环变压器投运时应逐台投入冷却器，并按负载情况控制投入冷却器的台数。水冷却器应先启动油泵，再开启水系统；停电操作先停水后停油泵；冬季停运时将冷却器中的水放尽。

② 变压器的充电应在有保护装置的电源侧采用断路器操作，停运时应先停负载侧，后停电源侧。

③ 在无断路器时，可用隔离开关投切 110 kV 及以下且电流不超过 2 A 的空载变压

器，用于切断 20 kV 及以上变压器的隔离开关，必须三相联动且装有消弧角；装在室内的隔离开关必须在各相之间安装耐弧的绝缘隔板。若不能满足上述规定，又必须用隔离开关操作时，须经本单位总工程师批准。

④ 允许用熔断器投切空载变压器和 66 kV 及以下的站用变压器。

(2) 在 110 kV 及以上中性点有效接地系统中，投运或停运变压器的操作，中性点必须先接地。投入后可按系统需要决定中性点是否断开。

(3) 干式变压器在停运和保管期间，应防止绝缘材料受潮。

(4) 消弧线圈投入运行前，应使其分接位置与系统运行情况相符，且导通良好。消弧线圈应在系统无接地现象时投切。在系统中性点位移电压高于 0.5 倍相电压时，不得用隔离开关切换消弧线圈。

(5) 消弧线圈运行中从一台变压器的中性点切换到另一台时，必须先将消弧线圈断开后再切换，不得将两台变压器的中性点同时接到一台消弧线圈的中性母线上。

三、变压器气体保护装置的运行

变压器运行时气体保护装置应接信号和跳闸回路，有载分接开关的气体保护应接跳闸回路。一台断路器控制两台变压器时，如其中一台转入备用，则应将备用变压器重瓦斯改接信号。

变压器在运行中滤油、补油、换潜油泵或更换净油器的吸附剂时，应将其重瓦斯改接信号，此时其他保护装置仍应接跳闸。当变压器油位计的油面异常升高或呼吸系统有异常现象，需要打开放气阀门或放油阀门时，应先将重瓦斯改接信号。

变压器的压力释放器接点宜作用于变压器的保护信号。

四、变压器分接开关的运行维护

(1) 无励磁调压变压器在变换分接头时，应作多次转动，以便消除触点上的氧化膜和油污。在确认变换分接头正确并锁紧后，可测量绕组的直流电阻。分接开关变换情况应做记录。10 kV 及以下变压器和消弧线圈变换分接开关时的操作和测量工作，可在现场规程中自行规定。

(2) 变压器有载分接开关的操作，应遵守以下规定：

① 应逐级调压，同时监视分接开关位置及电压、电流的变化情况。

② 单相变压器组和三相变压器分相安装的有载分接开关，宜三相同步电动操作。

③ 有载调压变压器并联运行时，其调压操作应轮流逐级或同步进行。

④ 有载调压变压器与无励磁调压变压器并联运行时，两变压器的分接电压应尽量靠近。

(3) 变压器有载分接开关的维护，应按制造厂的规定进行，无制造厂规定者可参照以下规定。

① 运行 6～12 个月或切换 2000～4000 次后，应取切换开关箱中的油样做试验。

② 新投入的分接开关，在投运后 1～2 年或切换 5000 次后，应将切换开关调出检查，此后可按实际情况确定检查周期。

③ 运行中的有载分接开关切换 5000～10 000 次后或绝缘油的击穿电压低于 25 kV

时，应更换切换开关箱的绝缘油。

④ 操动机构应经常保持良好状态。

⑤ 长期不调、长期不用的分接位置的有载分接开关，应在有停电机会时，在最高和最低分接间操作若干个循环。

(4) 为防止开关在严重过负载或系统短路时进行切换，宜在有载分接开关控制回路中加装电流闭锁装置，其整定值不超过变压器额定电流的 1.5 倍。

五、变压器并列运行的基本条件

变压器并列运行的基本条件：联结组标号相同、电压比相等、短路阻抗相等。新装或变动过内外连接线的变压器，并列运行前必须核定相位。

发电厂升压变压器高压侧跳闸时，应防止厂用变压器严重超过额定电流仍在运行。厂用变压器进行倒换操作时应防止非同期并列。

六、变压器的不正常运行和处理

1. 运行中不正常现象和处理

(1) 值班人员在变压器运行中发现不正常现象时，应设法尽快消除，报告上级并做好记录。

(2) 变压器有下列情况之一者应立即停运，若有运行中的备用变压器，应尽可能先将其投入运行。

① 变压器声响明显增大，内部有爆裂声。

② 严重漏油或喷油，使油面下降到低于油位计的指示限度。

③ 套管有严重的破损和放电现象。

④ 变压器冒烟着火。

(3) 当发生危及变压器安全的故障，而变压器的有关保护拒动时，值班人员应立即将变压器停运。

(4) 当变压器附近的设备着火、爆炸或发生其他情况，对变压器构成严重威胁时，值班人员应立即将变压器停运。

(5) 变压器油温升高超过制造厂的规定值时，值班人员应按以下步骤检查处理：

① 检查变压器的负载和冷却介质的温度，并与在同一负载和冷却介质温度下正常的温度进行核对。

② 核对温度测量装置。

③ 检查变压器冷却装置或变压器室的通风情况。

若温度升高的原因是由于冷却系统的故障，且在运行中无法修理时，应先将变压器停运再进行修理；若不能立即停运进行修理，则值班人员应按现场规程的规定调整变压器的负载至允许运行温度下的相应容量。

在正常负载和冷却条件下，变压器温度不正常并不断上升，且经检查证明温度指示正确，则认为变压器已发生内部故障，应立即将变压器停运。

变压器在各种超额定电流方式下运行，若顶层油温超过 105℃，应立即降低负载容量。

(6) 变压器的油因低温凝滞时，应不投入冷却器空载运行，同时要监视顶层油温，逐步增加负载，直至投入相应数量的冷却器，转入正常运行。

(7) 当发现变压器的油面较当时油温所应有的油位显著降低时，应查明原因。补油时应将重瓦斯改接信号，禁止从变压器下部补油。

(8) 变压器油位因温度上升有可能高出油位指示极限，经查明不是假油位所致时，则应放油，使油位降至与当时油温相对应的高度，以免溢油。

(9) 铁芯多点接地而接地电流较大时，应安排检修处理，在缺陷消除前，可采取措施将电流限制在 0.1 A 左右，并加强监视。

(10) 系统发生单相接地时，应监视消弧线圈和接有消弧线圈的变压器的运行情况。

2. 变压器气体保护装置动作的处理

(1) 变压器气体保护信号动作时，应立即对变压器进行检查，查明动作的原因，判断其是否是由积聚空气、油位降低、二次回路故障或是变压器内部故障造成的。如气体继电器内有气体，则应记录气量，观察气体的颜色及试验是否可燃，并取气样及油样做色谱分析，可根据有关规程和导则判断变压器的故障性质。

若气体继电器内的气体为无色、无味且不可燃，经色谱分析判断为空气，则变压器可继续运行，并及时消除进气缺陷；若气体是可燃的或油中溶解气体分析结果异常，应综合判断确定变压器是否应该停运。

(2) 气体保护动作跳闸时，在查明原因消除故障前不得将变压器投入运行。为查明原因，应重点考虑以下因素，进行综合判断：

① 是否呼吸不畅或排气未尽。

② 保护及直流等二次回路是否正常。

③ 变压器外观有无明显反映故障性质的异常现象。

④ 气体继电器中积聚的气体是否可燃。

⑤ 气体继电器中的气体和油中溶解气体的色谱分析结果。

⑥ 必要的电气试验结果。

⑦ 变压器其他继电保护装置动作情况。

3. 变压器的跳闸和灭火

变压器跳闸后，应立即查明原因。如经综合判断证明变压器跳闸不是由于内部故障所引起的，可重新投入运行；若变压器有内部故障的征象时，应做进一步检查。

变压器跳闸后，应立即停止油泵运行；变压器着火时，应立即断开电源，停运冷却器，并迅速采取灭火措施，防止火势蔓延。

项目小结

变压器运行时，一定条件下可能超过额定容量。变压器在正常运行及发生事故时允许具有一定的过负荷能力，变压器过负荷会引起变压器过热，加速绝缘老化，应根据等值老化原则确定变压器的过负荷能力。

变压器并列运行的条件是：变比相等、$U_d\%$相等和绕组接线组别相同。第三个条件必须满足，前两个条件允许有一定的偏差，否则不能并列运行。

变压器异常运行时常伴有一些现象，应综合进行分析判断。

思考与练习

1. 变压器由哪些重要的部件组成？各自的作用是什么？
2. 什么是变压器的额定容量？什么是变压器的过负荷能力？
3. 变压器的发热有什么特点？
4. 变压器的正常过负荷能力是根据什么原则制定的？
5. 变压器并列运行的条件是什么？有什么优点？
6. 对变压器的投运和停运有什么规定？
7. 变压器异常运行时有哪些现象？如何进行判断？

附　　录

附录 1　汽轮发电机运算曲线数字表

附表 1-1　汽轮发电机运算曲线数字表(X_{ca}=0.12～0.95)

X_{ca} \ t/s	0	0.01	0.06	0.1	0.2	0.4	0.5	0.6	1	2	4
0.12	8.963	8.603	7.186	6.400	5.220	4.252	4.006	3.821	3.344	2.795	2.512
0.14	7.718	7.467	6.441	5.839	4.878	4.040	3.829	3.673	3.280	2.808	2.526
0.16	6.763	6.545	5.660	5.146	4.336	3.649	3.481	3.359	3.060	2.706	2.490
0.18	6.020	5.844	5.122	4.697	4.016	3.429	3.288	3.186	2.944	2.659	2.476
0.20	5.432	5.280	4.661	4.297	3.715	3.217	3.099	3.016	2.825	2.607	2.462
0.22	4.938	4.813	4.296	3.988	3.487	3.052	2.951	2.882	2.729	2.561	2.444
0.24	4.526	4.421	3.984	3.721	3.286	2.904	2.816	2.758	2.638	2.515	2.425
0.26	4.178	4.088	3.714	3.486	3.106	2.769	2.693	2.644	2.551	2.467	2.404
0.28	3.872	3.705	3.472	3.274	2.939	2.641	2.575	2.534	2.464	2.415	2.378
0.30	3.603	3.536	3.255	3.081	2.785	2.520	2.463	2.429	2.379	2.360	2.347
0.32	3.368	3.310	3.063	2.909	2.646	2.410	2.360	2.332	2.299	2.306	2.316
0.34	3.159	3.108	2.891	2.754	2.519	2.308	2.264	2.241	2.222	2.252	2.283
0.36	2.975	2.930	2.736	2.614	2.403	2.213	2.175	2.156	2.149	2.109	2.250
0.38	2.811	2.770	2.597	2.487	2.297	2.126	2.093	2.077	2.081	2.148	2.217
0.40	2.664	2.628	2.471	2.372	2.199	2.045	2.017	2.004	2.017	2.099	2.184
0.42	2.531	2.499	2.357	2.267	2.110	1.970	1.916	1.936	1.956	2.052	2.151
0.44	2.411	2.382	2.253	2.170	2.027	1.900	1.879	1.872	1.899	2.006	2.119
0.46	2.302	2.275	2.157	2.082	1.950	1.835	1.817	1.812	1.845	1.963	2.088
0.48	2.203	2.178	2.069	2.000	1.879	1.774	1.759	1.756	1.794	1.921	2.057
0.50	2.111	2.088	1.988	1.924	1.813	1.717	1.704	1.703	1.746	1.880	2.027
0.55	1.913	1.894	1.810	1.757	1.665	1.589	1.581	1.583	1.635	1.785	1.953
0.60	1.748	1.732	1.662	1.617	1.539	1.478	1.474	1.479	1.538	1.699	1.884
0.65	1.610	1.596	1.535	1.497	1.431	1.382	1.381	1.388	1.452	1.621	1.819
0.70	1.492	1.479	1.426	1.393	1.336	1.297	1.298	1.307	1.375	1.549	1.734
0.75	1.390	1.379	1.332	1.302	1.253	1.221	1.225	1.235	1.305	1.484	1.596
0.80	1.301	1.291	1.249	1.223	1.179	1.154	1.159	1.171	1.243	1.424	1.474
0.85	1.222	1.214	1.176	1.152	1.114	1.094	1.100	1.112	1.186	1.358	1.370
0.90	1.153	1.145	1.110	1.089	1.055	1.039	1.047	1.060	1.134	1.279	1.279
0.95	1.091	1.084	1.052	1.032	1.002	0.990	0.998	1.012	1.087	1.200	1.200

附表 1-2 汽轮发电机运算曲线数字表(X_{ca}=1.00～3.45)

X_{ca} \ t/s	0	0.01	0.06	0.1	0.2	0.4	0.5	0.6	1	2	4
1.00	1.035	1.028	0.999	0.981	0.954	0.945	0.954	0.968	1.043	1.129	1.129
1.05	0.985	0.979	0.952	0.935	0.910	0.904	0.914	0.928	1.003	1.067	1.067
1.10	0.940	0.934	0.908	0.893	0.870	0.865	0.876	0.891	0.966	1.011	1.011
1.15	0.898	0.892	0.869	0.854	0.833	0.832	0.842	0.857	0.932	0.961	0.961
1.20	0.860	0.855	0.832	0.819	0.800	0.800	0.811	0.825	0.898	0.915	0.915
1.25	0.825	0.820	0.799	0.786	0.769	0.770	0.781	0.796	0.864	0.874	0.874
1.30	0.793	0.788	0.768	0.756	0.740	0.743	0.754	0.769	0.831	0.836	0.836
1.35	0.763	0.758	0.739	0.728	0.713	0.717	0.728	0.743	0.800	0.802	0.802
1.40	0.735	0.731	0.713	0.703	0.683	0.693	0.705	0.720	0.769	0.770	0.770
1.45	0.710	0.705	0.688	0.678	0.665	0.671	0.682	0.697	0.740	0.740	0.740
1.50	0.686	0.682	0.665	0.656	0.644	0.650	0.662	0.676	0.713	0.713	0.713
1.55	0.663	0.659	0.644	0.635	0.623	0.630	0.642	0.657	0.687	0.687	0.687
1.60	0.642	0.639	0.623	0.615	0.605	0.612	0.624	0.638	0.664	0.664	0.664
1.65	0.622	0.619	0.605	0.596	0.586	0.594	0.606	0.621	0.642	0.642	0.642
1.70	0.604	0.601	0.587	0.579	0.570	0.578	0.590	0.604	0.621	0.621	0.621
1.75	0.586	0.583	0.570	0.562	0.554	0.562	0.574	0.589	0.602	0.602	0.602
1.80	0.570	0.567	0.554	0.547	0.539	0.548	0.559	0.573	0.584	0.584	0.584
1.85	0.554	0.551	0.539	0.532	0.524	0.534	0.545	0.559	0.566	0.566	0.566
1.90	0.540	0.537	0.525	0.518	0.511	0.521	0.532	0.544	0.550	0.550	0.550
1.95	0.526	0.523	0.511	0.505	0.498	0.508	0.520	0.530	0.535	0.535	0.535
2.00	0.512	0.510	0.498	0.492	0.486	0.498	0.508	0.517	0.521	0.521	0.521
2.05	0.500	0.497	0.486	0.480	0.474	0.485	0.496	0.504	0.507	0.507	0.507
2.10	0.488	0.485	0.475	0.469	0.463	0.474	0.485	0.492	0.494	0.494	0.494
2.15	0.476	0.474	0.464	0.458	0.453	0.463	0.474	0.481	0.482	0.482	0.482
2.20	0.465	0.463	0.453	0.448	0.443	0.453	0.464	0.470	0.470	0.470	0.470
2.25	0.455	0.453	0.443	0.438	0.043	0.444	0.454	0.459	0.459	0.459	0.459

续表

X_{ca} \ t/s	0	0.01	0.06	0.1	0.2	0.4	0.5	0.6	1	2	4
2.30	0.445	0.443	0.433	0.428	0.424	0.435	0.444	0.448	0.448	0.448	0.448
2.35	0.435	0.433	0.424	0.419	0.415	0.426	0.435	0.438	0.438	0.438	0.438
2.40	0.426	0.424	0.415	0.411	0.407	0.418	0.426	0.428	0.428	0.428	0.428
2.45	0.417	0.415	0.407	0.402	0.399	0.410	0.417	0.419	0.419	0.419	0.419
2.50	0.409	0.407	0.399	0.394	0.391	0.402	0.409	0.410	0.410	0.410	0.410
2.55	0.400	0.399	0.391	0.387	0.383	0.394	0.401	0.402	0.402	0.402	0.402
2.60	0.392	0.391	0.383	0.379	0.376	0.387	0.393	0.393	0.393	0.393	0.393
2.65	0.385	0.384	0.376	0.372	0.369	0.380	0.385	0.386	0.386	0.386	0.386
2.70	0.377	0.377	0.369	0.365	0.362	0.373	0.378	0.378	0.378	0.378	0.378
2.75	0.370	0.370	0.362	0.359	0.356	0.367	0.371	0.371	0.371	0.371	0.371
2.80	0.363	0.363	0.356	0.352	0.350	0.361	0.364	0.364	0.364	0.364	0.364
2.85	0.357	0.356	0.350	0.346	0.344	0.354	0.357	0.357	0.357	0.357	0.357
2.90	0.350	0.350	0.344	0.340	0.338	0.348	0.351	0.351	0.351	0.351	0.351
2.95	0.344	0.344	0.338	0.335	0.333	0.343	0.344	0.344	0.344	0.344	0.344
3.00	0.338	0.338	0.332	0.329	0.327	0.337	0.338	0.338	0.338	0.338	0.338
3.05	0.332	0.332	0.327	0.324	0.322	0.331	0.332	0.332	0.332	0.332	0.332
3.10	0.327	0.326	0.322	0.319	0.317	0.326	0.327	0.327	0.327	0.327	0.327
3.15	0.321	0.321	0.317	0.314	0.312	0.321	0.321	0.321	0.321	0.321	0.321
3.20	0.316	0.316	0.312	0.309	0.307	0.316	0.316	0.316	0.316	0.316	0.316
3.25	0.311	0.311	0.307	0.304	0.303	0.311	0.311	0.311	0.311	0.311	0.311
3.30	0.306	0.306	0.302	0.300	0.298	0.306	0.306	0.306	0.306	0.306	0.306
3.35	0.301	0.301	0.298	0.295	0.294	0.301	0.301	0.301	0.301	0.301	0.301
3.40	0.297	0.297	0.293	0.291	0.290	0.297	0.297	0.297	0.297	0.297	0.297
3.45	0.292	0.292	0.289	0.287	0.286	0.292	0.292	0.292	0.292	0.292	0.292

附录 2　导体的主要技术参数

附表 2-1　钢芯铝绞线长期允许的载流量

标称截面积/mm²	计算截流量/A		
	+70℃	+80℃	+90℃
10/2	66	78	87
16/3	85	100	113
25/4	111	131	149
35/6	134	158	180
50/8	161	191	218
50/30	166	195	218
70/10	194	232	266
70/40	196	230	257
95/15	252	306	351
95/20	233	277	319
95/55	230	270	301
120/7	287	350	401
120/20	285	348	399
120/25	265	315	365
120/70	258	301	365
150/8	323	395	464
150/20	326	400	461
150/25	331	407	469
150/35	331	407	469
185/10	372	458	528
185/25	379	468	540
185/30	373	460	531
185/45	379	469	541
210/10	397	490	565
210/25	405	501	579

续表

标称截面积/mm²	计算截流量/A		
	+70℃	+80℃	+90℃
210/35	409	507	586
210/50	409	507	586
240/30	445	552	639
240/40	440	546	633
240/55	445	554	641
300/15	495	615	711
300/20	502	624	722
300/25	505	628	726
300/40	503	628	728
300/50	504	629	730
300/70	512	641	745
400/20	595	746	864
400/25	584	730	845
400/35	583	729	844
400/50	592	741	857
400/65	597	752	876
400/95	608	767	895
500/35	670	842	977
500/45	664	834	967
500/65	676	850	983
630/45	763	964	1120
630/55	775	979	1136
630/80	774	977	1131
800/55	887	1126	1310
800/70	884	1121	1301
800/100	878	1113	1288
1400/100	1272	1563	1808

注：(1) 最高允许温度分+70℃、+80℃、+90℃三种。

(2) 按环境温度为+40℃，风速 0.5 m/s，日照 1000 W/m²，辐射系数及吸热系数均为 0.9 进行计算。

附表 2-2　矩形铝导体长期允许载流量(A)

导体尺寸 $h\times b$ /(mm×mm)	单　条		双　条		三　条		四　条	
	平放	竖放	平放	竖放	平放	竖放	平放	竖放
40×4	480	503						
40×5	542	562						
50×4	586	613						
50×5	661	692						
63×6.3	910	952	1409	1547	1866	2111		
63×8	1038	1085	1623	1777	2113	2379		
63×10	1168	1221	1825	1994	2381	2665		
80×6.3	1128	1178	1724	1892	2211	2505	2558	3411
80×8	1274	1330	1946	2131	2491	2809	2863	3817
80×10	1427	1490	2175	2373	2774	3114	3167	4222
100×6.3	1371	1430	2045	2253	2633	2985	3032	4043
100×8	1542	1609	2298	2516	2933	3311	3359	4479
100×10	1728	1803	2558	2796	3181	3578	3622	4829
125×6.3	1674	1744	2446	2680	2079	3490	3525	4700
125×8	1876	1955	2725	2982	3375	3817	3847	5129
125×10	2089	2177	3005	3282	3275	4194	4225	5633

注：(1) 载流量系按最高允许温度+70℃、基准环境温度+25℃、无风、无日照条件计算的。

(2) 导体尺寸中，h 为宽度，b 为厚度。

(3) 当导体为四条时，平放、竖放时第二、三片间距皆为 50 mm。

附表 2-3　矩形铜导体长期允许载流量(A)

导体尺寸 $h \times b$ /(mm×mm)	单条		双条		三条		四条	
	平放	竖放	平放	竖放	平放	竖放	平放	竖放
15×3	200	210						
20×3	261	275						
25×3	323	340						
30×4	451	470						
40×4	593	625						
40×5	665	700						
50×5	816	860						
50×6	906	955						
63×6	1069	1125	1650	1740	2060	2240		
63×8	1251	1320	2050	2160	2565	2790		
63×10	1395	1475	2430	2560	3135	3300		
80×6	1360	1480	1940	2110	2500	2720		
80×8	1553	1690	2410	2620	3100	3370		
80×10	1747	1900	2850	3100	3670	3990		
100×6	1665	1810	2270	2470	2920	3170		
100×8	1911	2080	2810	3060	3610	3930		
100×10	2121	2310	3320	3610	4280	4650	4875	5300
120×8	2210	2400	3130	3400	3995	4340		
120×10	2435	2650	3770	4100	4780	5200	5430	5900

注：(1) 载流量系按最高允许温度+70℃、基准环境温度+25℃、无风、无日照条件进行计算。

(2) 导体尺寸中，h 为宽度，b 为厚度。

(3) 当导体为四条时，平放、竖放时第二、三片间距皆为 50 mm。

附录3 开关电器的主要技术参数

附表 3-1 高压断路器技术参数

型 号	额定电压/kV	额定电流/kV	额定开断电流/kA	极限通过电流/kA		热稳定电流/kA					固有分闸时间/s	合闸时间/s
				峰值	有效值	1 s	2 s	4 s	5 s	10 s		
SN10-10Ⅰ/630	10	630	16	40			16				0.05	0.2
SN10-10Ⅱ/1000	10	1000	31.5	80			31.5	43.3			0.05	0.2
SN10-10Ⅲ/2000	10	2000	43.3	130							0.06	0.25
SN10-10Ⅲ/3000	10	3000	43.3	130							0.06	0.2
SN3-10/2000	10	2000	29	75				43.3			0.14	0.5
SN3-10/3000	10	3000	29	75							0.14	0.5
ZN5-10/630	10	630	20	50							0.05	0.1
ZN5-10/1000	10	1000	25	63	43.5	43.5			30	21	0.05	0.1
ZN5-10/1250	10	1250	25	63	43.5	43.5	25		30	21	0.05	0.10
LN-10/1250	10	1250	25	80			25(3 s)	20			0.06	0.06
LN-10/2000	10	2000	40	110			43.5(3 s)	25			0.06	0.06

附表 3-2 高压隔离开关主要技术参数

型号	额定电压/kV	最高工作电压/kV	额定电流/A	额定短时耐受电流(4 s)/kA	额定峰值耐受电流/kA	备 注
GN19-10 GN19-10C	10	12	400/630/125	12.5/20/40	31.5/50/100	
GN22-10	10	12	2000/3150/4000	40/50/50	100/125/125	
GN30-10 GN30-10(D)	10	12	630～3150	20/31.5/40/50	50/80/100/1250	
GW4-35 GW4-35D	35	40.5	630～3150	20/31.5/40	20/50/80/100	不带接地开关 带接地开关
GW4-110 GW4-100D1 GW4-100D2	110	126	630～2000	20/31.5/40	50/80/100	不带接地开关 带单接地开关 带双接地开关
GW4-220 GW4-220D1 GW4-220D2	200	252	630～3150	25/31.5/40/50	50/80/100/125	不带接地开关 带单接地开关 带双接地开关
GW8-72.5 GW8-126	72.5 126		400 400	20 20	50 50	中性点隔离开关

附表 3-3　高压熔断器主要技术参数

型号	额定电压/kV	额定电流/A	熔体额定电流/A	额定开断电流/kA 额定开断容量/MVA	备　注
RN1	3 6 10				保护配电线路、配电变压器
RN2	10 35	0.5			保护电压互感器
XRNP	6 10 35	0.5		50	保护电压互感器
XRNT	6 10 35	125	10、16、20、25、31.5、40、50、63、80、100、125	50	保护配电线路、配电变压器
RW11-10	10	100		100～10	跌落式
RW5-35	35	50 100 200		200～15 400～10 800～30	跌落式
RW10-35	35	0.5 2 3 5 7.5 10		600	

附录 4　变压器的主要技术参数

附表 4-1　S11 系列 10 kV 性能参数表

产品型号	额定容量/kVA	额定电压			联结组标号	阻抗电压/%	空载损耗/W	空载电流/%	负载损耗/W	总重/kg	轨矩/mm	外形尺寸
		高压/kV	低压/kV	调整范围/%								长(L)×宽(W)×高(H)/mm
S11-M-30/10	30						100	2.1	600	270	400×400	715×580×870
S11-M-50/10	50						130	2.0	870	350	400×450	750×720×940
S11-M-80/10	80						180	1.8	1250	440	450×550	790×750×960
S11-M-100/10	100						200	1.6	1500	490	450×550	805×790×1000
S11-M-125/10	125						240	1.50	1800	570	450×550	825×815×1025
S11-M-160/10	160					4.0	280	1.40	2200	625	550×550	850×850×1040
S11-M-200/10	200						340	1.3	2600	720	550×550	875×910×1060
S11-M-250/10	250	10	0.4	±5	Dyn11		400	1.2	3050	865	550×550	940×900×1090
S11-M-315/10	315						480	1.1	3650	1060	660×660	1315×845×1140
S11-M-400/10	400						570	1	4300	1275	660×660	1390×895×1270
S11-M-500/10	500						680	1	5100	1520	660×660	1500×1010×1250
S11-M-630/10	630						810	0.9	6200	1890	820×820	1650×1100×1290
S11-M-800/10	800					4.5	980	0.8	7500	2275	820×820	1810×1190×1350
S11-M-1000/10	1000						1150	0.7	10300	2625	820×820	1785×1265×1460
S11-M-1250/10	1250						1360	0.6	12000	3170	820×820	1860×1320×1540

附表 4-2　SBH15 系列 10 kV 性能参数表

产品型号	额定容量 /kVA	额定电压			联结组标号	阻抗电压 /%	空载损耗 /W	空载电流 /%	负载损耗 /W	总重 /kg	轨矩 /mm	外形尺寸 长(L) × 宽(W) × 高(H) /mm
		高压 /kV	低压 /kV	调整范围 /%								
SBH15-M-30/10	30	10	0.4	±5	Dyn11	4.0	33	1.70	600	570	400×610	850×1000×700
SBH15-M-50/10	50						43	1.30	870	610	400×610	950×1000×720
SBH15-M-80/10	80						60	1.10	1250	750	400×610	1020×1050×750
SBH15-M-100/10	100						75	1.00	1500	840	400×710	1060×1070×760
SBH15-M-125/10	125						85	0.90	1800	890	400×710	1180×1080×860
SBH15-M-160/10	160						100	0.70	2200	1050	550×820	1250×1190×920
SBH15-M-200/10	200						120	0.70	2600	1250	550×820	1260×1200×920
SBH15-M-250/10	250						140	0.70	3050	1380	660×820	1290×1210×920
SBH15-M-315/10	315						170	0.50	3650	1600	660×820	1350×1200×940
SBH15-M-400/10	400						200	0.50	4300	1800	660×1070	1380×1270×1120
SBH15-M-500/10	500						240	0.50	5100	2060	660×1070	1390×1335×1120
SBH15-M-630/10	630					4.5	320	0.30	6200	2470	820×1070	1530×1360×1185
SBH15-M-800/10	800						380	0.30	7500	3050	820×1070	1890×1475×1220
SBH15-M-1000/10	1000						450	0.30	10300	3600	820×1070	1960×1555×1310
SBH15-M-1250/10	1250						530	0.20	12000	4200	820×1070	2030×1660×1310

附表 4-3　6.3～180 MVA 三相双绕组无励磁调压电力变压器

型　号	额定容量/kVA	额定电压		联结组标号	损耗/kW		空载电流/%	短路阻抗/%	重量/kg			外形尺寸/mm			轨距/mm
		高压/kV	低压/kV		空载	负载			器身重	油重	总重	长	宽	高	
SF11-6300/110	6300	110±2×	6.3		7.4	34.2	0.77		9890	4880	18900	4210	3250	4050	1435×1435
SF11-8000/110	8000	2.50%	6.6		9.6	42.8	0.77		10290	5730	22400	4550	3400	4295	1435×1435
SF11-10000/110	10000		10.5		10.6	50.4	0.72		13650	6820	26100	4850	3735	4830	1435×1435
SF11-12500/110	12500	121±2×	11		12.5	59.9	0.72		14660	7835	28000	4900	3810	1600	1435×1435
SF11-16000/110	16000	2.50%			15	73.2	0.67		18250	8670	33500	4960	4165	5060	2000×1435
SF11-20000/110	20000				17.6	88.4	0.67	10.5	20240	9080	39600	5960	4535	4820	2000×1435
SF11-25000/110	25000				20.8	104.5	0.62		21800	9990	41350	6090	4740	5010	2000×1435
SF11-31500/110	31500				24.6	126.4	0.6		27885	11400	45150	6565	4470	5365	2000×1435
SF11-40000/110	40000			YNd11	29.4	148.2	0.56		33660	14200	55200	6765	4860	5410	2000×1435
SF11-50000/110	50000				35.2	184.3	0.52		34590	15890	59800	6810	4850	6100	2000×1435
SF11-63000/110	63000				41.6	222.3	0.48		39900	17900	67800	6900	4890	6150	2000×1435
SF11-75000/110	75000		13.8		47.2	264.1	0.42		46200	18700	76500	6970	4980	6190	2000×1435
SF11-90000/110	90000		15.75		54.4	304	0.38		53700	20100	89300	7200	5060	6300	2000×1435
SF11-120000/110	120000		18		67.8	377.2	0.34	12～14	53800	20400	89900	7300	5160	6400	2000×1435
SF11-150000/110	150000		20		80.2	448.4	0.3		53900	20800	90300	7400	5260	6500	2000×1435
SF11-180000/110	180000				90	505.4	0.25		54000	21200	90600	7500	5360	6600	2000×1435

注：(1) −5%分接位置为最大电流分接。

(2) 对于升压变压器，宜采用无分接结构。如运行有要求，可设置分接头。

附表 4-4　6300～63 000 kVA 三相三绕组无励磁调压电力变压器

型　号	额定容量/kVA	额定电压			联结组标号	损耗/kW		空载电流/%	短路阻抗/%		重量/kg			外形尺寸/mm			轨距/mm
		高压/kV	中压/kV	低压/kV		空载	负载		升压	降压	器身重	油重	总重	长	宽	高	
SFS11-6300/110	6300	110	35	6.3	YNyn	9	44.7	0.82	高-中	高-中	13930	8030	26400	4400	3740	4230	2000×1435
SFS11-8000/110	8000	±2×	37	6.6	0d11	10.6	53.2	0.78	17～18	10.5	15350	8530	28860	5450	3970	4450	2000×1435
SFS11-10000/110	10000	2.50%	38.5	10.5		12.6	62.7	0.74	高-低	高-低	16500	8990	31000	5470	4060	4960	2000×1435
SFS11-12500/110	12500			11		14.7	74.1	0.7	10.5	17～18	19450	9470	34500	5490	4170	4840	2000×1435
SFS11-16000/110	16000	121±				17.9	90.3	0.66	中-低	中-低	21810	10300	40610	5560	4430	4815	2000×1435
SFS11-20000/110	20000	2×				21.1	106.4	0.65	6.5	6.5	23810	12460	46480	5640	4840	5020	2000×1435
SFS11-25000/110	25000	2.50%				24.6	126.4	0.6			27890	13280	51050	5750	4920	5130	2000×1435
SFS11-31500/110	31500					29.4	149.2	0.6			35600	17200	63400	6040	4930	5120	2000×1435
SFS11-40000/110	40000					34.9	179.6	0.55			40990	17240	72170	6340	4950	5580	2000×1435
SFS11-50000/110	50000					41.6	213.8	0.55			48070	18900	83500	6980	5350	5820	2000×1435
SFS11-63000/110	63000					49.3	256.5	0.5			55800	21000	95645	7100	5600	5885	2000×1435

注：(1) 高、中、低压绕组容量分配为(100/100/100)%。

(2) 根据需要联结组标号可为 YNd11y10。

(3) 根据用户要求，中压可选用不同于表中的电压值或设置分接头。

(4) −5%分接位置为最大电流分接。

(5) 对于升压变压器，宜采用无分接结构。若运行有要求，可设置分接头。

附表 4-5　6300～63 000 kVA 三相双绕组有载调压电力变压器

型号	额定容量/kVA	额定电压		联结组标号	损耗/kW		空载电流/%	短路阻抗/%	重量/kg			外形尺寸/mm			轨距/mm
		高压/kV	低压/kV		空载	负载			器身重	油重	总重	长	宽	高	
SFZ11-6300/110	6300	110±8×1.25%	6.3	YNd11	8	34.2	0.8	10.5	9600	6600	21300	4560	4350	4580	1435×1435
SFZ11-8000/110	8000		6.6		9.6	42.8	0.8		11800	7230	24600	5700	3400	4690	1435×1435
SFZ11-10000/110	10000		10.5		11.4	50.4	0.74		13900	7700	27800	5100	3735	4830	1435×1435
SFZ11-12500/110	12500		11		13.4	59.9	0.74		16200	7810	28500	5700	3810	4900	1435×1435
SFZ11-16000/110	16000				16.2	73.2	0.69		19300	9300	35600	4780	4165	5060	2000×1435
SFZ11-20000/110	20000				19.2	88.4	0.69		22800	10000	39800	5100	4530	4820	2000×1435
SFZ11-25000/110	25000				22.7	104.5	0.64		26600	11100	45200	6190	4740	5010	2000×1435
SFZ11-31500/110	31500				27	126.4	0.64		28600	12500	49600	6565	4470	5365	2000×1435
SFZ11-40000/110	40000				32.3	148.2	0.58		31275	14200	57100	6790	4860	5210	2000×1435
SFZ11-50000/110	50000				38.2	184.3	0.58		38590	17800	67800	6450	5050	5590	2000×1435
SFZ11-63000/110	63000				45.4	222.3	0.52		42200	15600	71600	6970	5170	5700	2000×1435

注：(1) 有载调压变压器，暂提供降压结构产品。

(2) 根据用户要求，可提供其他电压组合的产品。

(3) −10%分接头位置为最大电流分接。

附表 4-6　6300～63 000 kVA 三相三绕组有载调压电力变压器

型号	额定容量/kVA	额定电压			联结组标号	损耗/kW		空载电流/%	短路阻抗/%	重量/kg			外形尺寸/mm			轨距/mm
		高压/kV	中压/kV	低压/kV		空载	负载			器身重	油重	总重	长	宽	高	
SFSZ11-6300/110	6300	110±	35	6.3	YNyn	9.6	44.7	0.95	高-中	11 600	9950	29 430	6330	3900	4890	1435×1435
SFSZ11-8000/110	8000	8×	37	6.6	0d11	11.5	53.2	0.95		13 200	10 420	32 160	6370	4000	4950	1435×1435
SFSZ11-10000/110	10000	1.25%	38.5	10.5		13.7	62.7	0.89	10.5	16 200	11 330	34 160	6390	4100	4560	1435×1435
SFSZ11-12500/110	12500			11		16.2	74.1	0.89		18 300	9400	33 600	6450	4200	5050	1435×1435
SFSZ11-16000/110	16000					19.4	90.3	0.84	高-低	23 280	13 700	44 140	6540	4145	4755	2000×1435
SFSZ11-20000/110	20000					22.9	106.4	0.84		25 200	13 650	51 350	7300	4670	4810	2000×1435
SFSZ11-25000/110	25000					27	126.4	0.78	17～18	31 450	17 750	63 570	7350	4950	4815	2000×1435
SFSZ11-31500/110	31500					32.2	149.2	0.78		34 000	17 200	66 270	7580	5350	5005	2000×1435
SFSZ11-40000/110	40000					38.6	179.6	0.73	中-低	41 000	17 500	68 500	7850	4750	5180	2000×1435
SFSZ11-50000/110	50000					45.5	213.8	0.73		48 275	20 030	84 500	7915	5305	5510	2000×1435
SFSZ11-63000/110	63000					54.2	256.5	0.67	6.5	55 500	19 950	93 170	8045	5500	5700	2000×1435

注：(1) 有载调压变压器，暂提供降压结构产品。

(2) 高、中、低压绕组容量分配为(100/100/100)%。

(3) 根据需要联结组标号可为 YNd11y10。

(4) −10%分接头位置为最大电流分接。

(5) 根据用户要求，中压可选用不同于表中的电压值或设置分接头。

附录 5　SF_6 气体状态参数曲线

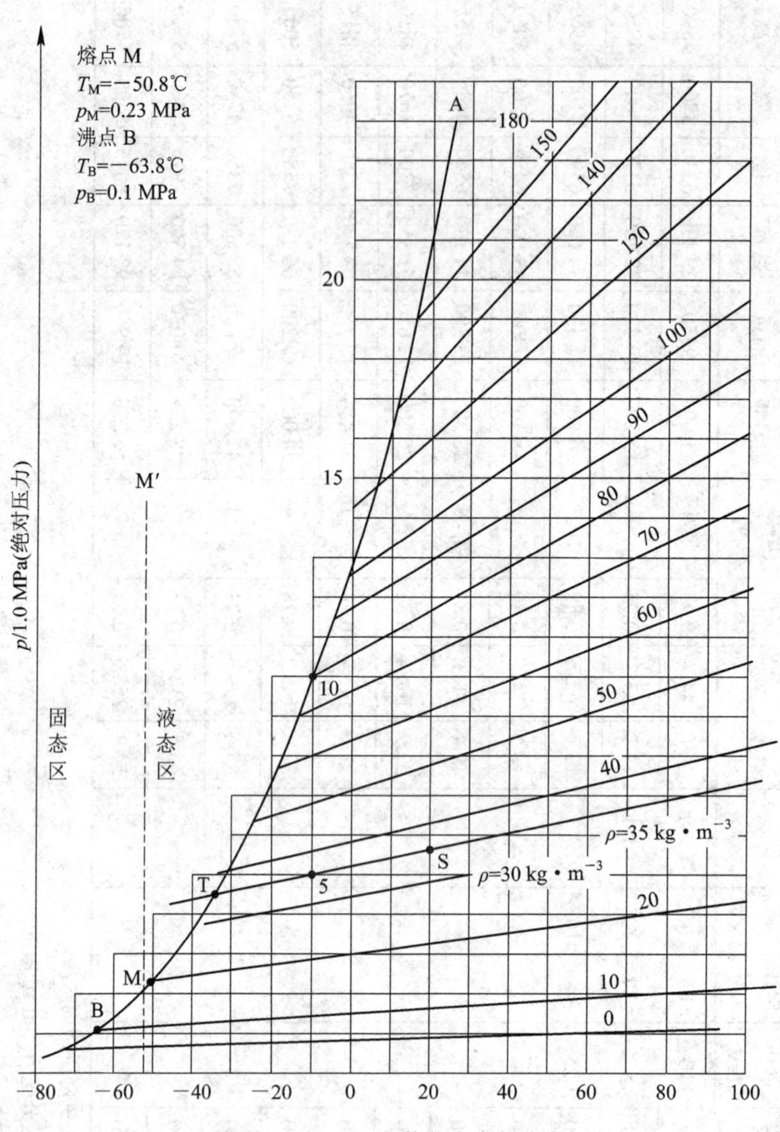

附图 5-1　SF_6 气体状态参数曲线

参考文献

[1] 刘增良，刘国亭. 电气设备及运行维护. 北京：中国电力出版社，2007.

[2] 袁兴惠，黄德建，等. 电气设备运行与维护. 北京：中国水利水电出版社，2014.

[3] 盛国林，袁帅.电气安装与调试技术. 北京：中国电力出版社，2013.

[4] 张宇飞，洪宝棣. 电气设备运行与维护. 北京：北京理工大学出版社，2014.

[5] 路文梅，李文才，等. 发电厂变电所电气设备与运行维护. 北京：中国水利水电出版社，2014.

[6] 吴靓，常文平. 电气设备运行与维护. 北京：中国电力出版社，2012.

[7] 张方庆，赵永生，等. 工厂常用电气设备运行与维护. 北京：中国电力出版社，2017.

[8] 温步瀛，唐巍，史林军. 电力工程基础. 2 版. 北京：中国电力出版社，2014.

[9] 谢珍贵，汪永华. 发电厂电气设备. 郑州：黄河水利出版社，2009.

[10] 肖艳萍，谭绍琼，等. 发电厂变电所电气设备. 北京：中国电力出版社，2008.